西安交通大学人文社会科学学术著作出版基金和中央高校基本科研业务费专项资金资助

西北内陆河流域
水资源治理制度构建研究

刘志仁 著

中国社会科学出版社

图书在版编目（CIP）数据

西北内陆河流域水资源治理制度构建研究 / 刘志仁著 . —北京：
中国社会科学出版社，2021.12
ISBN 978 – 7 – 5203 – 9492 – 5

Ⅰ.①西…　Ⅱ.①刘…　Ⅲ.①内陆水域—水资源管理—研究—西北地区
Ⅳ.①TV213.4

中国版本图书馆 CIP 数据核字（2021）第 274458 号

出 版 人	赵剑英
责任编辑	孔继萍
责任校对	周　昊
责任印制	郝美娜

出　　版	中国社会科学出版社
社　　址	北京鼓楼西大街甲 158 号
邮　　编	100720
网　　址	http://www.csspw.cn
发 行 部	010 – 84083685
门 市 部	010 – 84029450
经　　销	新华书店及其他书店

印刷装订	北京君升印刷有限公司
版　　次	2021 年 12 月第 1 版
印　　次	2021 年 12 月第 1 次印刷

开　　本	710×1000　1/16
印　　张	17.75
插　　页	2
字　　数	302 千字
定　　价	128.00 元

凡购买中国社会科学出版社图书，如有质量问题请与本社营销中心联系调换
电话:010 – 84083683

作者简介

刘志仁，男，西安交通大学法学院教授，博士，从事环境法、污染防治法、自然资源法、能源法和国际环境法研究。先后在北京大学和牛津大学做访问学者。主持国家社科基金项目 2 项，省级社科基金项目 5 项，中国法学会基金项目 1 项，亚洲开发银行（ADB）基金项目 1 项，横向课题十余项。在 CSSCI 等核心期刊上发表论文 50 余篇，其中部分论文被人大复印报刊资料全文转载。主编和参编教材、著作 4 部。获得陕西省第十三次哲学社会科学优秀成果二等奖 1 项。

现兼任陕西省法学会能源法学研究会会长，陕西省环境资源法学会副会长，陕西省政法委专家咨询员，陕西省委法律专家库专家，中国法学会环境资源法学研究会理事。

内容简介

　　本书融合一体化水资源管理理论和善治理论，创新性地提出了法治视野下的水资源善治理论及其原则和要求，并据此对西北内陆河流域水资源管理制度进行了问题识别，认为该地区不存在体系完备、全面协调的流域水资源治理制度。进而较为系统地对西北内陆河流域水资源治理制度的构建问题进行了研究，针对制度总体架构以及流域管理与区域管理、经济发展与环境保护、政府与公众、政府与市场、规制与激励、权力和责任的关系等六项基础性和关键性的具体问题，点面结合地提出了法律制度方面的对策建议。本书还对国外的典型内陆河流域水资源治理实践进行了比较研究，从中得到诸多启发。

前　　言

　　当前，全球气候变化呈现愈演愈烈的趋势，将严重影响水资源的分布、水量和质量，加之长期以来人类在快速发展过程中坚持的不可持续发展理念和实施的不可持续发展方式，都在威胁着人类基本的水资源需求。从全球范围来看，诸多地方临着严重的水资源短缺和水污染危机，粮食安全、人类健康、城乡住宅、能源生产、工业发展、经济增长对水资源的依赖程度前所未有，而生态系统的平衡、稳定以及对其他各领域的支撑与保障更是与水资源的可持续供给休戚相关。2021 年 3 月，由联合国教科文组织（United National Educational, Scientific and Cultural Organization）代表联合国水机制发表的《世界水发展报告》明确指出，水资源现状凸显了改善水资源管理的必要性，认识、衡量和表现水的价值，并将其纳入决策，对于实现可持续和公平的水资源管理以及联合国《2030年可持续发展议程》中确定的可持续发展目标至关重要。水资源管理需要可持续的治理制度，包括监督、协调、权力边界、政府责任、公众参与、关联性处理等机制，这就要求在保障生态优先的基础上开展多层次的治理能力建设，用治理和善治的规则和要求重新诠释水资源管理的含义和意义。"善治"涉及遵守人权的基本准则，包括有效性、公开性、透明性和回应性、规划和政策等，需要一系列具有密切相关性的法律制度的规范。

　　我国人口较多，人均水资源较少。《2019 年中国水资源公报》显示，2019 年全国年降水量为 651.3 毫米，比 2018 年减少 4.6%，全国水资源总量为 29041.0 亿立方米。据《2020 年中国生态环境公报》显示，长江、黄河、珠江、松花江、淮河、海河、辽河七大流域和浙闽片河流、西北诸河、西南诸河主要江河监测的 1614 个水质断面中，Ⅰ类水质仅占7.8%，Ⅳ类水质仍占 10.8%，辽河流域和海河流域为轻度污染。近年来，随着我国城市化和现代化进程加快，粗放的生产方式导致水资源利用效率低，突出的水稀缺和水污染问题成为威胁中国经济和社会发展的重要因素，是我国亟待解决的问题。党的十八大以来，生态文明建设被提上前所未有的高度，生态法治功能重要性不断凸显，尤其是从全流域的角度进行河流治理凸显新时代水资源管理的重要性。2019 年 9 月，习近平总书记在黄河流域生态保护和高质量发展座谈会上发表重要讲话，开启了以流域整体为视角全面进行黄河流域经济社会发展与生态保护的新格局。2021 年 3 月 1 日起实施的《长江保护法》规定，长江流域经济社会发展，应当坚持生态优先、绿色发展，共抓大保护、不搞大开发；长江保护应当坚持统筹协调、科学规划、创新驱动、系统治理。由此可见，随着生态文明和法治理念的深入以及相关政策法律的推进，从全流域角度进行河流可持续管理不仅是发展的必然，更是人类在认识自然规律的基础上做出的伟大选择。

西北内陆河流域内虽有多条河流交错，但是深处亚欧大陆内部，经济社会发展与河流供给能力的关联性受外界影响较小，流域内生态环境、发展模式、人文状况等较为封闭且互相联系较为密切，因此，借鉴黄河流域和长江流域采取的全流域发展模式，西北内陆河流域更有以该流域为整体而进行可持续供给管理的必要性和紧迫性。西北内陆河流域虽然水质状况相比全国平均来看较好，但是缺水现象尤为明显，水资源承载着西北地区生态安全、居民生活、经济发展保障的重任。长期不合理开发和过度利用，西北内陆河流域水资源无论在数量上还是在质量上都呈明显下降趋势，水资源危机以及应对和处置危机的政府管理失灵，这些均已成为制约该地区可持续发展的关键因素。如何实现西北内陆河流域水资源的可持续利用不仅直接影响着该地区的未来，而且事关国家绿色发展的成败、"丝绸之路经济带"建设的可持续性。

传统的水资源管理模式基于生产和生活需求而追求充足供应，忽视与水相关的自然科学规律（特别是水资源的流域性），强化政府在资源开发利用事项上的决定性作用，实施命令—控制型的集权式、科层制的管理模式。然而，水资源可再生能力在西北内陆河流域遭到很大破坏以及生态严重退化的事实表明，这种管理模式既不能有效解决该地区水资源的供求矛盾，也无法为该地区的可持续发展提供有效的制度供给。对传统管理理念和制度进行反思，法治与善治理论为实现西北内陆河流域的可持续利用提供了重要的科学理论。鉴于此，本书基于法治与善治理论的融合，从流域一体化管理、政府宏观调控与市场机制相结合、公众参与、责任追究与考核四个方面，探讨法治社会条件下水资源善治的原则与要求。进而根据这些原则与要求，对西北内陆河流域现行水资源管理制度中存在的问题进行系统性检视，揭示了该地区难以实现水资源可持续利用的制度性缺陷。"他山之石，可以攻玉"。本书还对国外的奥卡万戈河、约旦河、阿姆河、锡尔河、伏尔加河与乌拉尔河的流域水资源治理实践进行了比较研究，从中得到诸多启发。

基于法治社会条件下的水资源善治理论及其原则和要求，本书以域外内陆河流域水资源治理经验为借鉴，结合我国西北内陆河流域水资源管理制度的现实，主要从治理层次、治理目标、治理主体、治理方式、治理责任等方面提出了水资源治理制度的总体架构，并结合我国西北内陆河流域水资源治理中的问题，提出了构建该地区流域水资源治理制度的六项具体建议：（1）在经济发展与环境保护的关系上，强化水污染防治，优先保障生态环境用水，在水治理目标中更加强调水资源可持续利用；（2）在流域管理与区域管理的关系上，实施流域一体化管理，强调流域管理的优先性，促进水治理制度与自然规律相协调；（3）在政府与市场的关系上，通过完善排污权和水权交易机制，充分发挥市场在资源配置中的积极作用，提高水治理效率；（4）在流域治理中政府与公众的关系上，健全并保障公众参与，促进水资源的多主体治理；（5）在规制与激励措施的选择上，采用生态补偿和行政激励措施，促进水治理政策法律的落实；（6）在权力和责任关系的处理上，完善行政责任追究与考核机制，促使政府切实重视水资源的可持续利用，保障治理责任的有效落实。

本书是笔者多年从事环境法教学科研成果的精华，针对西北内陆河流域水资源管理与经济社会可持续发展的研究与思考，寄希望于该成果能在以下三个方面引起读者的共鸣或是一定程度的认可：

第一，融合一体化水资源管理理论和善治理论，创新性地提出了法治视野下的水资源善治理论及其原则和要求。

第二，首次根据法治视野下的水资源善治理论及其原则和要求，对西北内陆河流域水资源管理制度的问题进行识别，得出了该地区不存在外在形式上体系完备、实质内容上全面协调的流域水资源治理制度的结论。

第三，首次较为系统地对西北内陆河流域水资源治理制度的构建问题进行了研究，针对制度总体架构以及经济发展与环境保护的关系、流域管理与区域管理的关系、政府与公众的关系、政府与市场的关系、规制与激励措施的选择、权力和责任关系这六项基础性和关键性问题，点面结合地提出了法律治理制度构建的对策建议。

创新是中华民族进步的灵魂，是关系伟大复兴中国梦实现的不竭动力。只有不断创新，社会才会充满各种可能。2021年1月，全国教育工作会议强调，我国教育进入高质量发展阶段，教育改革发展的外部环境和宏观政策环境已发生深刻变化，要以习近平新时代中国特色社会主义思想为指导，提升专业化能力，践行一线规则。多年以来，笔者热衷并始终坚守在环境法学教学科研岗位上，努力在学术领域探索和创新，自认为足够努力，但仍然没有做到最好。撰写此书，一是为了和广大读者分享和交流思想与心得体会，得到更多的启发；二是借此书对自己多年来的学术研究进行全面梳理和总结，激励自己更加专注和努力。本书错误和不妥之处在所难免，恳请读者多多指教。

目　　录

第 一 章

绪　　论

第一节　研究背景和问题

　　水资源的利用一直是全人类备受关注的社会问题，社会经济的发展、人类的生存和延续都与水资源休戚相关，随着社会发展快速推进，人类正日益面临水资源严重短缺和极度污染的困难时期。目前，对于水资源还没有统一的定义，英国大百科全书认为："水资源是自然界一切形态的水（包括固态、液态、气态）。"联合国教科文组织和世界气象组织在1988年共同制定的《水资源评价活动——国家评价手册》中把水资源定义为："可以利用或有可能被利用的水源，具有足够的数量和可用的质量，并能在某一地点满足某种用途。"[①] 我国有学者从自然资源的角度出发，把"水资源"定义为与人类生产、生活有关的天然水源，也有观点认为，水资源主要指与人类社会用水密切相关而又能不断更新的淡水，包括地表水、地下水和土壤水。[②] 《中华人民共和国水法》（以下简称《水法》）总则第2条规定："本法所称水资源，包括地表水和地下水。"狭义的水资源是指可供人类直接利用、能不断更新的天然淡水，具体是指水在循环过程中，降落到地面形成径流，流入江河，存留在湖泊中的地表水和渗入地下的地下水，这主要指陆地上的地表水和地下水。[③]

---

① 陈志恺：《中国大百科全书》（水利卷），中国大百科全书出版社1992年版，第419页。
② 余元玲：《水资源保护法律制度研究》，光明日报出版社2010年版，第2页。
③ 路伟伟：《论我国流域水资源管理法律的完善——以淮河流域为例》，硕士学位论文，西北农林科技大学，2011年。

21 世纪以来，全球面临四大重要问题，一是水资源总量缺乏。水是生命之源、生产之要、生态之基。没有水，包括人类在内的任何生物都无法维持其健康、稳定的状态。然而，生态系统和人类正面临着日益严重的水资源危机，主要表现为缺乏足够数量和适当质量的水来满足他们的需求，以及由此引发的诸多疾病。此外，全球范围内出现一些互相依存的变化，例如地缘政治变化、人口增加、农业需求、能源需求、城市化、经济增长和工业发展、全球化、科技变革、生活方式、休闲和旅游，以及气候变化等，这些都持续地影响着水资源的可再生能力或者状况。目前，水资源紧张的形势已经波及全球 60% 的国家和地区。与世界上其他国家相比，我国目前的水资源危机更加严重，水资源总量严重不足。根据《中国统计年鉴—2019》："中国拥有总额 29041 亿立方米的新鲜水资源，仅占全球水资源总量的万分之六，而 2074 立方米的人均水资源占有量，仅是世界人均占有量水平的四分之一，是美国人均占有量的五分之一。中国是世界上人均水资源占有率最低的国家之一。"① 我国城市缺水总量为 60 亿立方米，正常年份有 400 余座城市供水不足，占我国城市总量的近三分之二。可以说，用水总量居高不下甚至连年增长造成的供需矛盾突出是制约我国可持续发展的主要瓶颈。二是水资源分配不均。用水方式粗放，用水效率较低，极大地阻碍了经济发展方式的转变。例如，我国灌溉水利用系数平均只有 0.559，远远低于 0.7 - 0.8 的世界先进水平。② 在诸多因素的交织作用下，我国水资源情势正在发生着新的变化，北少南多的水资源分布格局进一步加剧，水资源短缺、水污染严重、水生态恶化等问题逐步加重，雨季水多成灾且白白流失，旱季水少则过度开采利用而形成江河断流、地下水日趋枯竭。③ 三是水质较差，水污染危机得不到有效控制，威胁着人类健康。2014 年中国污水排放量为445.34 亿吨，《中国水土保持公报（2019 年)》显示，2019 年中国污水

---

① 中华人民共和国国家统计局：《中国统计年鉴——2019》，中国统计出版社 2020 年版，第 152 页。

② 彭世彰、高晓丽：《提高灌溉水利用系数的探讨》，载《中国水利》2012 年第 1 期。

③ 胡德胜、王涛：《中美澳水资源管理责任考核制度的比较研究》，载《中国地质大学学报（社会科学版)》2013 年第 3 期。

排放量达到 554.65 亿吨，平均每年大约增加 21.9 亿吨。目前，我国约有一半城市市区的地下水污染严重，水质呈下降趋势；一半以上地区的浅层地下水遭到不同程度的污染。[①] 根据 2021 年 5 月 26 日发布的《2020 中国生态环境状况公报》表明，全国地表水总体为轻度污染，湖泊（水库）富营养化问题仍突出。长江、黄河、珠江、松花江、淮河、海河、辽河、浙闽片河流、西南诸河和内陆诸河十大水系 I 类水质仅占 7.2%，Ⅳ 类水质仍占 13.6%。西北诸河、浙闽片河流、西南诸河、珠江流域和长江流域水质为优，黄河流域、松花江流域、淮河流域水质良好，辽河流域和海河流域为轻度污染。全国水环境质量不容乐观，全国地表水总体轻度污染。随着人口数量的增加，社会经济发展迅速，水污染现象将会越来越严重。四是频繁建设水坝与水库对生态造成恶劣的影响，导致水土流失问题严重。《中国水土保持公报（2019 年)》显示，2019 年我国水土流失面积 271.08 万平方千米，每年流失的土壤总量达 50 亿吨。而且，水土流失还往往带来草场沙化、河道淤堵等生态危机。

水资源不仅是一种社会产品，同时还具有经济产品的属性。[②] 任何有限的自然资源，都应该得到有效且高效的管制或管理，水资源也如此。[③] 从表面来看，中国的水资源危机似乎是因为水资源短缺，实际上，行政区域间、流域管理机构与行政区域之间互相争水，支干流之间争水，上下游之间争水的现象表明，水资源危机实则是管理危机。因此，要通过树立治理理念、构建治理制度以实现对水资源管理方式的变革。

水资源管理在《中国大百科全书》中被定义为："对水资源开发、利用和保护的组织、协调、监督和调度等方面的实施，包括运用行政、法律、经济、技术和教育等手段，组织开发、利用水资源，协调水资源的开发、利用、治理和社会经济发展之间的关系，处理好各地区各部门间

---

① 刘志仁：《最严格水资源管理制度在西北内陆河流域的践行研究——水资源管理责任和考核制度的视角》，载《西安交通大学学报》（社会科学版）2013 年第 5 期。

② Desheng Hu, "Water Rights: An International and Comparative Study", *IWA*, 2006, p. 9.

③ 胡德胜、王涛：《中美澳水资源管理责任考核制度的比较研究》，载《中国地质大学学报》（社会科学版）2013 年第 3 期。

的用水矛盾，监督并限制各种不合理开发利用水资源和危害水源的行为"[1]；"制定水资源的合理分配方案，处理好防洪的调度原则，提出并执行对供水系统及水源工程的优化调度方案；对水量变化及水质情况进行监测与相应措施的管理等"。[2] 因此，水资源管理应该是水资源的统一管理，并尽可能谋求最大的社会、经济和环境效益。最严格水资源管理已成为我国政府的一项重大而急迫的任务。水资源具有公益性、基础性和战略性等自然资源的重要属性，水资源的配置和开发利用不仅关系到防洪安全、供水安全、粮食安全，而且关系到经济安全、生态安全、国家安全。考虑到我国人多水少、水资源时空分布不均的基本国情和水情，[3] 2012 年《国务院关于实行最严格水资源管理制度的意见》指出："我国水资源面临的形势十分严峻，水资源短缺、水污染严重、水生态环境恶化等问题日益突出，已成为制约经济社会可持续发展的主要瓶颈。"如何合理开发利用和保护水资源已经成为维持我国经济社会可持续发展的关键挑战。2013 年 1 月，国务院办公厅发布了《实行最严格水资源管理制度考核办法》，规定要建立责任与考核制度，确保最严格水资源管理制度主要目标和各项任务落到实处。2017 年 2 月，中央全面深化改革领导小组第 32 次会议审议通过的《按流域设置环境监管和行政执法机构试点方案》[4] 要求以流域作为管理单元，设置环境监管和行政执法机构，实现流域环境保护的"五个统一"。更加彰显了一体化流域管理的重要性，对流域管理提出了更高要求。[5]

---

① 何茂农：《水资源需求管理问题研究》，硕士学位论文，山东农业大学，2010 年。

② 余元玲：《水资源保护法律制度研究》，光明日报出版社 2010 年版，第 193—195 页。

③ 胡德胜：《最严格水资源管理的政府管理和法律保障关键措施刍议》，《最严格水资源管理制度理论与实践——中国水利学会水资源专业委员会 2012 年年会暨学术研讨会论文集》，黄河水利出版社 2012 年版，第 165—169 页。

④ 2017 年 2 月 6 日中央全面深化改革领导小组会议通过《按流域设置环境监管和行政执法机构试点方案》（简称《试点方案》），规定以流域作为管理单元，设置环境监管和行政执法机构。该机构以统筹上下游左右岸，理顺权责，优化流域环境监管和行政执法职能配置为目标，实现流域环境保护的"五个统一"，即统一规划、统一标准、统一环评、统一监测、统一执法，提高环境保护整体成效。

⑤ 胡德胜：《中美澳流域取用水总量控制制度比较研究》，载《重庆大学学报》（社会科学版）2013 年第 5 期。

　　自然上的"西北"是中国七大地理分区之一，指大兴安岭以西，昆仑山—阿尔金山、祁连山以北的广大地区，大致包括内蒙古中西部、新疆大部、宁夏北部、甘肃中西部以及和这些地方接壤的少量山西、陕西、河北、辽宁、吉林等地的边缘地带。西北地区地域辽阔，地处欧亚大陆中部，因其远离海洋，海拔较高，光照时间长，降水量远远小于蒸发量，特殊的地理环境使西北地区成为严重缺水地区。西北地区总面积304.3万平方千米，占我国国土面积的31.7%，该区域2020年人口总数达1亿352万7786人，占全国人口总数的7.22%。尽管整体来看西北地区地广人稀，但受自然环境的限制，人类经济社会活动区域十分狭小，基本集中在沿河或围湖区域，从流域一级区来看，主要集中于黄河与内陆河区。[1] 行政区划上的"西北"指陕西、甘肃、青海三省及宁夏、新疆两自治区，GDP总量排序依次为：陕西、新疆、甘肃、宁夏和青海；人均GDP排序则为：陕西、宁夏、青海、新疆和甘肃；五省区人均GDP基本上都低于全国平均水平，约为全国平均水平的60%。从经济发展速度看，除新疆外，其他省区的GDP增长速度均低于全国平均水平。西北地区由于深居内陆，气候环境较差，交通不便，导致该区域产业结构并不合理，依靠资源的高消耗、销售初级农产品的农业仍然占据主导地位。随着我国西部开发力度的加大，特别是内陆盆地石油开采，农牧产品加工等工业的发展，工业用水量有较快增加，目前已有较多城市依托自身资源开发发展重工业（如新疆地区油气开发、甘肃地区矿产开发等）。依托第一、第二产业的经济产业结构造成供水压力激增，加之发展较为落后，导致较多区域的水资源利用率低下。[2] 中华人民共和国成立后的70余年来，伴随国家西部大开发战略的推进，西北地区进行了大规模建设，工业方面，已经初步形成以兰州为中心的黄河上游能源化工基地（重点企业如兰石化等）、河西走廊有色金属基地（重点市区为镍都金昌），以西安为中心的高新科技基地，以乌鲁木齐为中心的北疆经济开发带，以库尔勒为中心的石油化工基地，以格尔木为中心的盐化工基地，构成了以

____
① 董雪娜、曹秋芬：《西北地区水资源的特点》，载《人民黄河》2002年第6期。
② 严乐：《西北内陆河流域水资源管理法立法探析》，硕士学位论文，长安大学，2013年。

资源基础加工为主的工业体系。农业方面，通过兴修水利，大力发展农业灌溉，逐步形成了河西走廊、宁蒙河套、关中盆地、南疆绿洲等大片农业生产基地，有力推动了当地农业生产的发展。然而，发展的同时却出现了一系列环境问题，例如过度开发利用水资源和对水资源造成污染，尤其对西北内陆河造成不同程度的污染和破坏。如果西北内陆河水污染态势继续发展，将会对整个西北地区的生态环境造成严重的影响，因此西北内陆河水污染控制和水资源保护迫在眉睫。[①]

内陆河是指由内陆山区降雨或高山融雪产生的、不能流入海洋、只能流入内陆湖泊或在内陆消失的河流。这类河流大多处于大陆腹地，远离海洋，得不到充足的水气补给，干旱少雨、水量不丰、山峦环绕、丘陵起伏的地形阻断了入海的通路，最终消失在沙漠里或汇集于洼地形成尾闾湖。内陆河也称内流河，所在区域称为内流区，这类河流的年平均流量一般较小，但因暴雨、融雪引发的季节性洪峰却很大。内陆河的成因主要是河流流经的区域高温干旱，两岸支流汇入较少，河水因大量的蒸发、渗漏而消失在内陆。[②] 人类对河水的过度使用、截流会加快内陆河的形成。河流在流淌过程中，从河岸带走大量盐分，所以内陆河水比较咸。内陆河多发育在封闭的山间高原、盆地和低地内，支流少而短小，绝大多数河流单独流入盆地，缺乏统一的大水系，水量少，多数为季节性的间歇河。[③] 我国境内河流流域按照地域大致分布在东北地区（代表性河流有黑龙江、松花江、嫩江、乌苏里江）、西南地区（代表河流有嘉陵江、金沙江等）、西北地区（代表性河流有塔里木河、疏勒河、黑河、石羊河等）、秦岭—淮河以北地区（代表性河流有辽河、海河、黄河）、秦岭—淮河以南地区（代表性河流有长江、珠江以及沿海诸多河流）。由于各个区

---

① 刘志仁、袁笑瑞：《西北内陆河水污染控制法律制度研究》，载《西藏大学学报》（社会科学版）2012 年第 4 期。

② Kim K.，"Sustainable Development in Transboundary Water Resource Management：A Case Study of the Mekong River Basin"，*Advancements in Nuclear Instrumentation Measurement Methods and their Applications* (*ANIMMA*)，2011 2nd International Conference on IEEE，2011.

③ 张鑫、蔡焕杰：《区域生态需水量与水资源调控模式研究综述》，载《西北农林科技大学学报》（自然科学版）2001 年第 S1 期。

域所处的气候带以及地理区域的差别，各个河流流域也呈现出各自的水文特点。其中东北地区、西南地区、秦岭—淮河以南地区以及部分秦岭—淮河以北地区河流大多为外流河，以降水为主要水源补充来源，水量较为充沛，季节变化不大，水资源丰富，水害主要以洪涝灾害为主；而西北地区河流主要以内陆河为主，主要以冰川融水和山地降水为补给，水位季节变化大，受气温影响较大，多为季节性河流（冬季断流）或时令河，汛期很短，航运价值和水能价值都较低，流程大多不长，水量消耗以蒸发、下渗、灌溉用水居多。由于各个区域所处的气候带和地理区域的差别，各个区域也呈现出各自的水文特点，同时，区域所处经济带也有差异，导致区域内河流在管理理念、法律制度、围绕水资源的主要矛盾也各不相同。

在我国，绝大多数内陆河分布在西北地区，西北地区内陆河流域占据全国内陆河流域总面积的 75.96%，西南地区内陆河流域占据 21.16%，东北地区内陆河流域占据 2.66%。由此可见西北地区内陆河流域构成我国内陆河流域的主要部分，是西北地区居民发展经济、保障生活的主要水源来源。[①] 西北内陆河流域干旱少雨、蒸发量大、人口增长快、产业结构不合理，加之城镇化发展和西部开发对水资源的不适当开发利用，使水资源稀缺程度远远高于国内其他地区，水资源利用效率也低于国内其他地区，水污染预防和治理整体水平更落后于国内其他地区。[②] 西北内陆河为整个西北地区人民生活用水、各个领域发展用水的主要来源，但人们往往更多关注生活的方便和追求更大的经济利益，在过度利用水资源时却忽视水资源的可持续供给，缺乏循环经济理念，随着人口密集度增加和一些工业园区的建立，再加上农业面源污染的加剧[③]，西北内陆河面临水资源过度利用和污染日益严重的状况。从可持续发展的角度对西北内陆河水资源问题进行分析，可以得出西北内陆河水资源具有三个特点：首先是降水量小，水资源短缺。西北地区内陆河的水源补给主要是来自冰川雪山融水，再加上降雨稀少，地表径流量较小，这在很大程度上造成内陆河水资源短

① 严乐：《西北内陆河流域水资源管理法立法探析》，硕士学位论文，长安大学，2013 年。
② 刘志仁：《最严格水资源管理制度在西北内陆河流域的践行研究——水资源管理责任和考核制度的视角》，载《西安交通大学学报》（社会科学版）2013 年第 5 期。
③ 冷罗生：《防治面源污染的法律措施》，载《国家瞭望》2010 年第 3 期。

缺。其次是内陆河流季节性强，枯水期有断流现象。距离海洋较远决定了西北内陆河水量有限。每年6—9月气温高，雪山融水明显增多，内陆河的水量基本能满足居民的日常生活和工农业生产用水。但是10月以后气温降低，雪山融水逐渐减少，并且气候寒冷，河面结冰，导致下游出现断流现象，河流进入枯水期。缺水现象对下游居民的生活和工农业生产都造成很大的影响。最后是粗放式的生产经营方式造成水生态环境的极度破坏。西北地区与中东部地区相比，无论是生产力水平还是经济发展速度都相对落后，水资源初始配置的主体和原则缺乏法律上明确的规定。因此，在经济利益的驱动下内陆河流域的水资源被长期粗放式开发和掠夺式利用，致使水资源配置呈现区域性不平衡、工业用水抢占农业用水、农业用水挤占生态用水等现象。另外，工农业生产过程中，大量污水被排放至内陆河，内陆河流域环境封闭，自净能力较差，导致内陆河的水质明显下降，对流域居民的身体健康和生命安全造成严重威胁。①

具体而言，本书主要基于以下四个方面的研究背景：

（一）西北内陆河流域水资源具有重要的社会经济和环境地位。对于西北内陆河流域而言，水资源的地位尤为重要。西北内陆河流域总面积约250万平方千米，占整个西北地区面积的3/4，是我国最干旱的地区，距离海洋遥远，且海拔较高、高山起伏，使得海洋潮湿气流更不易到达，因此属于典型的内陆性气候。其主要特征表现在日照时间长，昼夜温差大，冬冷夏热，雨雪稀少，气候干燥。首先，西北内陆河地区降水稀少，河流便成为城乡居民生活、工农业生产最重要的水源保证。西北内陆河流域内分布着塔里木河、天山北麓诸河、柴达木盆地诸河、青海湖、疏勒河、黑河、石羊河七大"水系"，为流域内人们提供了基本生存条件和用水保障。西北内陆河流域被命名的内陆河共有689条，较大的有塔里木河、石羊河、黑河、疏勒河等13条。它们主要以冰川融水和山地降水为补给，水位季节变化大，流程大多不长，汛期很短，航运价值和水能价

---

① 刘志仁、袁笑瑞：《西北内陆河水污染控制法律制度研究》，载《西藏大学学报》（社会科学版）2012年第4期。

值都较低，水量消耗以蒸发、下渗、灌溉用水居多。① 《2019 年水资源公报》显示，西北内陆河流域年平均降水量为 183.2 毫米，比 2018 年减少了 10.2%。该地区水资源总量约 1454 亿立方米，约占全国水资源总量的 5%。2019 年西北内陆河流域内人均水资源占有量为 1404 立方米，是全国当年人均水资源量的 67.7%，其中：宁夏黄河流域为 181.3 立方米，甘肃河西走廊的石羊河流域为 1231 立方米，都远远低于西北内陆河流域的平均水平，是该流域内严重缺水的地区。此外，西北内陆河地区人口增长过快，从 2008 年到 2020 年，该地区人口净增 3827 万，占全国人口的比重由 7.2% 上升到 7.22%。特殊的自然环境让本就稀缺的水资源变得更加重要，水资源承载着整个流域的生态安全、经济发展、居民生活方面的重任。

然而，西北内陆河流域的水资源正遭受着前所未有的不合理开发利用，水资源无论是在数量上还是在质量上都呈明显下降趋势，水资源供求矛盾日益突出、水资源稀缺和污染严重正在成为制约本地区经济发展、社会安定和人民生活的关键因素。水科学专家将西北内陆河流域水资源的基本特点总结为："干旱少雨、生态脆弱；水土矛盾突出、地区分布不均衡；水热同步、内陆河受冰川补给比例较大；径流年内分布不均匀、调节代价高；生态需水刚性大、水资源可利用量相对较少；地表水地下水转化频繁、下游对开发利用方式极为敏感。"② 同时，该地区复杂的自然环境也给内陆河流域环境行政执法带来了一定困难。内陆河河床游荡不定，河道经常迁徙，时隐时现，不能确定河流具体位置，就无法进一步调查取证，即使发生河流污染等问题，行政执法人员也无法有效进行处理。并且内陆河多流经地广人稀的沙漠地区，且大多为无人区，自然环境恶劣，执法人员往往无法及时发现问题并采取有效措施予以解决，使得一些保护内陆河流域环境的规章制度不能有效落实。③

---

① 刘志仁：《西北内陆河流域水资源保护立法研究》，载《兰州大学学报》（社会科学版）2013 年第 5 期。

② 王浩等：《西北地区水资源合理配置与承载能力研究》（简写本），载《中国水利》2004 年第 1 期。

③ 刘志仁、吴虹：《如何完善西北内陆河流域环境行政执法》，载《环境保护》2012 年第 5 期。

　　水不仅是干旱区绿洲生态系统构成、发展和稳定的基础，而且是干旱区关键的生态环境因子①。水资源的好坏会直接决定生态环境状况和人类经济、社会未来发展。河流为工业发展提供必要基础。西北地区经济结构以工业为主，农牧业为辅，第三产业一定程度上有所发展。受地理条件限制，各类产业发展以内部经济为主，无论是进出口贸易总额还是外商直接投资额都远远低于全国平均水平。② 同时，农业和畜牧业在西北内陆河流域经济发展中占较大比重，河流是农业灌溉的水源，无灌溉则无农业，灌区自然成为当地乃重要的农业生产保障。③ 随着经济社会的发展，西北内陆河地区水资源被过度开发利用，开发利用率远高于全国平均水平，内陆河水资源浪费严重；生态环境水量被大量挤占，用水结构不合理，大部分河流尾闾干涸，植被退化、土地盐碱化、荒漠化加剧，生态系统遭到严重破坏。例如，2019 年甘肃省省内内陆河流域水资源用水总量为 110 亿立方米，水资源总量为 325.9 亿立方米，水资源开发利用率高达 33.7%（表1—1）。生产生活用水完全依靠超采地下水维持，致使地下水位持续下降，河流流域大面积植被枯萎。许多河流下游水量减少或完全断流，如新疆塔里木河下游罗布泊、河西走廊石羊河下游青土湖、黑河下游居延海、疏勒河下游哈拉诺尔湖等都曾先后干涸，生态环境遭到毁灭性破坏。

表1—1　　　　　　　　2019 年甘肃省主要流域用水指标

流域	水资源开发利用率（%）	人均用水量（立方米）	农田灌溉用水量（立方米/亩）	GDP 用水量（立方米/万元）	工业增加值用水量（立方米/万元）
甘肃省	33.7	415.6	397.1	126.2	474.2

① 陶希东、石培基、李鸣骥：《西北干旱区水资源利用与生态环境重建研究》，载《干旱区研究》2001 年第 1 期。
② 中华人民共和国国家统计局：《中国统计年鉴》，中国统计出版社 2019 年版，第 35 页。
③ 刘志仁：《西北内陆河流域水资源保护立法研究》，载《兰州大学学报》（社会科学版）2013 年第 5 期。

受经济发展水平的影响,针对西北内陆河流域内出现的一些生态问题,地方政府受倾向于进行简单处理,不能从根本上进行解决,导致生态环境问题恶性循环。西北地区固有的粗放型经济发展模式,导致对水资源的利用不合理,资源利用率低下。国家在西北地区着重发展能源型工业,但粗放型的生产方式往往以破坏环境、牺牲生态为代价并已形成该地区经济发展"惯性",这种特有经济发展模式,对内陆河流域水资源保护造成了很大阻力,对内陆河流域水资源可持续性具有深刻的影响。西北内陆河水资源是该地区最具战略意义的资源,是经济、社会与生态环境协调发展的最基本的载体。但是,流域内经济发展水平低,对内陆河水资源生态治理的投入不足。环境保护是一项资金投入大、回报周期长的工程,往往需要国家和地方政府强大的财政支持,而西北内陆河流域地区经济(表1—2)先天不足,是造成生态环境治理投入低于全国水平的重要原因。

表1—2　　　　　　　西北各省地区生产总值汇总表

		2016 年	2017 年	2018 年	2019 年	2020 年
地区生产总值 (亿元)	陕西	19400	21899	24438.3	25793.17	26182
	甘肃	7152.04	7677	8246.1	8718.3	9017
	青海	2572.49	2642.8	2865.23	2965.95	3006
	宁夏	3150.06	3453.93	3705.18	3748.48	3921
	新疆	9617.23	10920.09	12199.08	13597.11	13798
	全国	743408.3	831381.2	900309	988528.9	1015986
人均地区 生产总值 (元)	陕西	50081	56154	62195	66649	67545
	甘肃	25264	28026	30797	32995	34059
	青海	43750	44047	47689	48981	49455
	宁夏	47186	50765	54094	54963	56445
	新疆	40427	45099	49475	54280	54684
	全国	53922	59967	65650	70725	72371

西北内陆河流域内有我国第一大内陆河流域——塔里木河流域、第二大内陆河流域——黑河流域,还有众多其他小型内陆河流段,大量的

内陆河流域构成了西北地区的整体用水来源，也形成了具有特色的内陆河流域生态环境。塔里木河流域内产业结构经过了三次调整，产业结构形成以工业为主、第三产业集中发展、农业为辅的发展模式，目前该流域内经济增长的主要支柱为库尔勒地区的石油产业，但从整体角度来看塔里木河流域内的水资源利用仍然以粗放型工业用水为主，农业灌溉用水占有比例较大，且经常占用生态用水。[①] 黑河流域经济发展模式仍以农业为主，农业用水占据比例较大。据统计，黑河流域农田灌溉用水高达总用水量的 79.3%，生态用水仅占 4.22%。在中游地区，工业及城镇生活用水量占全社会用水总量的 6%，农业及农村生活用占全社会用水总量的 94%。[②] 石羊河流域内经济结构以第一产业为主，用水结构方面也以农业用水为主，农业发展对流域水资源的依赖程度非常高，农业用水比例占总用水量的 92%。石羊河流域上游共建有七个大型水库，以期提高用水效率，但由于石羊河流域水资源调度制度的原因，加之蒸发量大，导致上游水资源损耗过大，引发下游地区水量大幅减少（以民勤地区最为突出）。同时下游地区为了满足生产生活用水，加大了对地下水资源的开采，据统计，石羊河流域中下游地区每年开采地下水高达 6 亿立方米，其中民勤地区有机井 1.1 万多口，占据石羊河流域地下水资源开采量的 80%。受科技水平发展限制，西北内陆河流域内产业经济大多以第一产业、第二产业为主，生产经营方式多为粗放型经营方式。据统计，西北内陆河流域农田灌溉定额为 9764 立方米/公顷，比黄河流域的 7315 立方米/公顷高 2449 立方米/公顷；工业万元产值取水量为 173—397 立方米，较全国平均 109 立方米、黄河流域 101 立方米都高很多，工农业单位用水指标均居全国之首。水资源利用率不高、浪费严重成为该区域水资源利用的第二共性。[③] 因此，通过法律规范调整西北内陆河水事经济活动关系，依法推进水资源管理，巩固和发展水利基础产业，解决流域环境、

---

① 徐海量、叶茂、宋郁东：《塔里木河流域水资源变化的特点与趋势》，载《地理学报》2005 年第 3 期。

② 刘兴年：《黑河流域综合治理与可持续发展》，载《当代生态农业》2002 年第 22 期。

③ 严乐：《西北内陆河流域水资源管理法立法探析》，硕士学位论文，长安大学，2013 年。

经济、生产生活之间的矛盾，促进西北内陆河流域可持续发展势在必行。① 随着西部大开发战略的推进，我国西北内陆河流域经济同样有了很大发展，以新疆为例，依托塔里木河、天山北麓诸河、吐鲁番与哈密盆地诸河的水源保障，新疆已建成了环塔里木盆地经济带和天山北麓经济带，经济社会发展迅速，成为我国西部乃至中亚地区的重要工农业基地。如今，新疆的棉花产量已达全国总产量的一半以上，有力地支撑着全国轻纺工业的原料供应。新疆的石油、天然气以及自中亚邻国经由新疆入境东输的石油、天然气已经广泛供应我国西北、华北、华中、华东的广大区域，成为我国重要的能源通道，有力地支援了全国的能源建设。

（二）西北内陆河为流域内经济社会发展提供了重要的生态屏障。社会安全是人类社会活动的第一位价值目标和需求选择，而人类自身生存安全的首要前提是生态安全。随着人类社会经济的不断发展，环境所受到的压力也在不断增大，人与自然的矛盾加剧。虽然世界各国都加大了环境治理的力度，也在生态环境建设方面取得了一定成绩，但从根本上来说，并没有彻底扭转生态环境逆向演变的趋势，近年来凸显的全球变暖、臭氧层空洞扩大以及生物多样性锐减等环境问题，都向人类表明环境破坏和生态退化所引发的生态安全问题没有得到有效根治。生态安全已成为区域和国家安全的重要组成部分，与经济安全、国防安全等具有同等重要的战略地位。我国对生态安全问题的研究始于20世纪90年代，这既是对一系列由于人为原因产生的生态破坏问题反思的结果，又是我国政府对生态安全重视和关注的体现。与经济持续增长相比，生态安全问题是中国最急迫、最需要解决的问题。党的十九大报告也明确指出：实施重要生态系统保护和修复重大工程，优化生态安全屏障体系，构建生态廊道和生物多样性保护网络，提升生态系统质量和稳定性。西北内陆河流域是我国重要的生态功能区，流域内生态环境退化直接影响着我国中西部地区的生态安全。为此，需要将西北内陆河水资源以及水资源涵养区的生态补偿纳入法律调整范围，配合国家公信力的权威和政策支

① 刘志仁：《西北内陆河流域水资源保护立法研究》，载《兰州大学学报》（社会科学版）2013年第5期。

持，是有效解决流域内水生态环境退化的途径，有利于维持该区域生态系统平衡状态，维护水资源环境的生态安全。[1] 西北内陆河为流域内经济社会发展提供了重要的生态屏障，其生态环境的好坏还直接影响全国生态环境的安全。据调查，西北内陆河流中，年径流量大于 10 亿立方米的有 16 条，1 亿—10 亿立方米的约 90 条。依据发源地和最终消逝地，可将内陆河分为三类，即发源于国内消失于国外的内陆河，发源于国外消失于国内的内陆河和发源于国内消失于国内的内陆河。第一类主要分布在新疆的伊犁、塔城、喀什三地区，如伊犁河、额敏河等。第二类河流分布在新疆的北部和西部，例如阿勒泰地区的乌伦古河、喀什地区的克孜勒河等，其源头分别在蒙古国、吉尔吉斯斯坦。第三类河流广布在西北各省的高山与盆地之间，流域面积集中在山区。[2] 西北内陆河具有典型的特征：（1）多数河流有头无尾，河流尾端多形成湖泊，且湖泊多处于萎缩状态；（2）河流走向经常改道；（3）大部分河流上游径流量较大，但多在下游出现断流或消失；（4）流域内不同区域的生态环境差异性较强。

西北内陆河为人类生产生活提供了必要生态屏障，有效阻挡了沙漠的扩张。在绿洲存在的区域，人类生存环境得到极大改善。如果失去了内陆河的绿洲屏障，干旱的西北地区必将面临沙尘暴肆虐、沙漠扩张等严重灾难。例如，正是塔里木河、疏勒河、黑河、石羊河下游的绿洲阻挡了从南疆通往内地的沙漠连成一片，使得绿洲与沙漠戈壁长期处于相对平衡稳定的状态。又如，青海湖水系以其巨大的水体与湖周的高山、林地和草原构成了阻挡柴达木盆地荒漠的绿色生态屏障，延迟了风沙东侵南移，减轻了西宁市和青海省东部农业区的风沙灾害，表明青海湖湿地对于维系青藏高原东北部的生态安全具有重要意义。从生存条件看，内陆河流域环境降水量稀少，蒸发量大，大部分地区植被覆盖率低，生态环境破坏后不易恢复。适宜人类居住和生活的范围十分有限，且随着人口不断增加，生存空间不足。另外，由于人类在社会经济发展中忽视

---

① 吴虹：《西北内陆河水资源生态补偿法律制度研究》，硕士学位论文，长安大学，2012年。

② 陈虎军：《中国水污染防治法律制度研究》，硕士学位论文，黑龙江大学，2009 年。

了生态环境保护，导致生态环境质量不断下降。[①] 所以，实现西北内陆河的可持续利用，对西北乃至全国都具有非常重要的意义。

（三）我国水资源政策法律缺乏对内陆河特殊情况的针对性考量。西北内陆河流域水资源特殊性显著，总量偏少，季节性集中，水量分散，用水产业结构不合理。我国境内的河流，仅流域面积在 1000 平方千米以上的就有 2200 多条。全国径流总量达 27000 多亿立方米，相当于全球径流总量的 5.8%，由于径流面积广阔，各大河流在生态环境问题上都具有自身的特殊性，所以通过全国性水法律规范对流域环境保护不具有流域针对性。《水法》针对全国水资源保护作出了一般性规定，但在具体的河流流域管理过程中不具有针对性，《中华人民共和国水土保持法》（以下简称《水土保持法》）的规定中甚至没有对流域机构的法律地位予以明确，《中华人民共和国水污染防治法》（以下简称《水污染防治法》）中对各个河流的污染种类及相应的治理方式均未作出明确规定。在我国现阶段各河流流域管理保护工作中，已出现法律规范无法满足现实管理需求的局面。[②] 近年来，我国政府正在逐步加大西北内陆河水资源保护的立法工作。至今，对西北内陆河水资源保护有针对性和实效性的法律主要是流域性和地方区域性法规、地方政府规章和政策性指导方针，而全国性的《中华人民共和国环境保护法》（以下简称《环境保护法》）、《水法》和《水污染防治法》等只起到宏观指导作用。[③] 这些流域性和地方区域性法规为流域水资源保护发挥了一定作用，但远远不能实现西北内陆河水资源的可持续利用，在立法过程、法律实施、执法阶段中存在诸多问题，[④]一方面专门针对西北内陆河流域环境保护的法律规范远少于针对外流河的，可这方面的法律规范需求很大；另一方面在现有的西北内陆河环境

---

① 吴虹：《西北内陆河水资源生态补偿法律制度研究》，硕士学位论文，长安大学，2012年。

② 严乐：《西北内陆河流域水资源管理法立法探析》，硕士学位论文，长安大学，2013年。

③ 刘志仁：《西北内陆河流域水资源保护立法研究》，载《兰州大学学报》（社会科学版）2013年第5期。

④ 袁笑瑞：《西北内陆河最严格水资源管理法律制度践行研究》，硕士学位论文，长安大学，2014年。

保护法律规范体系内，存在许多空白与冲突。西北内陆河环境保护法律制度尚不健全主要表现在两个方面：第一，重原则性约束而轻具体性规范。西北内陆河流域水资源管理法律规范中，许多条款具有总括性、指导性、原则性、号召性的特点，这些规定可以作为政府各项工作的指导原则或执法理念，但在实际执法、司法过程中，因为没有具体的权利义务责任的规定而缺少确定性和可操作性。当然我们并非否定这些原则性规定的作用，相反，在现实中正是这些灵活的、可伸缩的原则性条款指导着政府的众多决策及工作。但作为应当明确且具有可操作性的法律法规来说，不应该过多地依靠这类原则性的规范指导现实工作，然而目前的法律规范中类似的条款并不少见。例如《水法》第6条、第8条、第11条、第24条、第26条等①。这样的规定必定导致法规的实效性有所降低，主体的责任权利意识淡化。第二，重实体权利义务规定而轻程序规范保障。在现行法规中，无论是对政府公权力的行使，抑或是对公众参与环境保护工作的规定，都体现出重实体而轻程序的现象。例如《甘肃省实施〈水法〉办法》第6条、第7条的规定就表现出这种特点②。其中第6条主要规定公众参与的原则，规定在制定水资源规划水量分配方案、用水定额和调整水价时应当举行听证，但却没有具体规定应当由谁组织进行听证、如何进行听证、如不举行听证会有什么法律后果等。第7条则规定了公民的权利和保护水资源的义务，但却没有明确的程序性规范

---

① 《中华人民共和国水法》第6条：国家鼓励单位和个人依法开发、利用水资源，并保护其合法权益。开发、利用水资源的单位和个人有依法保护水资源的义务。第8条：国家厉行节约用水，大力推行节约用水措施，推广节约用水新技术、新工艺，发展节水型工业、农业和服务业，建立节水型社会。各级人民政府应当采取措施，加强对节约用水的管理，建立节约用水技术开发推广体系，培育和发展节约用水产业。单位和个人有节约用水的义务。第11条：在开发、利用、节约、保护、管理水资源和防治水害等方面成绩显著的单位和个人，由人民政府给予奖励。第24条：在水资源短缺的地区，国家鼓励对雨水和微咸水的收集、开发、利用和对海水的利用、淡化。第26条：国家鼓励开发、利用水能资源。在水能丰富的河流，应当有计划地进行多目标梯级开发。建设水力发电站，应当保护生态环境，兼顾防洪、供水、灌溉、航运、竹木流放和渔业等方面的需要。

② 《甘肃省实施〈水法〉办法》第6条：制定水资源规划、水量分配方案、用水定额和调整水价，应当举行听证，广泛听取社会各方面的意见。第7条：任何单位和个人都有保护水资源和节约用水的义务，并有权对破坏水资源和浪费水的行为进行制止、举报。

引导公众去行使权利，如向哪个部门去举报、接到举报后部门应采取什么措施保障公民权利等。没有法定的程序予以明确保障公民的程序性权利，最终的结果将是使公民的实体权利流于纸面；没有法定的程序予以严格约束政府公权力的行使，最终的结果将是公权力的滥用或者公共事务的执行松懈。① 目前我国针对水资源保护颁布并实施了多部法律，目的就是要维持水资源的可持续利用，但这些法律规定从实践需求和实施效果看主要是针对外流河，在应对西北内陆河流域的水资源问题时不能发挥实效性。

西北内陆河地区有效降水主要是天然生态系统直接利用，少部分由平原人工绿洲的人工生态系统（包括农田、人工林草、水库等）吸收。据有关部门关于西北地区需水量调查数据（参见表1—3）显示，西北地区内陆河的水源补给量较小，农业和工业比重大，水资源利用率低，加上干旱少雨的气候，使得供水与人类日常需水之间的矛盾尖锐，这与外流河具有明显的不同。② 西北内陆河流域环境保护工作面临众多特殊矛盾，如供水分配问题、水资源供求矛盾问题、水资源利用效率问题等。同时，西北内陆河流域内河流由于径流量小、流速慢、河面较窄等特点，使得在该流域内进行水能开发利用几乎不可能，而我国其他很多河流，径流量大、部分河段流速快、河面较宽，所以对其水能的开发利用很普及，如水力发电、水路航运等。当前水资源环境保护法律规范中大部分针对水能开发利用的章节规定无法直接适用于西北内陆河流域。因此全国性水资源保护法律规范不具备对西北内陆河流域保护的针对性，西北内陆河流域保护需要更具有针对性的法律法规。相比较我国其他流域的法制化程度，西北内陆河流域水资源保护法律法规呈现出立法层次不高，位阶偏低；立法之间协调性差，内容存在冲突；地方自主性、协商机制及公众参与不足；新价值理念贯彻不够，立法滞后；立法操作性不够等缺陷。目前我国关于水资源环境保护的立法，大多从外流河的角度出发，

---

① 严乐：《西北内陆河流域水资源管理法立法探析》，硕士学位论文，长安大学，2013年。
② 刘志仁：《西北内陆河流域水资源保护立法研究》，载《兰州大学学报》（社会科学版）2013年第5期。

缺乏对西北内陆河特性的考虑，导致众多环境保护制度在西北内陆河流域无法正常开展，同时各个区域管理单位与流域管理单位间无法形成有效地沟通和协调机制，法律规范和现实管理存在脱节。因此制定西北内陆河流域水资源保护法对于西北内陆河流域生态环境保护十分必要。[①]

表1—3 西北内陆河流域需水总量及人均需水量

项目分区	需水汇总（百万立方米）				累计新增（百万立方米）			人均需水（立方米/人）			
	1995年	2000年	2010年	2020年	2000年	2010年	2020年	1995年	2000年	2010年	2020年
河西地区	7403	7527	7698	7973	124	295	570	1681	1595	1436	1396
疏勒河	1281	1437	1622	1901	156	341	620	2328	2436	2458	2716
黑河	3420	3373	3364	3323	-47	-56	-97	1971	1804	1536	1420
石羊河	2702	2717	2712	2749	15	10	47	1275	1208	1076	1030
柴达木	705	747	826	934	42	121	229	1772	1524	1271	1213
宁夏	8926	9181	9281	9088	255	355	162	1742	1648	1439	1280
新疆	43551	44909	49255	50435	1358	5704	6884	2657	2492	2274	2005
北疆	16523	17773	22073	23201	1250	5550	6678	2163	2129	2227	2026
南疆	25117	25176	25169	25179	59	52	62	3227	2924	2404	2059
东疆	1912	1960	2014	2055	48	102	143	1969	1832	1573	1389

当然西北内陆河流域内的部分地方也零星颁布并实施了一些地方性法规和地方政府规章，但这类法律位阶低，差异性大，地方利益保护倾向性明显，远不能满足西北内陆河水资源管理的需求。目前有关西北内陆河流域环境治理的法律主要有：《新疆维吾尔自治区实施〈水法〉办法》《甘肃省实施〈水法〉办法》《新疆维吾尔自治区塔里木河流域水资源管理条例》《甘肃省石羊河流域水资源管理条例》等，还有一些地方政府制订的管理办法。从总体上看，这些法律有以下缺陷：位阶较低，公信力不足，导致执法、监管、违法处罚、责任追究不到位；环境技术规范和标准体系存在空白；原则性要求多、程序性规定少，相当一部分条款模糊不清，缺乏可操作性。目前，我国已建成了比较全面的环保法律法规体系。但是，对于西北内陆河这一特殊区域，缺乏国家层面上的法

---

① 严乐：《西北内陆河流域水资源管理法立法探析》，硕士学位论文，长安大学，2013年。

律法规，只有一些地方性法规和政府规章在"单打独斗"，针对跨区域生态环境破坏行为无法进行有效规制。① 这些法律上的缺陷对西北内陆河水资源可持续利用造成许多困惑和障碍，管理主体执法过程中经常会面临缺少法律依据，配套制度之间相互冲突，流域管理机构无明确职权或是与区域管理主体之间存在事权不清。专门性环境立法的缺失以及现有法律的不完善不利于生态系统保护，严重影响了西北内陆河流域水资源的可持续利用。②

2010年12月31日中共中央、国务院《关于加快水利改革发展的决定》明确提出实行"最严格的水资源管理制度"，2012年1月12日国务院又发布了《关于实行最严格的水资源管理制度的意见》，从用水总量的控制制度、水资源利用效率的控制制度、水资源功能区限制纳污制度以及水资源管理责任与考核方面应对中国的水问题。该制度的实质是围绕水资源的配置、节约、保护和管理"四个环节"，以真正实现水资源的可持续利用。

流域的地域性和多样性决定了合理的水资源管理制度的构建需要针对不同类型流域的特殊情况，寻求与其自然条件相适应、与其社会经济发展和生态保护需求相适应的管理制度。对于最严格水资源管理制度的落实而言，我国不应该采取一刀切的方式对不同类型的流域实施相同或基本相同的管理标准和制度设计，对于生态脆弱的西北内陆河流域要强调河流的生态功能，对取用水和用水效率实施相比于外流河更加严格的标准。水资源的可持续利用不仅要考虑人口和经济，更要考虑资源和环境；不仅要考虑当代，而且要将后代纳入考虑的范畴。③ 中国幅员辽阔，各流域的情况各有不同，因此流域水资源立法要具有科学性、严密性、可操作性，如此才能有效地开发、利用和保护水资源。在制定水资源保护的法规和规章时，应当制定操作性更强的实施细则，这样才能有利于

---

① 刘志仁、吴虹：《如何完善西北内陆河流域环境行政执法》，载《环境保护》2012年第5期。

② 汪劲：《环境法律的解释：问题与方法》，人民法院出版社2006年版，第159页。

③ 曾彩琳、黄锡生：《国际河流共享性的法律诠释》，载《中国地质大学学报》（社会科学版）2012年第2期。

我国水资源管理达到可持续利用的目标。①

法律科学发展的历程表明，在任何一个法律部门或者领域之内，基本法律大多是在单项法律的基础上发展起来的。随着各单项法律的先后制定或者修订，必然在他们之间出现彼此不协调的现象，因而需要通过高位阶的基本法律予以整合。这是法律体系形成的基本规律和趋势。西北各地方人大、政府针对流域管理工作制定了一系列地方性法规、地方政府规章，这些单行法律在内陆河水资源保护工作中曾起到很重要的作用，但各流域法律之间，流域法律与区域法律、规章和指导文件之间的矛盾长期存在，且随着经济社会的不断发展，围绕西北内陆河水资源产生的人与人、人与自然的矛盾更加突出。体现在法律上，既有的法律规定要么形同虚设要么顾此失彼。因而，制定一部有针对性的提纲挈领的西北内陆河流域水资源保护基本法是必要的。西北内陆河流域水资源的保护对西北地区生态保护、经济发展和社会稳定具有重要意义，然而因其流域内气候、地理、经济和文化的特殊性，致使全国性水资源保护法律规范对西北内陆河水资源的调节不具有针对性和高效性。西北地区内陆河流域与外流河流域相比的整体差异性、其内部的整体相似性，以及现行法律法规的冲突和不足，客观上要求制定一部西北内陆河水资源保护专项基本法，并从立法目的、立法原则和具体法律制度方面提炼和构思该专项基本法。总而言之，西北地区内陆河流域经济社会发展水平整体相似，西北内陆河流域自然环境状况整体相似，全流域具有明显的流域特性和面临问题的共同性，在西北内陆河流域内部具有整体相似性，这为制定专门的基本法律制度进行水资源保护提供了可行性。② 目前学术界关于西北内陆河流域水资源管理法律制度的研究相对来说较缺乏，主要是因为针对此问题的法律法规欠缺，学术界很难找到理论研究的支撑点。此外，即便有这方面的研究，在研究对象上也是按照国内一般河流的水资源开发管理进行研究，很少将我国西北内陆河流域水资源管理作

---

① 艾峰：《我国流域水资源管理法律制度研究》，硕士学位论文，长安大学，2013年。
② 刘志仁：《西北内陆河流域水资源保护立法研究》，载《兰州大学学报》（社会科学版）2013年第5期。

为整体；在研究方法上也过于单一，缺少与生态管理方法、可持续管理方法的有效结合；在法律层面上，研究的内容相对宽泛，可借鉴性不明显。[①] 目前，黄河法立法工作正在紧锣密鼓地进行，旨在加强黄河流域生态环境保护和高质量发展。但西北内陆河作为一个河流群，却尚未引起学者们的足够重视，将西北内陆河流域作为一个整体进行立法保护研究的学者和学术成果很少。黄河流域和长江流域作为外流河，在我国具有一定特殊性，西北内陆河流域更是如此。现阶段，我国学界针对西北内陆河流域中单个河流的保护进行的法律制度层面的研究并不少见，但大多从流域水资源管理的视角来构建法律制度框架，也有一些学者对流域管理的法律制度构建进行了有益探索，取得了一些学术成果，推动了流域管理法律制度的进展。但就全国环境保护法律规制来看，针对西北内陆河流域整体生态环境保护进行专门立法的研究并不多见，而从现有的研究成果和趋势不难看出，制定流域专项法律规范有其可行性和必要性，已成为一种立法趋势。法律具有滞后性，当社会矛盾的存在积累到一定程度时，对法律规制的需求才应运而生。西北内陆河流域水资源管理对于西北地区经济、社会发展具有重要意义。西北内陆河流域环境执法部门在执法过程中，时常面临法律效力不高、相关单位不配合等问题。同时，随着我国对流域管理的更加重视，制定西北内陆河流域水资源管理法的必要性日渐凸显。我国珠江流域、长江流域、黄河流域等七大流域的综合规划均已获国务院批准，而西北内陆河作为西北地区居民生活、经济发展的重要保障，应当得到较高位阶的法律的保护。西北内陆河流域内的矛盾具有明显的流域特性，并在西北内陆河流域内部具有相似性，这为制定专门的法律规范进行流域生态环境保护提供了可行性。因此，相比较于西南地区内陆河流域及东北地区内陆河流域而言，西北地区内陆河流域占据全国内陆河较大比例，在西北地区经济发展和居民生活中更具有重要意义。西北内陆河流域整体具有鲜明的内陆河特点，较之其他区域的内陆河更具有针对性和鲜明的特色，这为制定专门的西北内陆

---

① 袁笑瑞：《西北内陆河最严格水资源管理法律制度践行研究》，硕士学位论文，长安大学，2014 年。

河流域水资源管理法奠定了基础。同时，西北内陆河流域日趋严峻的生态环境状况，较之其他区域的内陆河更加凸显出了制定专门的西北内陆河流域水资源管理法的紧迫性。针对内陆河进行专门立法研究无疑要首选西北内陆河流域作为规范试点。①

（四）以政府为主导的集权式的公共管理不能有效保障西北内陆河水资源的可持续开发利用。自然资源一般都具有稀缺性，虽然水资源是一种可再生资源，但如果未能得到合理开发利用，那么在一定时间和空间范围内，其再生能力将会逐渐降低甚至枯竭。我国的水资源管理目前依然是政府主导的集权式的公共管理，尽管这种体制能够在一定程度上缓解"公地悲剧"所带来的不利影响，但由于信息成本和实施成本过高，政策迟滞、政策失误甚至政策缺失和执行困难不可避免。在集中管理的体制之下，政策失误将会导致自然资源遭到更大规模的严重破坏。另外，在经济发展和环境保护这一两难选择中，一些地方政府为片面追求经济利益和政绩，往往忽视客观的自然规律，盲目地开发利用自然资源，结果导致资源的过度利用和退化。目前在西北内陆河的开发利用和管理方面仍然存在影响水资源可持续利用的诸多问题。以甘肃省内陆河流域为例，该省内陆河水资源利用效率很低，水资源浪费严重，水资源人均用水量和万元国内生产总值耗水量是全国平均水平的3倍（见表1—4）。

表1—4　　甘肃省内陆河流域与全国其他流域分区主要用水指标

流域分区	人均用水量（立方米）	万元GDP用水量（立方米）	万元工业增加值（立方米）	农田实灌面积亩均用水（立方米）	城镇居民综合用水（升/人·天）	农村居民生活用水（升/人·天）
甘肃省内陆河	1541	703	71	684	185	72
黄河	238	198	118	423	181	47
长江	100	179	27	260	149	52
全省	458	351	98	561	179	52
全国	446	197	108	435	212	72

① 严乐：《西北内陆河流域水资源管理法立法探析》，硕士学位论文，长安大学，2013年。

　　长期以来，我国环境治理呈现局部改善、整体恶化的局面，而且局部改善所涉及的范围十分有限。以水为核心的流域是人类生存的基础和发展的根基，鉴于流域问题越来越突出，尤其是西北内陆河流域水资源问题显著，进行流域治理业已成为一项迫切的任务。[①] 对于生态环境极为脆弱的西北内陆河流域而言，水资源的可持续利用无疑与该地区经济社会发展的可持续性息息相关。历史上，对于干旱的内陆河流域地区而言，水资源的破坏甚至关系到依赖该水源的人口和社会的生死存亡。例如，有学者认为，楼兰古城的消失与水资源破坏有直接关系："楼兰先民的不合理活动导致了水源的直接破坏，致使整个生态环境逐渐恶化，最终带来了沙埋古城的历史谜案。"[②] 2017 年，甘肃省石羊河流域仅分配 2.64% 的生态用水量，而用水效率极低的农业用水量达到 80.9%（见图 1—1）。

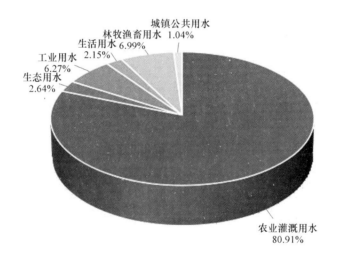

图 1—1　2017 年石羊河流域配水情况

　　直到 2019 年，石羊河流域的配水情况依然未发生实质性变化，生态用水仍然只有 2.79%（见图 1—2）。

　　传统的水资源管理模式强调政府在资源开发、利用和管理上的主导

---

① 胡德胜：《围绕可持续发展破解重点流域治理难题》，载《环境保护》2013 年第 13 期。

② 陈天柱：《楼兰古城衰亡与周边环境的哲学思考》，载《丝绸之路》2013 年第 2 期。

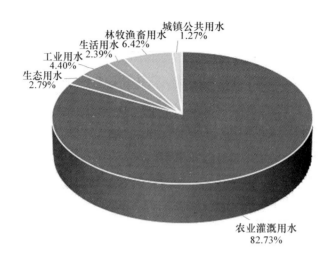

图1—2　2019年石羊河流域配水情况

作用，强调命令控制型的集权式、科层制的管理模式。然而，西北内陆河流域水资源遭到破坏和生态退化的事实表明，这种管理模式并不能有效解决水资源的可持续利用问题，也无法为当地的可持续发展提供有效的制度供给。从管理体制来看，我国流域水资源管理涉及的部门多，造成部门间的职能交叉较多，因此导致了部门之间纠纷相当多，无法对水资源进行统一管理。按照我国流域水资源的管理规定，水利部主要负责开发地表水，自然资源部管理地下水，生态环境部负责水污染的防治工作，住房和城乡建设部分管城市用水和工业用水，农业农村部负责农林牧渔用水，部门分割较为明显。各个部门为了各自的部门利益进行规划管理，忽视了流域的整体利益。这种流域水资源管理体制的缺陷体现在：

第一，法律地位不明确。《水法》第12条明确规定："国家对水资源实行流域管理与行政区域管理相结合的管理体制。国务院水行政主管部门负责全国水资源的统一管理和监督工作。国务院水行政主管部门在国家确定的重要江河、湖泊设立的流域管理机构，在所管辖的范围内行使法律、行政法规规定的和国务院水行政主管部门授予的水资源管理和监督职责。县级以上地方人民政府水行政主管部门按照规定的权限，负责本行政区域内水资源的统一管理和监督工作。"从表面上看，虽然确立了流域管理机构在水资源管理方面的法律地位，然而，在实际的操作过程中，行政区域管理机构仍然发挥着决定作用，流域管理机构缺少独立自主的管理权。按照《水法》规定："国务院水行政主管部门在国家确定的重要江河、湖泊设立的流域管理机构，在所管辖的范围内行使法律、行政法规规定的和国务院水行政主管部门授予的水资源管理和监督职责。"这实际上表明，流域管理机构是国家一级水行政主管部门即水利部在各个流域设立的派出机构。[①]也就是说，例如太湖流域管理委员会，虽然名称是委员会，却没能行使委员会的实际权力，实际上是服从于行政机关，所以在进行水资源管理时会受到当地行政部门的阻碍，从而没有权力对流域进行综合性地管理，也无法协调跨部门、跨行政区域之间的问题，因此无法发挥它在流域水资源管理中应有的作用。

第二，流域管理机构和行政区域管理机构事权划分不明确。流域管理和行政区域管理相结合的管理模式从表面上看既兼顾了流域作为一个大的水文单元的整体性，同时又兼顾了不同行政区域对水资源进行管理的权力，看似比单一的行政区域管理或流域管理模式更加完美，然而在实践过程中，这种相结合的管理模式存在着职权划分不明确的问题。具体体现在流域管理机构和行政区域管理机构事权划分不清晰。如果一个流域管理局跨越了三个行政区域，其应该负责整个流域内有关水资源管理和监督的工作。但是根据《水法》规定，县级以上地方人民政府水行政主管部门按照规定的权限，负责本行政区域内水资源的统一管理和监督工作。这就造成了行政区域水行政主管部门与流域管理机构的职责之间发生了冲突。这也充分说明，对于流域管理机构的职责和流域内行政区域部门的职责虽然描述得看似清晰，实则是模糊的，结果只能是这种表面上合二为一的结合模式并不是真正意义上的二者结合，仍然是按照行政区域对水资源进行管理，这就使得流域管理机构无法发挥应有的综合管理职能。

第三，行政区域管理机构内部事权划分不清楚。水资源的管理、保护、开发、利用等职能都分散在水利部、农业农村部、自然资源部、生态环境部等各个职能部门，这些部门都是平级部门，各部门之间并没有

---

① 张丽：《太湖水资源流域管理体制研究》，硕士学位论文，江南大学，2011年。

上下级的隶属关系，因此，在具体履行职责的过程中，经常会出现各自
为政的现象，容易产生矛盾。而且，在法律中还有很多概念表述不清楚。
比如，2018 年修订的《水污染防治法》第 9 条规定："县级以上人民政
府环境保护主管部门对水污染防治实施统一监督管理。"但是，同时它又
规定："县级以上人民政府水行政、国土资源、卫生、建设、农业、渔业
等部门以及重要江河、湖泊的流域水资源保护机构，在各自的职责范围
内对有关水污染防治实施监督管理。"可以看出，到底由谁来管理并没有
明确规定，而且在《水法》中，虽然明确了流域管理机构的职能，但是
缺乏流域管理机构与各个职能部门之间的协调机制。这种矛盾的规定，
一方面导致了职权重复；另一方面，因为对各部门的职责没有明确规定，
在实际管理过程中存在许多困难。

第四，部门分割管理，缺乏协调。我国目前仅有一部专门的流域管
理立法，即《中华人民共和国长江保护法》，各水行政相关部门的权限多
是由各自制定方案，上报国务院，经过批准后再执行。在这种部门立法
的体制下，我国各个部门在立法时，不可避免地从部门自身的利益出发，
从而忽视了部门与部门之间的分工合作问题，也忽视了流域的整体利益。
比如，水行政主管部门制定经批准的有《取水许可制度实施办法》《河道
管理条例》等，其他如农业、渔业、航运、地质矿产等部门也都制定了
倾向于各自部门利益的相关规定。这些部门规章仅仅规定了各自部门的
管理内容，彼此之间只有分工，而没有部门和部门之间应有的协调机制，
对取水、用水、排水等都是分割管理，目标和内容相互冲突。流域的整
体利益与地方利益和部门利益容易产生摩擦，长此以往，既不能充分发
挥各部门的作用，又损害了流域的整体利益。

水资源管理由水利部门等多个部门参与，形成了在流域上"条块分
割"，在地域上"城乡分割"，在制度上"政出多门"，在职能上"部门
分割"[1]，继而不仅造成了职权范围的交叉，而且当真正出现问题时，
多部门互相推诿，不愿承担责任。因此，实践证明，法律法规对流域管
理机构所赋予的职能根本不能充分地发挥其应有的优势，也说明流域管

---

① 陈岩：《黄河流域水资源管理体制研究》，硕士学位论文，河南大学，2012 年。

理立法还需完善。通过立法手段建立有效的水资源管理机制，对国家流域水资源进行合理地开发、利用、保护，是实现水资源可持续利用的关键。

从协调机制来看，由国家授权的协调机构的协调作用没有被真正发挥出来。《水法》规定："国家对水资源实行流域管理与行政区域管理相结合的管理体制。"水利部进行协调，长江水利委员会等七大流域水利委员会对各自职权范围内的水资源的开发、利用、保护进行协调，并主要负责处理部门之间、行政区域之间的纠纷，但是，上述的协调作用在实际中根本没有体现出来。同时，流域管理机构的职能没有得到体现。作为水利部的派出单位，流域管理委员会没有发挥其应有的协调功能。由于缺乏相应的管理权限，与各相关部门之间在协调处理相关水资源问题时，不能进行统一管理，这也反映出协调机制的不健全。

基于西北内陆河流域的特殊性和重要性以及我国当前水资源管理制度缺乏对内陆河流域的特定制度的设计，本书所研究的学术问题是，如何把一体化水资源管理理论与善治理论相结合，用水善治理论突破当前西北内陆河流域的水资源管理制度的局限性，从而形成具有西北内陆河流域特色的水资源可持续利用治理制度体系。

第二节　研究意义

一　理论意义

（一）为我国西北内陆河流域水资源可持续利用法律治理提供理论依据

本书将一体化水资源管理理论、善治理论、水资源善治理论融入西北内陆河流域水资源可持续利用治理制度中，为西北内陆河流域水资源可持续利用治理制度的构建提供多方面深厚的理论养分。

（二）本书为部分不同学科之间的贯通研究找到了通道和方向

本书的研究对象主要是水资源可持续利用相关法律治理制度，同时应用法学、管理学、生态学、环境科学、人口资源与环境经济学的前沿理论进行交叉研究，有利于对相关学科的基本理论进行验证、拓展和贯通，找到不同学科之间的交叉融合及其各自外延的拓展方向。

（三）西北内陆河流域水资源可持续利用治理制度研究的视角，为国内其他流域水资源治理制度研究找到了新的视野

以治理和善治理论为指导，根据水善治的原则和要求，反思传统水资源管理模式的局限性，探讨水资源治理制度的科学体系。

二　实践意义

（一）促进西北内陆河流域生态文明建设

生态文明是人类社会发展到一定阶段而产生的一种新的文明形态，是人类经过传统工业文明之后进行理性思考的结果。[①] 西北内陆河流域气候干旱、生态环境脆弱、水资源紧缺，自然景观从东到西呈现为森林草原—典型草原—荒漠草原—荒漠的演化特点。[②] 西北内陆河是西北地区重要的生态屏障，是流域内生态文明建设的基础。在干旱和半干旱地区，内陆河为人们的生产、生活以及生态提供了必要的水源，当地经济社会的发展严重依赖内陆河的水资源供应。

水生态文明建设是我国在水生态退化、水资源短缺以及水环境恶化的基本国情和水情下，根据经济社会发展状况所提出的宏观发展战略。从我国水利发展的历程可以看出，水生态文明建设的提出并非是偶然的，而是有其必然性在内。[③] 本书旨在为我国西北内陆河流域水资源的可持续利用寻找治理路径，有利于完善西北内陆河水资源可持续利用的法律体系，填补西北内陆河流域水资源法律制度中的空白，为西北内陆河流域水资源管理主体科学立法、严格执法、公正司法和文明守法提供法律依据。因此，本书的研究有利于缓解我国西北内陆河流域生产、生活和生态环境用水危机；有利于促进西北内陆河流域生态平衡，推动流域内人类之间和人类与自然环境之间的和谐用水；有利于促进水资源合理配置、

---

① 文正邦、曹明德：《生态文明建设的法哲学思考——生态法治构建刍议》，载《东方法学》2013 年第 6 期。

② 王明华：《我国水资源面临 4 大严峻挑战》，载《水资源研究》2009 年第 1 期。

③ 胡德胜、左其亭、高明侠等：《我国生态系统保护机制研究——基于水资源可再生能力的视角》，法律出版社 2015 年版，第 112 页。

高效使用,推动西北内陆河流域转变经济发展模式,调整产业结构,使经济发展与水资源规划相适应,进而促进西北内陆河流域生态文明建设。

(二) 推动可持续发展,维护民族团结和保持西部边疆稳定

可持续发展是我国经济社会发展的基本方针。水资源既是环境要素,又是资源要素,只有合理开发利用水资源,才能满足社会发展的需要,才能为整个社会的可持续发展奠定最为坚实的基础。① 随着国家西部大开发战略的推进,西北内陆河流域实施了大规模建设,在工业方面,该地区以有色金属、能源化工、盐化工为基础的工业体系业已形成。农业方面,通过兴修水利、大力发展农业灌溉,逐步形成了河西走廊、宁蒙河套、南疆绿洲等大片农业生产基地,有力地推动了当地农业生产的发展。② 但是,从国内生产总值的角度来看,西北地区整体的 GDP 产值仅为全国平均水平的60%。从经济发展速度看,除新疆外,其他省区的经济增速均低于全国平均水平。③ 鉴于水资源对于西北内陆河地区相关产业发展的重要意义,对水资源的合理开发利用关系着该地区经济社会的可持续发展。

地处西部干旱、半干旱地区的甘肃、宁夏、新疆等省(自治区)是我国少数民族聚居的主要区域之一,也是重要的边疆地域。西北地区少数民族人口约占总人口的1/3,主要有蒙古族、回族、维吾尔族、哈萨克族等。④ 在地理位置上,甘肃与内蒙古接壤,党中央对甘肃的战略定位是:甘肃是多民族交汇融合地区,是中原联系新疆、青海、宁夏、内蒙古的桥梁和纽带,对保障国家生态安全,促进西北地区民族团结、繁荣发展和边疆稳固,具有不可替代的重要作用。因此,本书对西北内陆河水资源可持续利用治理制度进行研究,在保障水资源合理开发、利用的

① 曾文革、余元玲、许恩信:《中国水资源保护问题及法律对策》,载《重庆大学学报》(社会科学版) 2008 年第 6 期。
② 李世明:《河西走廊水资源合理利用与生态环境保护》,黄河水利出版社 2002 年版,第 138 页。
③ 俞树毅、柴晓宇:《干旱半干旱流域生态环境变化与人类活动间的相互影响分析》,载《河海大学学报》(哲学社会科学版) 2009 年第 2 期。
④ 刘昌明:《我国西部大开发中有关水资源的若干问题》,载《中国水利》2000 年第 8 期。

基础上，有利于促进区域内社会稳定和民族大团结。

（三）推动我国绿色丝绸之路经济带建设

"一带一路"是我国应对国际新形势、统筹国内国际两个大局、探索全球治理新模式的重大战略决策，其涉及的范围广、规模大、影响深，在推进的过程中，必须充分考虑生态环境与绿色发展，加强绿色丝绸之路建设。绿色丝绸之路本质上是将生态文明的理念融入经济社会发展中，突出生态环境的基础性地位。《推动共建丝绸之路经济带和21世纪海上丝绸之路的愿景与行动》明确提出要"共建绿色丝绸之路"，将生态、绿色、发展、可持续等理念贯穿于"一带一路"的全过程。

中国—上海合作组织环境保护合作中心发布的《"一带一路"生态环境蓝皮书——沿线重点国家生态环境状况报告（2015）》指出，"一带一路"沿线区域存在较为明显的生态环境问题：一是整体性自然生态系统十分脆弱，尤其是有些区域在干旱、半干旱气候条件下，沙漠化和荒漠化问题越来越严重，森林覆盖率远远低于世界水平；二是环境问题对经济发展的约束趋势加剧；三是"一带一路"的大型项目和经济开发活动，尤其是涉及能源资源的项目，可能产生水污染、水环境破坏以及水土流失等传统环境问题。西北内陆河流域是古丝绸之路经过的重要地区，其对我国当前"一带一路"倡议的实施依然具有重要意义。因此，为应对"一带一路"建设中的环境污染、生态破坏等挑战，有必要加强我国西北地区内陆河流域水资源的治理，使其既成为"一带一路"建设的有力助手，同时也在"一带一路"背景下受益。

第三节　国内外研究动态

一　国内研究动态

中华人民共和国成立以来，我国水利建设取得了巨大成就。随着水利事业的蓬勃发展，针对我国水问题的科学研究工作也在不断地深入。在水资源治理制度研究方面，学术界较多的学者停留在关注流域生态环境保护的法制化问题层面，一般从流域立法体系、流域管理体制、流域综合治理方式等方面进行探讨，取得了较好的社会效益和环境效益。通过搜集相关文献资料，认为有关西北内陆河流域水资源治理制度相关的国内研究主要表现在以下4个方面：

（一）关于内陆河水资源状况方面的研究

黄珊等（2021）等认为集成水资源管理（IWRM）是解决水资源问题的有效方法。根据IWRM总体框架要求和《石羊河流域重点治理规划》总体目标，构建了石羊河流域IWRM绩效评价体系进行评价，结果显示石羊河流域IWRM绩效随时间推移呈上升趋势，从"一般"提升到"良好"，经济效益、社会公平、水管理组织、生态环境可持续4个评价维度层都呈上升趋势，但是生态环境可持续仅增加了1%，所以生态环境问题仍是今后重点关注的内容之一。① 曲玮等（2018）认为，过去甘肃河西走廊内陆河流域的水资源管理经历了各类制度改革，不同程度地推动了地表水和地下水的联合管理。但是，由于机构设置及其权限制约以及改革目标差异，该地区内陆河流域水资源管理效率差异化越来越显著，与石羊河流域相比，黑河和疏勒河流域的监管制度和管理办法并未完全跳出多头管理体制的窠臼，地表水和地下水没有形成有效的联合管理。因此，有必要探究流域联合管理的实践意义和实现路径，保障内陆河流域节水战略的顺利实施。② 黄珊等（2018）研究了河西走廊疏勒河流域水资源管理及存在的问题，认为流域已建成较健全的用水者协会体系，水价和水权在不断调整以适应水资源管理的需求，但是受地方行政、企业等多方权力博弈的影响，地表水和地下水处于双线管理状态，未能实现流域水资源的全面统一管理；用水者协会的职能未得到充分发挥，公众参与水资源管理不积极；流域内水价、水权制度不完善。需要在甘肃省水利厅和酒泉市政府之间形成利益协调机制，完善流域管理局和地方政府统一协调的水资源管理体系。并且要加强流域机构立法，实现流域水资源的统一管理与调配。此外，还要将用水者协会的职责和义务融入村委会的

---

① 黄珊、冯起、王耀斌等：《集成水资源管理实施状态定量评价及影响因素分析——以石羊河流域为例》，载《中国沙漠》2021年第4期。

② 曲玮、李振涛等：《甘肃河西走廊内陆河流域节水战略选择——地表水与地下水联合管理》，载《冰川冻土》2018年第1期。

职务中，以调动公众的自我管理和实现水资源的高效利用。[1] 尹立河等
（2021）认为，由于西北内陆河流域地下水与地表水关系密切，形成了具
有密切水力联系的含水层—河流系统，不论是上游开发地表水还是地下
水，都会引起整个流域内地下水资源的强烈变化。除柴达木盆地、塔里
木盆地南缘等地区外，其他地区的地下水开采潜力有限，应通过提高水
资源的利用效率来提高其承载能力。[2] 滕安国（2015）认为，西北内陆河
流域最显著的特征就是干旱、少雨、蒸发量大，而且地形十分复杂，这
些是导致该流域水资源短缺、生态环境严重破坏的重要原因，从而使得
灌区管理面临重重阻碍和问题。西北内陆河流域水资源用水主体在上下
游之间、工农业之间呈现明显的不均衡和不公平现象，所以，只有解决
了流域内灌区水资源的有效分配问题，才能从根本上实现经济效益、社
会效益与生态效益的和谐统一。[3] 何萍（2012）从分析西北内陆河流域水
资源的特点出发，着重对流域内生态环境需水量进行研究，总结出西北
内陆河流域的生态环境需水量主要分为河流基本生态需水量、河流输沙
需水量、河流渗漏补给地下水量和河流下游天然植被生态需水量。而且
还对各种生态需水量的计算方法进行了阐述，以新疆台兰河为例，对其
生态环境需水量进行了计算。[4] 王世金等（2008）对西北内陆河流域灌区
水资源进行了研究，认为该地区由于特殊的自然、地理条件，使得生态
环境脆弱，水资源成为该地区极其重要的自然资源。此外，该地区工农
业用水还存在有严重的浪费行为，水资源短缺的问题也更加突出，所以
如何科学合理地分配灌区水资源是该地区的一项紧迫任务。[5]

---

① 黄珊、冯起、齐敬辉等：《河西走廊疏勒河流域水资源管理问题分析》，载《冰川冻土》
2018 年第 4 期。

② 尹立河、张俊、王哲等：《西北内陆河流域地下水循环特征与地下水资源评价》，载
《中国地质》2021 年第 4 期。

③ 滕安国：《西北内陆河流域灌区管理措施》，载《水电能源科学》2015 年第 19 期。

④ 何萍：《西北干旱区内陆河生态环境需水量研究》，载《现代商贸工业》2012 年第 10
期。

⑤ 王世金、何元庆、赵成章：《西北内陆河流域水资源优化配置与可持续利用——以石羊
河流域民勤县为例》，载《水土保持研究》2008 年第 5 期。

（二）典型外流河流域管理方面的研究

许多学者对国内典型外流河流域水资源管理制度和法律体系进行了研究，并形成了相对成熟的理论框架与认识，这对我国水资源治理，尤其是流域治理发挥了极其重要的作用。例如，戴昌军（2018）对汉江流域实行最严格水资源管理制度进行了研究，重点分析了如何建立汉江流域水资源管理"三条红线"、实施流域水资源统一调配、加强水源地保护与管理以及构建跨部门和跨区域协调机制等内容，结合汉江流域的实际情况，认为要推进节水减污型社会建设、合理配置和调度水资源以及完善流域水资源管理体制与机制。① 田志等（2021）认为黄河流域现行防洪法律制度存在防洪理念未与时俱进、缺乏流域层面的防洪立法、防洪规划的地位不够高、法律规定落后于改革、相关法律术语缺乏统一界定等问题，建议从 5 个方面完善黄河流域现行防洪法律制度：将人洪和谐相处的防洪理念写入法律；黄河立法中制定统帅全流域防洪法律制度的龙头规定；提升防洪规划的法律效力；修改与改革实践不一致的法律条文；统一若干防洪法律术语。② 马润凡等（2021）针对黄河流域政府治理面临的主要困境及其破解进行了研究，认为当前黄河流域政府治理面临治理机构的权限尚未理清，政府治理存在条块分割、无序博弈现象，涉水部门间存在职能交叉和管理摩擦等困境。协作共治理念不足，政、事、企合一的体制束缚，法律法规不健全，有机协调机制缺乏，是黄河流域政府治理面临困境的主要原因。因此，需要从整体性治理视角考虑，通过完善多维立体的政府间协同治理机制、构建跨地区跨部门的流域协调治理体系、建立流域联防联治的协同治理体系、健全黄河流域治理的政策法规体系、推进多元主体参与流域治理的相关制度建设，形成黄河流域政府治理的合力。③ 吕添贵等（2021）以鄱阳湖流域为例研究了跨界流域

---

① 戴昌军：《汉江流域实行最严格水资源管理制度探索与实践》，载《人民长江》2018 年第 18 期。

② 田志、胡德胜：《黄河流域防洪法律制度探究》，载《干旱区资源与环境》2021 年第 11 期。

③ 马润凡、刘子晨：《黄河流域政府治理面临的主要困境及其破解》，载《中州学刊》2021 年第 8 期。

水资源管理中的相关问题。认为鄱阳湖流域水资源管理冲突主要表现在水资源质量要素性冲突、水资源利用功能性冲突和水资源利用结构性冲突。针对这些冲突提出了如下优化对策：制定鄱阳湖流域水资源综合规划，提高水资源管理效率；完善流域水利基础设施，实现水资源有效调度与监管；编制流域水资源资产负债表，构建流域生态补偿机制。① 黄馨娴等（2018）对广西南江流域综合管理进行了研究，认为该流域存在着水文灾害多发、环境污染较严重、地下水超采、水土流失等一些自然问题以及法律法规不健全、流域管理机构单薄、规划不完善、忽视公众力量和缺乏新技术支撑等一些社会管理方面的问题。建议落实创新发展，建立健全法律法规；落实协调发展，强化流域管理机构与机制；落实开放发展，建立公众参与机制；落实共享发展，建设"数字南流江"；强化流域内减灾、防灾工作。② 孟庆瑜等（2021）认为以空间视角推动流域治理是现代环境治理的必然要求。基于当前流域法治存在流域立法未能体现流域空间诉求、流域规划缺乏流域空间整体统筹、流域空间管理存在体制性障碍等空间失语现象，需要按照"价值遵循—治理工具—组织基础"的分析框架，确立流域空间高质量发展的目标，坚持"人—地—水"和谐的流域空间法治基本理念，遵循整体统筹与分区管治相结合、目标引领与底线约束相结合、利益配置均衡与权责关系明晰相结合的基本原则，在此基础上通过流域立法、规划、管理体制、协调机制的改革、调整和完善系统推进流域空间法治进程。③ 李奇伟（2019）指出，从分散立法到综合立法、从行政区域管理到流域共同体治理、从一般性司法到司法专门化的发展反映出流域综合管理法治演进的基本规律。就我国而言，推进流域综合管理法治建设需要在立法、执法、司法等方面着力。在立法层面，克服功能性立法、部门立法弊端应制定"水基本法"；在管理层面，应以流域为单元设置管理机构；在司法层面，化解跨行政区域水事

① 吕添贵、刘芳苹、汪立等：《跨界流域水资源管理冲突识别、成因与机理及对策——以鄱阳湖流域为例》，载《人民长江》2021年第2期。

② 黄馨娴、胡宝清：《五大发展理念视角下的南流江流域综合管理研究》，载《人民长江》2018年第15期。

③ 孟庆瑜、张思茵：《流域法治的空间审思与完善进路》，载《北方法学》2021年第2期。

纠纷应在行政裁决机制基础上增设司法处置路径。[①] 魏显栋（2014）对长江流域水行政执法监督管理现状进行了分析，并在此基础上提出了该流域水行政执法监督存在的主要问题，即执法事权不明晰、执法环境不乐观、水法规体系不完善、执行力有待提高及体制机制不顺畅等。为理顺长江流域水行政执法监督秩序，加强流域行政管理力度，建议加强协调沟通，实现齐抓共管；加强宣传引导，改善执法环境；完善涉水法规，促进规范执法；强化许可监管，提升管理水平；推进综合执法，提高执法效能。[②] 叶华（2014）通过分析长江流域水资源管理法律体系建设的现状，得出该流域法律体系建设存在诸多问题：流域立法滞后性明显，现有法律法规之间协调性不强，立法布局不合理、结构失衡等。针对这些问题，需要在国家层面加强顶层设计，制定《长江法》并逐渐形成以该法为基础的长江流域水资源管理法律体系。[③] 钟玉秀（2013）对海河流域水资源进行了研究，并针对海河流域存在的主要问题从政策、法规框架、体制框架三个方面提出了完善建议。在政策方面，建议建立健全水资源与水环境综合管理的相关制度；加强取水、用水、排水管理并实现三者的有机结合和一体化管理；加强海河流域水资源与水环境监测信息综合统筹；提高海河流域管理政策的有效性；增强监管的有效性。在法规方面，建议尽快完善现行水资源与水环境管理的法律法规体系、尽快制定并颁布海河流域水资源与水环境综合管理的法规性文件以及有利于海河流域水资源与水环境综合管理的部门规章。在体制框架方面，建议开展流域水资源与水环境综合管理体制改革，建立一个由相关方面参与的民主、协调、权威、高效的流域综合管理决策机构。[④] 徐林（2013）通过对黄河流域水行政执法工作中存在的问题进行剖析，认为要解决该流域水行政执法中存在的法律制度不完善、基层水政机构地位不明确、权威性

---

① 李奇伟：《流域综合管理法治的历史逻辑与现实启示》，载《华侨大学学报》（哲学社会科学版）2019 年第 3 期。

② 魏显栋：《长江流域水政执法监督的实践与思考》，载《人民长江》2014 年第 23 期。

③ 叶华：《长江流域综合管理法律法规体系建设》，载《人民长江》2014 年第 23 期。

④ 钟玉秀：《流域水资源与水环境综合管理制度建设研究：以海河流域为例》，中国水利水电出版社 2013 年版，第 15 页。

不够以及与地方水行政执法机构之间的权责不清等问题，需要加快流域立法，明确流域管理机构与水行政管理机构的关系，合理划分权责，并且加强水事法律政策的宣传普及，提高全民的水法律意识和觉悟。① 邓可祝（2013）通过研究《太湖流域管理条例》，从而发现该条例存在许多问题，比如缺乏公众参与、责任承担形式单一以及政府间环境合作机制不健全等。针对这些问题需要严格进行完善，从而促进太湖流域水环境的改善。② 马丽（2010）认为，在水资源管理过程中，行政、市场、法律三者应该是相辅相成、互相促进的，而在珠江流域水资源管理模式下，这三者却因分裂而无法形成有效畅通的作用机制，尤其是法规建设十分滞后。实现珠江流域水资源的一体化管理，首先要制定水事基本法，明确流域水资源管理的法律地位以及职责和职权；其次要在流域管理委员会下设珠江流域管理局或类似机构并将其作为管理执行机构，具体职能是执行流域管理委员会所制定的一切政策和所作出的所有决议和决定。③

（三）关于水资源管理体制方面的研究

刘佳奇（2021）指出，实施机制是将流域管理法律制度优势转化为流域治理效能的关键，而单纯依靠传统的"分部门、分级实施模式"或是现行的"流域与区域相结合实施模式"均难以充分适应流域空间对实施机制的特殊需求。因此，以流域综合管理为内容、以强化流域层级管理和地方各级政府统筹为重点的"分级、分区域综合实施模式"是对现行实施机制的"升级"。④ 吴昂等（2019）认为我国江河流域生态环境的复杂现状决定了必须采用分区治理方案，首先，应整合已有水体功能区划，统筹水体和陆地生态环境因素，划定以流域为对象的水陆一体化管理区域。其次，应在流域立法中明确流域生态环境功能区在流域治理中的基础地位。再次，以新型流域管理机构为主导，以分级管理为思路，

---

① 徐林：《黄河上中游流域水行政执法存在问题及对策》，载《人民黄河》2013 年第 7 期。

② 邓可祝：《我国流域治理立法的演进：从淮河到太湖》，载《西部法学评论》2013 年第 1 期。

③ 马丽：《珠江流域一体化管理畅想》，载《珠江水运》2010 年第 15 期。

④ 刘佳奇：《论流域管理法律制度的实施机制》，载《湖南师范大学社会科学学报》2021 年第 2 期。

合理划分中央和地方关于流域生态环境功能区的管理权限。最后，以功能区生态环境容量总量控制为导向，实现对长江等重要江河流域生态环境最严格的保护。① 彭本利等（2019）认为我国流域生态环境治理存在碎片化的问题，治理效率低下，需要构建流域内各级政府及其有关职能部门在流域生态环境治理领域跨区域协同决策、协同执法、协同司法、执法与司法相衔接等协同治理体系，构建约束和激励并举的机制，将协同理念融入流域生态环境治理制度建设的各个环节，使流域生态环境治理获得利益相关方的参与和全社会的支持。② 杨志云等（2018）指出，流域水环境保护执法面临"地方保护主义"和"部门本位主义"的双重挑战，因此流域水环境保护执法改革的核心是重塑统一、高效的流域水环境监管和行政执法体制及相应的法律框架。具体措施包括：建立流域统一监管和综合执法机构、构建跨地区和跨部门的多样性的联合执法协作机制、组建环境警察以及激活社会力量参与流域执法监督等。③ 杨小敏（2018）指出，从理念而言，流域环境行政执法模式应当遵循流域生态系统整体性治理理念；从功能而言，流域环境行政执法模式应当克服当前水环境行政执法在执法目标、信息、对象、程序和评价标准，以及地域管辖范围等方面存在的碎片化弊端；从制度特色而言，流域环境行政执法模式的执法权能配置具有单一性、执法管辖事项范围体现全面性、执法机构法律地位具有权威性、执法程序和评价标准形成统一性，以及执法权地域管辖范围满足整全性。④ 贾先文等（2021）从流域治理协调机构、流域治理机制、流域治理法治化三个方面对国内外流域治理进行了综述，并构建了我国现代流域治理体系框架：建立全国性流域协调机构，实行流域集中统一治理，化解流域治理中的"集体行动困境"；推进流域治理法

① 吴昂、黄锡生：《流域生态环境功能区制度的整合与建构——以〈长江保护法〉制定为契机》，载《学习与实践》2019 年第 8 期。

② 彭本利、李爱年：《流域生态环境协同治理的困境与对策》，载《中州学刊》2019 年第 9 期。

③ 杨志云、殷培红：《流域水环境保护执法改革：体制整合、管理变革及若干建议》，载《行政管理改革》2018 年第 2 期。

④ 杨小敏：《论我国流域环境行政执法模式的理念、功能与制度特色》，载《浙江学刊》2018 年第 2 期。

治化，完善以流域为单位的综合立法原则，健全整体性的流域治理法律法规内容，加强联合执法力度，促进立法、行政、司法的无缝对接，增强流域治理效能；树立山水林田湖草系统治理思维，建立流域整体化治理体制机制，促进流域治理多元化，推动区域一体化和部门协同化，实现流域治理的整体化、系统化。① 王清军（2019）指出，我国流域生态环境管理体制变革经历了形成、受挫和调整等三个时期。从应急管理再到形式法治主义的变革路径为流域生态环境管理机构的实质合法化提供一种规范性和程序性的框架体系。流域生态环境管理"双重领导"体制弥补了流域环境治理的结构性缺陷和维持权力配置的相对平衡，但仍需结合流域经济社会发展状况进行不断调整。② 杨开华（2014）在对国外相关经验进行研究的基础上，从四个方面提出了长江流域库区环境执法工作的对策建议：成立库区环境保护局以及国家流域管理委员会；在库区内设立环境保护警察，实施环保执法人员培训；加强库区环境法制；通过多种方式（电视、宣传栏、宣传册等）宣传环保法律知识。③ 胡德胜等（2012）认为我国流域治理中存在的河道泥沙淤积、河流径流量减少、洪涝灾害频发、水质污染严重等突出问题的原因在于：不同职能单位之间职权不清、流域管理与区域管理相结合的管理体制缺乏实效、水资源配置以及防汛和水量调度管理手段不合理、监管制度缺失。认为创新流域治理机制需要从两个方面着手：一是强化规划的统一性，保证监督的一致性；二是在不同单位之间，合理划分职责权限，从而确保事权清晰。在此基础之上提出三项具体建议：（1）落实流域管理与行政区域管理相结合的组织机构是建立适当的流域管理机构的保障；（2）流域治理有效运转需要明确流域管理机构的归属和地位、赋予流域管理机构以适当职责；（3）创新流域治理机制需要构建基于"数字江河湖泊"的流域管理

---

① 贾先文、李周：《流域治理研究进展与我国流域治理体系框架构建》，载《水资源保护》2021 年第 4 期。

② 王清军：《我国流域生态环境管理体制：变革与发展》，载《华中师范大学学报》（人文社会科学版）2019 年第 6 期。

③ 杨开华：《长江流域库区环境执法的法律思考》，载《环境保护》2014 年第 23 期。

政务平台，从而在制度上确保其协调运转。① 黄锡生等（2014）通过研究
我国目前的流域管理体制，论述了流域管理的理想状态是实现善治，即
在流域管理过程中加强公众参与，以求形成融合行政手段、市场力量和
公民参与的多元共治模式。他们认为目前我国流域管理方面存在诸多问
题主要是流域管理行政色彩浓厚、流域管理主体不健全、流域管理立法
尚不健全以及流域管理机构众多等，并在流域管理善治原理的基础上分
析了流域管理善治的价值功能，指出我国流域管理善治的制度规范需要
建立统一的水资源战略规划制度、健全流域立法、完善公众参与制度、
构建产业主体制度。② 胡熠（2012）认为，我国目前采取的水资源管理体
制是流域科层治理机制，无法实现经济社会与流域生态的可持续发展。
流域生态系统的多功能性和复杂性，客观上要求加快构建流域网络治理
机制，这不仅是发达国家进行流域治理的成功经验总结，同时也是推进
我国流域治理府际"碎片化"缝合的迫切要求。胡熠以闽江流域为例，
以流域网络治理机制的基本框架为基础，认为闽江流域治理的政策着力
点在于规范行政分层治理的考核体系、设立权威的流域协调机构、完善
流域治理的自愿性激励政策、建立流域区际政府间的协商机制。③ 黎元
生等（2010）在流域治理体制的认识上与胡熠一致，也认为我国的流域科
层治理体制实行纵向行政性分包和横向结构性分权的组织模式，从而导
致了资源占用、权力分配、政策执行的碎片化。网络治理机制与科层机
制、市场机制、自治化机制相比，分别表现出更灵活、更稳定、更适用
的制度优势。流域网络治理机制的基本框架有效结合了中央与地方多层
级治理以及政府、企业、社会伙伴治理，可以说，从科层机制向网络机
制演进是我国流域治理机制创新的现实选择。④ 郑晓等（2014）认为我国

① 胡德胜、潘怀平、许胜晴：《创新流域治理机制应以流域管理政务平台为抓手》，载
《环境保护》2012 年第 13 期。

② 黄锡生、王国萍：《流域管理的善治逻辑与制度安排》，载《学海》2014 年第 4 期。

③ 胡熠：《我国流域治理机制创新的目标模式与政策含义——以闽江流域为例》，载《学
术研究》2012 年第 1 期。

④ 黎元生、胡熠：《从科层到网络：流域治理机制创新的路径选择》，载《福州党校学报》
2010 年第 2 期。

流域治理机制与模式存在诸多问题，例如治理主体"单边化"、治理制度"单一化"、治理功能"碎片化"，以及治理没有考虑环境友好等。基于此提出了我国流域治理机制与模式创新的方向，构建了基于生态文明的流域治理机制的内涵与框架。[①]

（四）关于流域立法方面的研究。

王彬等（2019）认为我国流域立法不均衡，呈现"上冷下热""大冷小热""单项多综合少""虚多实少"4 个特点；流域法律制度创新主要呼应国家立法热点，如生态流量、岸线管理、生态补偿等；流域立法实施效果不明显，流域立法与流域环境质量改善之间关系不明显，部分流域立法条款缺乏可操作性，部分流域立法未严格执行。建议组织开展地方流域立法后评估，开展流域立法专项清理，总结流域立法本土经验，推动长江、黄河等大型流域立法完善。[②] 吕忠梅（2018）认为在分散立法模式下，环境法与资源法分立、部门主导立法、流域立法零散，导致长江流域管理的事权配置困境，各部门、各地方在履职过程中出现严重的管理错位、缺位、越位。长江经济带建设"共抓大保护，不搞大开发"的目标实现迫切需要转变立法理念，建立整体主义方法论，实现从线性立法向非线性立法、从部门性立法向领域性立法、从对抗性立法向合作性立法、从分离性立法向整合性立法的转变。同时，还应客观对待还原论与整体论，将两种方法论的优势合理运用于"长江法"的制定过程。[③]魏圣香等（2019）指出，从历史维度和现实考量出发，长江立法面临经济发展与生态环境保护、中央利益和地方利益、不同的水资源利用用途、流域管理与区域管理、政治管制手段与市场机制等诸多利益冲突。长江立法想要实现预期的良好保护效果，必须对这些利益冲突进行有效的协调。国家可借助长江流域水资源配额交易制度协调经济发展和环境保护

---

① 郑晓、黄涛珍、冯云飞：《基于生态文明的流域治理机制研究》，载《河海大学学报》（哲学社会科学版）2014 年第 4 期。

② 王彬、冯相昭：《我国现行流域立法及实施效果评价》，载《环境保护》2019 年第 21期。

③ 吕忠梅：《寻找长江流域立法的新法理——以方法论为视角》，载《政法论丛》2018 年第 6 期。

之间的冲突，创设专门的生态环境补偿基金来满足中央和地方的不同需求冲突，选择合理的水资源分配模式来协调水资源使用冲突，鼓励各方积极参与长江管理进而实现善治。① 许元辉等（2021）认为，目前黄河北干流河道管理缺乏法规的支持，流域机构同地方政府之间、地方政府各部门之间的职责和权限不明确，有关法规缺乏可操作性。因此，建议通过立法调整和规范黄河北干流河道治理、开发、管理和生态保护工作中各方面的关系，针对黄河流域生态保护和高质量发展协调各省（区）推动配套法规的立法工作。② 古小东（2018）基于生态系统管理的视角对我国水资源环境保护的困境进行了法律分析，认为其主要原因有以部门为基础的管理理念和立法模式存在缺陷、立法目标对流域生态系统健康不够重视、多元共治的保护机制尚未形成、基于生态系统的制度设计不够周全等。为此，应采用基于生态系统的流域立法模式，确立保护流域生态系统健康的管理目标，构建有效运作的多元共治机制，完善基于生态系统的流域生态健康评价、水质清查报告、"非点源污染"和"点源污染"治理、流域生态补偿、可持续的财政保障等流域保护制度。③ 高明侠（2013）立足于流域水生态系统整体性的特点，基于流域水空间管理立法，从自然修复与生态系统保护的视角出发，对流域管理立法提出了3项建议：一是我国应制定高位阶流域水空间管理立法，完善用水总量控制和水位控制制度的缺失内容，建立流域水空间规划和评价标准、流域预警系统功能恢复制度，完善流域生态补偿制度，从而运用经济手段使得"受益者补偿"原则更具可操作性，并通过一定的程序性规定确保其得到有效落实。二是明确规定生态补偿的内容、方式和标准，并且清晰界定各类主体或利益相关者的权利、义务和责任。三是根据"违法收益＜违法成本"以减少违法行为的经济杠杆原理，实施按日处罚使得违

---

① 魏圣香、王慧：《长江保护立法中的利益冲突及其协调》，载《南京工业大学学报》（社会科学版）2019 年第 6 期。

② 许元辉、李凯：《黄河北干流段河道管理存在问题及立法需求研究》，载《人民黄河》2021 年第 S1 期。

③ 古小东：《基于生态系统的流域立法：我国水资源环境保护困境之制度纾解》，载《青海社会科学》2018 年第 5 期。

法行为得不偿失。① 刘志仁（2013）认为西北内陆河流域具有特殊的自然环境、经济社会和文化背景，流域内水资源的保护是关系到该地区经济社会可持续发展的重大战略事项，但是当前我国水资源政策法律体系对西北内陆河水资源开发利用缺乏针对性和高效性。考虑到西北内陆河流域的特殊性，鉴于现行法律法规的冲突和不足，有必要对西北内陆河水资源保护进行专项立法，并从立法目的、立法原则和具体法律制度等方面进行明确规定，从而保障西北内陆河流域水资源的可持续利用。②

二 国外研究动态

关于水资源治理相关问题，国外研究集中在水资源可持续利用、水资源治理实践分析以及流域一体化管理方面。

（一）水资源可持续利用

20 世纪后期，人口增长、经济快速发展对自然资源的需求量迅猛增长，过度开发利用水资源，造成水量不断锐减、水质持续下降、污染日益加剧等水问题③。梅多斯（Meadows）等在 20 世纪 70 年代初撰写了著名的《增长的极限》一书，书中警示人类，社会经济的无限增长是不现实的，人类的根本出路在于自我限制增长、协调发展④。

在水资源开发利用方面，许多国家、地方政府以及一些国际合作组织为发展地方经济而进行的一些流域工程项目，改变了流域生态环境的自然属性，造成了生态环境损害，尽管带来了近期利益却影响了相关区域的可持续发展⑤。1987 年，世界环境与发展委员会提出了可持续发展这

---

① 高明侠：《我国流域水空间管理的立法完善》，载《江西社会科学》2013 年第 12 期。
② 刘志仁：《西北内陆河流域水资源保护立法研究》，载《兰州大学学报》（社会科学版）2013 年第 5 期。
③ Abseno M. M.，"Role and relevance of the 1997 UN Watercourses Convention in resolving transboundary water disputes in the Nile"，*International Journal of River Basin Management*，Vol. 11，No. 2，2013，pp. 193 - 203.
④ ［美］德内拉·梅多斯、乔根·兰德斯、丹尼斯·梅多斯：《增长的极限》，李涛译，机械工业出版社 2006 年版，第 12 页。
⑤ 杨桂山：《流域综合管理导论》，科学出版社 2004 年版，第 18 页。

一影响深远的概念①。20 世纪 80 年代起，流域一体化管理这种综合环境、经济和社会各方面事项的水资源管理模式被认为是实现水资源可持续利用和经济社会可持续发展的可靠保障。② 许多国家都开始重视有关水资源的可持续利用法律制度的研究工作。

目前水资源可持续利用的研究在国际上主要出现在国际学术会议或研讨会上，例如 1972 年在斯德哥尔摩召开的联合国人类环境会议上，首次提出可持续发展问题。1977 年召开的联合国世界水会议把水资源问题提升到全球战略的高度，这次会议上通过的"马德普拉塔行动计划"提出在加快水资源开发利用的同时要实现有序的管理。③ 1987 年在世界环境与发展委员会上挪威首相布伦特兰（Brundiland）作的题为"我们共同的未来"的报告中提出了"可持续发展"问题，指出新的时代要建立在使资源环境得以持续和发展的基础上，人类对自然的开发利用既要满足当代人的需要，又不能对后代人满足其需要的能力构成危害。④ 1992 年联合国环境与发展大会通过的《21 世纪议程》把可持续发展作为全球的基本发展战略和行动指南，自此，世界各国在水资源的开发、管理、利用和保护方面展开了一系列研究。⑤ 1998 年在武汉召开了"98 国际水资源量与质的可持续研讨会"，与会代表深入探讨了流域水量与水质的统一管理问题。1998 年国际水文学会在荷兰召开的"区域水资源管理研讨会"，集中探讨了过去多年来在水资源管理方面得出的教训和积累的经验，以及如何应对未来的水资源危机带来的挑战和如何可持续地利用水资源的管

---

① 夏军、黄国和、庞进武等：《可持续水资源管理：理论·方法·应用》，化学工业出版社 2005 年版，第 51 页。

② Mostert E. ，"Conflict and cooperation in international freshwater management：A global review"，*International Journal of River Basin Management*，Vol. 1，No. 1，2003，pp. 267 – 278.

③ Afonso D. Ó. ，"Water governance and scalar politics across multiple – boundary river basins：states，catchments and regional powers in the Iberian Peninsula"，*Water International*，Vol. 39，No. 3，2014，pp. 333 – 347.

④ Hanway D. G. ，"Our common future—from one earth to one world"，*Journal of Soil and Water Conservation*，Vol. 45，No. 5，1990，p. 510.

⑤ 中国环境报社：《迈向 21 世纪：联合国环境与发展大会文献汇编》，中国环境科学出版社 1992 年版，第 79 页。

理办法。① 2000 年国际水文科学学会（IAHS）在美国召开了"水资源综合管理研讨会"，这次研讨的主要内容是如何实现可持续发展条件下的水资源综合管理的目标，会上代表还相互交流了关于水资源综合管理方面的经验。这次会议达成了一个共识，即未来水资源管理的一个基本原则就是流域的统一管理。② 2001 年，国际水文科学学会在荷兰召开了"区域水资源管理研讨会"。这些学术会议探讨的多是水资源的可持续利用、水资源的管理以及水资源流域管理经验的交流。

米格尔·马里诺（Miguel Marino）和斯洛博丹·西蒙诺维奇（Slobodan Simonovic）认为，传统的旧的水资源管理方式已经无从适应新形势下的要求，他们还就如何进行水资源管理体制改革提出自己的看法。格雷克（P. H. Gleick）认为"水资源可持续管理必须包括 6 个方面：（1）用以维持人类健康的最低数量的水方面的人权；（2）对维护和恢复生态系统用水需求的承认；（3）对结构性方案（如增加供应）的依赖减少；（4）高效用水原则的推行；（5）新的供水和分配制度的更有效设计；（6）决策过程中非政府组织和利益相关者的更多参与"。③

在国家层面，许多国家或者国家联盟都组织学者和实务界人士对水资源管理问题进行了战略研究，并基于有关研究成果制定了名称不同的具有战略属性的政策和法律文件，这些政策和法律文件确立和反映了水资源利用法制化的不同模式、不同理念和具体办法。

（二）水资源治理实践

马森格等（Mathenge, et al., 2015）评估了肯尼亚山区塔纳盆地水资源管理和供水服务中涉及的水务提供商、社区水管理系统、水资源用户协会等制度的表现。用于实现这一目标的实证科学工具包括对 165 名农民进行的家庭调查和 36 次深入访谈，基于绩效评估和衡量（PAE）方法对

---

① 马丽娜：《我国水资源管理体制研究》，硕士学位论文，西北大学，2009 年。

② Uprety K., Salman S. M. A., "Legal aspects of sharing and management of transboundary waters in South Asia: preventing conflicts and promoting cooperation", *Hydrological Sciences Journal/journal Des Sciences Hydrologiques*, Vol. 56, No. 4, 2011, pp. 641 – 661.

③ Gleick P. H., "Water in Crisis: Paths to Sustainable Water Use", *Ecological Applications*, Vol. 8, No. 3, 2008, pp. 571 – 579.

这些水治理机构的绩效进行评估。调查结果显示，社区水管理系统在发展现有水资源方面发挥了重要作用，从而提高了集水区农业用水的利润率。这些社区水管理系统正在实现水务部门30%的改革目标，以确保集水区的家庭用水安全。如果提高供水和集水区管理的技术创新，这些机构将会更好地发挥作用，为水行业的改革作出更大的贡献。[①]

城乡交错带（PUI）为环境管理提供了独特且具有挑战性的环节。随着城市核心扩张，城乡交错带工业化、城镇化快速发展，社会经济和环境变化迅速。这种转变的结果之一是污染物和环境退化的增加。尽管不断努力，越南政府和其他亚洲国家一样，无法充分规范企业非法排放未经处理的高度污染废水的行为。结果是，城乡交错带农民面临着较低的作物产量甚至绝收以及由于灌溉水中的污染物涌入引起的食品安全问题。达伦·佩雷特（Darren Perrett）描述了农民和政府官员阻碍解决农民污染问题的制约因素。这些限制被认为源于胡志明市和越南的系统性水治理问题，即农民和政府官员之间的沟通不畅、农民很难参与水资源管理、政府机构缺乏一体化、政府问责制和透明度低，以及经济增长被作为优先于环境卫生健康的事项。有学者认为，实现农民的水权可以解决这些问题。然而，使用基于权利的方法首先需要解决社区事务中的性别不平等，进行体制变革以确保实践中承认农民的权利，补偿受污染的受害者，以及向农民进行法律制度及其规定的宣传。[②]

罗默等（Roumeau, et al., 2015）阐述了印度金奈的主要水和气候变化问题，并分析了实现可持续发展所面临的挑战。这些问题对于印度平均水资源最少的金奈来说具有重要的影响，城市的地理位置和地下水枯竭分别容易引发水淹和海水下渗。"IT走廊"大型项目增加了脆弱沿海生态系统的风险，受影响地包括被未经处理污水威胁的帕里卡拉奈（Pal-

① Mathenge J. M., Luwesi C. N., Shisanya C. A., et al, "Community Participation in Water Sector Governance in Kenya: A Performance Based Appraisal of Community Water Management Systems in Ngaciuma - Kinyaritha Catchment, Tana Basin, Mount Kenya Region", *International Journal of Innovative Research & Development*, Vol. 3, No. 5 2014, pp. 783 - 792.

② Perrett D., *Water Governance and Pollution Control in Peri - Urban Ho Chi Minh City, Vietnam: The Challenges Facing Farmers and Opportunities for Change*, University of Waterloo, 2008.

likaranai）沼泽地。研究表明，决策者、规划者和居民对气候变化风险的认识至关重要，金奈的治理结构分散，缺乏对危险和社会经济脆弱性的综合分析，是造成水资源缺乏的主要原因。[①]

基于"拯救集水区议会"的会议记录（这一议会是确保当地参与水管理的新型机构），有学者研究了津巴布韦水资源治理问题，认为关于水治理的很多理论在实践中很难遵循。例如，为保证所有利益相关者的参与权，必须得修订一些促进水资源良好治理的法规，加强地方参与（Manzungu E. & Kujinga K.，2004）。[②]

梳理目前的研究发现，总体来看，国内学者针对西北内陆河、外流河、流域管理体制以及流域立法等方面进行了不少研究，并且提出一些见解，对我国流域水资源的开发利用和有效治理具有重要的意义。但这些意见和见解首先还不够系统，对西北内陆河流域水资源法律制度研究仍处于探索阶段，没有形成完整统一的法律治理体系。其次，没有突出流域的特殊性，尤其是没有突出西北内陆河流域与外流河流域在水资源特点以及水治理方面的区别，从而出现了一刀切的管理模式或方式，导致流域治理效果不突出。再次，现有的研究较多地着眼于我国一般河流的流域生态环境问题。尽管已有一些学者开始研究西北内陆河流域，但多数是着眼于某一具体河流流域的生态环境问题，较少有学者把我国西北地区内陆河流域水资源作为一个整体进行研究。最后，相关研究未能系统地从善治以及水善治的角度研究水资源的治理问题，这使得西北内陆河流域水资源依然无法摆脱传统的行政管理的束缚，未能实现从管理向治理的过渡。

国外关于水资源治理的研究在可持续利用及水资源治理相关案例分析方面进行了较为深入和丰富的探讨，但是关于水资源治理理论的探讨仍显薄弱，有待继续深入研究并形成完整的水资源治理体系。

[①] Roumeau S., Seifelislam A., Jameson S., et al, "Water Governance and Climate Change Issues in Chennai", *USR 3330 "Savoirs et Mondes Indiens" Working papers series no. 8*, 2015.

[②] Manzungu E., Kujinga K., "The Theory and Practice of Governance of Water Resources in Zimbabwe", *Zambezia*, Vol. 29, No. 2, 2004, pp. 191 – 212.

第四节　研究方法

古罗马法学有云：法学是关于正义与非正义的科学。体现了对待各方面的各种利益的中立性要求。如何做到或者追求做到"让每个人获得他应该得到的"这一理想和追求，"需要在科学方法论的指导下运用适当的一种或多种方法进行研究，从而促使实在法不断靠近良法之境地，推动社会达到法治之状态，促进社会接近正义之理想"。[①] 水是生命之源、生产之要、生态之基，关于水资源配置的理论和法律制度研究更需要科学方法论的指导和适当方法的运用。本书主要采用以下 3 种研究方法对西北内陆河流域水资源治理制度相关问题进行研究：

（1）文本摘要方法。文本摘要方法是法学研究的基本方法，是指从文本的表层深入到文本的深层，从而发现那些不能为普通阅读所把握的深层意义。通过分析所研究的对象即法律、法规、规章及相关政策来说明研究对象的性质、特点、意义和作用。法学上所采用的文本摘要方法，主要包括文献分析法、逻辑分析法、文义解释法等内容。本书综合运用文本摘要方法，以西北内陆河流域水资源可持续利用为宗旨，以水资源治理为视角，对其相关的法律制度进行比较系统深入的文献分析、逻辑分析和文义解释，以阐明西北内陆河流域水资源治理制度构建和完善的必要性、可行性、科学性和合理性。

（2）实证研究方法。广义上看，实证研究方法实质上是一个研究方法群，具体包括文献检索法、社会调查法、历史研究法和比较研究法。狭义的实证研究方法是对研究对象进行社会调查、案例解析等。本书应用狭义实证研究方法，因为本书具有应用性研究的一面，研究对象具有特殊性、复杂性和历史性，研究过程中对西北内陆河流域实地和相关水资源利用主体进行了广泛、反复的调查研究，产生了切身体会并获得许多第一手资料。

（3）比较分析方法。比较分析方法是对具有相似性特征或性质的对

[①]　胡德胜：《法学研究方法论》，法律出版社 2017 年版，第 18—24 页。

象进行对比分析研究，从而获得可供参考和借鉴的内容。本书运用比较分析方法分别对非洲奥卡万戈河（Okavango River），中东约旦河（Jordanriver），中亚阿姆河（AmuDarya），锡尔河（Syrdarya），欧洲伏尔加河（Volga River）和欧亚界河乌拉尔河（Ural River）等外国内陆河的水资源治理的制度模式进行比较分析研究，获得可供我国西北内陆河流域水资源可持续利用法律治理制度构建的经验和启示。

第五节　研究思路与框架

西北内陆河流域具体水资源治理制度的设计和最严格水资源管理制度的落实，既需要对当前水资源管理制度的经验和不足进行调查分析，又需要以科学的、保障水资源可持续利用的理念为指导，唯此才能制定出可操作性强、理念科学且行之有效的具有内陆河流域特色的水资源治理制度。因此，在对涉及本书的基本概念和基本理论的清晰界定基础上，在水善治视野下识别我国西北内陆河流域水资源利用存在的问题是本书的重要切入点，进而通过对水资源可持续利用的理论进行分析以及对比国外典型内陆河流域水资源治理的经验，提出我国西北内陆河流域水资源可持续利用治理制度的构建建议是本书的主要内容和重要组成部分（研究思路与内容框架请见图1—3）。具体而言，本书的章节安排及研究内容如下：

第一章，绪论。概述西北内陆河流域水资源可持续供给法律路径研究的背景及研究意义，就有关内陆河水资源利用的国内外研究动态进行梳理和评价，识别当前研究中存在的问题及缺漏，提出基本的研究问题，介绍本书的研究思路、研究方法及主要的创新点。

第二章，西北内陆河流域水资源法律治理的理论分析。本章探讨和阐释了西北内陆河水法律治理的理论基础。基于水资源可持续利用所涉及的可持续发展理念以及与之相关的概念和要求，结合治理与善治理论，该章从流域一体化管理、宏观调控与市场机制相结合、公众参与、责任追究与考核4个方面探讨了水资源善治的原则与要求。提出并分析了水资源善治的基本原则和要求，为西北内陆河流域水资源可持续利用的法律治理提供了理论支撑。

第三章，西北内陆河流域水资源管理制度问题识别。以水资源善治为视角，检视我国西北内陆河流域水资源管理法律制度与水资源善治目标和方法相比存在的问题和缺陷。本章以实地调研为基础，以政策法律梳理为支撑，从水污染防治制度、水权交易制度、水行政许可制度、水生态补偿制度、水资源保护行政奖励制度、水资源管理责任制度等制度供给方面，梳理与探讨了我国西北内陆河流域水资源管理中存在的管理制度问题。

第四章，世界著名内陆河流域水资源可持续利用法律治理及启示。本章运用比较分析的方法，借鉴国外著名的内陆河流域水资源可持续利用法律制度的经验和启示，寻找西北内陆河流域水资源可持续利用法律路径。通过比较研究，认为外国著名内陆河水资源可持续利用是与流域一体化管理、不同主体间的协调、公众参与机制和监督机制等分不开的。

第五章，西北内陆河流域水资源可持续利用法律治理建议。以水资源善治相关理论为指导，以域外内陆河流域水资源治理经验为借鉴，结合我国西北内陆河流域水资源管理制度的现实问题，本章从经济发展与环境保护的关系、流域管理与区域管理的关系、政府与市场的关系、政府与公众的关系、规制与激励措施的选择、权力与责任关系的处理6个方面提出促进西北内陆河流域水资源可持续利用的法律治理建议。

第六章，结论与展望。本章主要对全书内容进行总结，得出结论和展望。我国西北内陆河流域特殊的地理、气候和水资源特征，客观上要求水资源管理制度及相关政策法律需要充分考虑生态环境用水，使流域管理成为主导的管理模式。当前西北内陆河流域水资源过度开发利用和生态退化的事实表明，传统的水资源管理模式不能为当地水资源的可持续利用提供有效的制度保障，需要转变理念，从管理走向治理，形成兼顾不同的治理层次、治理目标、治理主体、治理方式和治理责任的治理制度。今后的研究中，涉水司法问题是值得进一步研究的重要问题，尤其在法治的背景下实现水资源善治同样需要对涉水司法问题进行研究。另外，在西北内陆河流域水资源管理过程中，对公民守法意识整体提高的传统路径和现代路径进行理论探索和应用设计也是需要进一步研究的问题。

第六节 创新之处

本书的创新之处主要为以下 3 个方面：

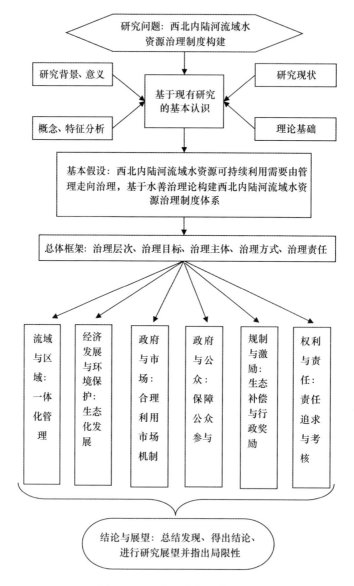

图1—3 研究思路与内容框架

第一，融合一体化水资源管理理论和善治理论，创新性地提出了法治视野下的水资源善治理论及其原则和要求。

第二，首次根据法治视野下的水资源善治理论及其原则和要求，对西北内陆河流域水资源管理制度的问题进行了识别，得出了该地区不存在外在形式上体系完备、实质内容上全面协调的流域水资源治理制度的结论。

第三，首次较为系统地对西北内陆河流域水资源治理制度的构建问题进行了研究，针对制度总体架构以及经济发展与环境保护的关系、流域管理与区域管理的关系、政府与市场的关系、政府与公众的关系、规制与激励措施的选择、权力和责任的关系6项基础性和关键性的具体问题，点面结合地提出了治理制度构建方面的对策。

第二章

流域水资源治理制度：理论
基础和水资源善治理论

西北内陆河流域水资源开发利用与综合治理的终极目标是实现水资源的可持续利用，这种可持续利用实际上是可持续发展原则在实践中的延伸和具体适用，是在既满足当代人的需求，又不损害后代人满足其需求的前提下，保证水资源的永续利用。治理是区别于传统管理的一种多主体参与的管理方式，治理强调协同与互动，强调有效与秩序，治理包含了管理所不具备的社会理性在内。良好的治理即为善治，也是治理追求的目标或结果。在水资源治理中，追求水资源的有效开发利用和生态环境保护，即追求良好水治理。从这个意义上来讲，本书关于西北内陆河流域水资源治理制度的研究，需要以流域一体化管理、治理与善治、水资源善治论为依据，从而为本书的写作奠定理论基础。

第一节　流域一体化管理理论

一　流域一体化管理的概念

1992 年 1 月在都柏林召开的 21 世纪水与环境发展问题国际研讨会上提出了四个基本原则：（1）淡水是一种有限而脆弱的、对于维持生命、发展经济及保护环境必不可少的资源；（2）水的开发与管理应建立在各级用水户、规划者和政策制定者共同参与的基础上；（3）妇女在水的供应、管理和保护方面起着中心作用；（4）水在各种竞争性用途中均具有经济价值，因此应被看作一种经济商品。以都柏林原则为指导，1992 年联合国在"21 世纪议程"中进一步确认了水资源一体化管理"包括水陆两方面的一体化管理,应在汇水盆地或亚盆地一级进行"。这些原则被统称为都柏林—里约原则。

全球水伙伴(GWP)技术咨询委员会(2000)认为:一体化水资源管理(IWRM)是这样一种过程,即在不危及重要生态系统的可持续性的前提下,以公平方式最大限度地获得经济和社会利益,促进对水、土地和相关资源的协同开发和管理。大力提倡集水区和流域管理本身就是承认:从自然系统的角度而言,这些集水区和流域是一体化水资源管理的逻辑规划单位。在集水区和流域层级实施管理的重要性不仅在于这种管理是将土地和水资源进行一体化利用的工具,而且还在于其对于正确处理水质与水量之间的关系以及流域上下游之间存在于水资源之上的利益协调关系是极为重要的。① 进入 21 世纪之后,一体化水资源管理已经成为全球范围内水资源管理的潮流,但仍存在一体化水资源管理的概念不清晰的问题。尽管全球水伙伴针对一体化水资源管理作出了权威的定义,但是这一定义未能将理论明晰化,尤其是给实务工作者实施 IWRM 造成了困难,典型的事例是:南非水务与森林管理局在实施一体化水资源管理过程中由于对概念的理解存在偏差而逐步转向为国内供水和卫生设施服务,并在此基础之上将一体化水资源管理定义为:"一体化水资源管理是这样一种框架,即在这一框架内以一种改善人们生活而不会干扰水循环的方式管理人们的行为。"② 20 世纪 30 年代至 60 年代间流行的传统的水资源管理方法往往更多地聚焦于水电,或是呈现出局限于单个部门(水资源部门)管理的特点。该方法将流域视为一个资源体系,在这种体系中,人们为了经济发展的目的而开发水资源。这种水资源管理方法强调的是最大可能产出的确定性以及制定能够在用水户之间最有效分配水资源的机制。

---

① Global Water Partnership, "Integrated Water Resources Management", *Water International*, Vol. 29, No. 2, 2000, pp. 248 – 256.

② Jonker L., "Integrated Water Resources Management: The Theory - Praxis - Nexus, a South African Perspective", *Physics & Chemistry of the Earth Parts A/B/C*, Vol. 32, No. 15 – 18, 2007, pp. 1257 – 1263.

　　流域一体化管理的兴起有着特定的社会历史背景。随着经济社会发展以及人们对水资源认识的变化，水资源管理模式逐渐从传统的偏重于水电或由单一部门管理的方法转变为一体化水资源管理。20 世纪 70 年代产生了作为环境运动产物的水资源管理生态系统方法，在这一方法下，将流域视为一个大型的、复杂的、一体化的生态系统，人类是生态系统发挥功能的要素之一。在水资源管理生态系统方法的基础上，20 世纪 90年代提出了一体化水资源管理制度，其是一种对土地和水资源进行统一规划和管理的方法，这种方法鼓励参与者从更广的范围内考虑社会和环境的关联，它偏爱使用一体化的、跨部门的和协调的方法进行水资源管理。在实践中，一体化水资源管理往往通过将不同的利益相关者融合在这一系统中来实现对人类行为的协同管理。①

　　流域一体化管理的必要性与流域和水资源的自然特征具有密切联系。水资源具有如下自然特征：（1）流动性。水资源（特别是地表水资源）具有显著的流动性。这是水资源的最普遍特性。水在常温下是一种流体，受地心引力的作用，水从高处流向低处，由此形成河川径流。水资源的流动性一方面给人类开发利用水资源提供了便利，但另一方面也为水资源的管理带来了困难。（2）循环性。水资源所具有的恢复和更新能力是其与其他自然资源最重要的区别。同时，受太阳辐射等条件的制约，水循环过程中每年更新的水量具有有限性，尤其需要注意的是，由于循环周期和统计周期的不同，在不同时空条件下，水资源的恢复和更新量是不同的，因而不可因水资源具有可再生能力而忽视对其进行保护与合理开发，否则在一定时期内其更新速度将不能满足人类需求的变化。另外，考虑到水资源在生态系统中的作用，一旦一定时期内水资源遭到破坏进而给生态系统造成损害，那么这种影响在短时期内很难消除，从而引发生态灾难。（3）有限性。从时间维度来看，水资源的循环性或者可再生能力使之具有较强的恢复性，但在一定时期和一定空间内水资源依然是有限的。地球上超过 96% 的水资源无法为人类利用，在余下的不足 4% 的

① Hooper B. P. , "Integrated Water Resources Management and River Basin Governance", *Universities Council on Water Resources*, 2003, pp. 12 – 20.

淡水中，由于绝大部分储存在极地冰川、冰帽、深层地下，所以真正能够被人类直接利用的淡水资源非常少。[①] 另外，从动态平衡的观点来看，水资源也并非取之不尽、用之不竭，这一特点与水资源的循环性所具有的局限性具有直接关系。人类活动对水资源的破坏加剧了水资源的有限性，比如，破坏植被以及围湖造田等活动引起的水土流失、水体缩小；排放污水引起水质下降，以及被污染水体的利用价值减损等。[②]（4）关联性。生态系统的整体性决定了不同自然资源之间具有相互依存、相互影响的关联性。不仅水资源对其他自然资源如森林、草原、土地等产生影响，其他资源的状况也会直接或者间接地影响水资源的数量和质量。当前，水资源问题已经成为影响生态环境健康稳定的重要因素。长期以来，由于人口增长过快，在经济建设中不重视生态环境保护，对水资源、土地、森林、草原等自然资源进行过度利用或破坏，造成一系列生态环境问题，特别是生态环境较为脆弱的地区自然资源危机更是严重，已经明显影响经济社会的可持续发展。（5）不均匀性。水资源在自然界中分布，时空分布的不均匀性是水资源的又一特性。[③] 水资源时空分布不均匀的特点进一步加大了水资源管理的难度。比如，一方面可能造成旱涝灾害频繁，影响水资源供给的稳定性，进而影响依赖水资源较强的产业的发展；另一方面在水资源持续开发利用过程中，这种不均匀性大大提高了在生态环境保护、经济技术投入等方面的比例。[④] 水资源的循环性、有限性和不均匀性要求合理开发利用水资源，保护其可再生能力；水资源的流动性、关联性决定了其影响范围的广泛性，以及实施相关管理时需考虑不同资源和事项之间的相互影响。流域是实施水资源管理的重要水文单元，它是以河流为中心、由分水岭包围的区域，[⑤] 是一条河流或水系的集水区

[①]　陈家琦：《水资源学》，科学出版社 2002 年版，第 38 页。

[②]　胡德胜：《论我国的生态环境用水保障制度》，载《河北法学》2010 年第 11 期。

[③]　阮本清：《流域水资源管理》，科学出版社 2001 年版，第 2 页。

[④]　胡德胜：《生态环境用水：国际法的视角》，载《西安交通大学学报》（社会科学版）2010 年第 2 期。

[⑤]　Yanchang Wei, Hong Miao, Zhiyun Ouyang, "Environmental Water Requirements and Sustainable Water Resource Management in the Haihe River Basin of North China", *International Journal of Sustainable Development & World Ecology*, Vol. 15, No. 2. 2008.

域，属于一种典型的自然区域。流域是一个综合性的生态系统，不仅包括流域内的水文网络及水流、土地、植被、森林、矿藏、生物等基本自然要素，而且包括流域内的人口、环境、资源、经济、文化、政策等要素，所以在其边界范围内形成一个特殊区域。流域是复合的生态系统，其中的物质能量、信息彼此影响，相互交织。从宏观上和整体上研究流域这一概念，一方面是因为流域本身是一个关联度很高、整体性很强的区域，另一方面是因为流域是动态的，所以无法单纯地从"静态"的角度进行把握。① 在流域这一经济、社会和环境的复合体中，其内部各种因素相互关联形成了系统的有机整体，并提供多种复合功能。

流域一体化管理直接关系到人类的生存与发展。② 流域是以淡水资源水系为支撑的自然地域和生态单元，是社会、经济与环境的综合体。河流的治理开发既与人类活动有密切的关系，同时也涉及流域的自然属性。一方面，流域内各种要素相互关联，水循环周而复始，将流域内的经济活动、资源利用和生态系统等联系在一起。一定区域的人们为满足经济发展或其他方面的需求所采取的措施和方法均会对河流其他方面产生影响。另一方面，实现人类和其他生物群共享水资源，实际上是流域利益相关者的利益再调整过程。这一过程的核心应在不过多损害河流的前提下，通过改进河流、土地和相关资源的管理和开发方式，使经济、社会和生态效益最大化。因此，推动流域水资源一体化管理是促进经济发展、社会公平和生态保护三者均衡发展的重要战略。③

流域一体化管理体现了对生态整体性的尊重。随着全球生态危机的加剧和环境保护运动的兴起，生态整体主义逐渐受到人们的重视。美国生态学家利奥波德是生态整体主义的代表人物。④ 生态整体主义认为道德关怀的对象不能局限于人类本身，而是应该扩展至自然界的所有存在物以及各种生态过程。生态整体的利益具有最高价值，评判人类的生活方式、经济社会发展和科技进步应该以是否有利于整个生态系统完整、平

---

① 黄锡生、潘璟：《流域生态补偿的内涵及其体系》，载《水利经济》2008 年第 5 期。
② 陈绍金：《水安全概念辨析》，载《中国水利》2004 年第 17 期。
③ 侯全亮、李肖强：《论河流健康生命》，黄河水利出版社 2007 年版，第 160 页。
④ 王野林：《生态整体主义中的整体性意蕴述评》，载《学术探索》2016 年第 10 期。

衡、稳定为标准。① 生态整体主义是促进人与自然和谐相处的重要哲学思想。② 联合国在 1977 年召开的世界水会议上通过的 "马德普拉塔行动计划" 提出，要把经济社会发展与自然生态系统保护作为整体看待，采用一体化的、综合的方法管理和开发利用水资源。生态整体主义要求构建水资源流域管理制度时应该考虑资源间的关联关系，从整体出发进行水资源开发利用，以保护流域生态系统的完整性和相对平衡。③

二　流域一体化管理的目标与原则

(一) 流域一体化管理的目标

流域管理的最终目标是水资源开发利用必须确保经济效益、社会效益与生态效益的协调统一，实现水资源的可持续利用。从整个流域的角度来说，如果流域内各个区域皆以最大限度地开发当地水资源为目标，流域水资源地表径流将会发生巨大变化，甚至导致河流断流，从而造成生态系统的破坏，引发严重的环境问题。因此，进行水资源的开发利用需要以当地水资源的承载力为限度，防止在特定时间尺度下破坏水资源的可再生能力，从而实现水资源的可持续利用。④ 可持续利用是在可持续发展原则下定义可再生自然资源利用的专门术语，其含义是指限制在可再生资源的再生能力之内的开发利用。可持续性是某种资源或产品对于时间变化的一种整体属性，反映系统随时间变化的属性，揭示这种资源或产品远离不可持续状态的程度。⑤

1983 年 11 月，由挪威首相布伦特兰夫人担任主席的联合国世界环境与发展委员会成立，委员会代表成员共有 22 位，包括社会、经济、政治和科学等领域的专家。该委员会经过 4 年研究，于 1987 年完成了著名的

①　吕忠梅:《环境法新视野》，中国政法大学出版社 2007 年版，第 12 页。
②　占学琴:《利奥波德的生态整体观》，载《南京师范大学文学学院学报》2008 年第 4 期。
③　崔伟中:《流域管理若干问题的研究》，中国水利学会 2003 年学术年会论文，2003 年。
④　高福德、张华:《中日水法体系与管理机制的立法比较》，载《黑龙江省政法管理干部学院学报》2005 年第 5 期。
⑤　Yuksel I. , "Water management for sustainable and clean energy in Turkey", Energy Reports, 2015, 1 (C), pp. 129 – 133.

研究报告《我们共同的未来》,首次正式地提出了可持续发展的概念和模式,被人们认为是关于可持续发展的第一个真正的国际性宣言。《我们共同的未来》最大的特点是将经济学和生态学理论有机结合起来探讨发展经济、消除贫困、控制人口、保护环境和利用资源等问题,从社会经济角度分析了全球资源环境不断遭到破坏的深层次原因,提醒人们"深入广泛的环境危机会给国家安全甚至民众生存造成威胁,这种威胁可能比装备精良、虎视眈眈的不友好的邻邦的威胁还要大"。① 2015 年 9 月,发展议程在联合国发展峰会上通过。该议程再次重申了可持续发展,要求通过统筹兼顾的方式综合考虑经济发展、社会进步与环境保护的关系,全面消除贫困,实现社会公平正义,全面推进生态文明建设,促进资源与环境的可持续利用。② 理解可持续发展原则需要注意以下五点内容:(1) 人是实现可持续发展的主体。可持续发展的范畴涉及影响人类活动的 5 个方面:一是资源;二是生态;三是环境;四是社会;五是经济。由于人的不断生产与创造,才使发展得以可持续;也由于人不断进行生产消费和生活消费,才导致经济、社会与资源、生态、环境之间的矛盾,才使发展是否持续成为问题;这些问题又要依靠人不断探索和排除障碍,才能得以解决。(2) 可持续发展不是限制发展,而是为了更好的发展。经济社会的发展是人类社会可持续发展的核心和前提,是生态环境可续发展的物质基础,是经济社会系统自身可持续发展的内部动力。同样,生态环境的可持续发展是人类社会可持续发展的基础,是社会经济可持续发展的外部支撑,是生态环境自身可持续发展的需要。③ 因此,发展始终是可持续发展的核心和前提。(3) 人是与生态相依存的,是以环境为其活动空间的,又是以资源为其劳动对象的。因此,资源、生态、环境是人类可持续发展的基础。(4) 可持续发展在时间尺度上,不仅着眼于眼前,更着眼于永久的未来;在空间尺度上,不是只着眼于个体(部分人群),而是着眼于群体(人类社会)。即可持续发展不仅要求当代人与

---

① 陈安宁:《资源可持续利用激励机制》,气象出版社 2000 年版,第 29 页。

② 赵建文:《"一带一路"建设与"可持续发展法"》,载《人民法治》2015 年第 11 期。

③ Bill H., Mary M., Geoff O. B., "Sustainable development: mapping different approaches", *Sustainable Development*, Vol. 13, No. 1, 2005, pp. 38 – 52.

后代人之间的公平,而且要求当代人之间的公平。(5)可持续发展追求
资源、生态、环境、社会、经济的相互协调和良性循环,同时,又以人
的全面发展和社会全面进步作为其永恒的目标。因此,实现经济社会和
生态环境双赢是可持续发展的总目标。

　　结合可持续发展原则的内涵,可以从以下6个方面认识水资源可持
续利用:(1)水资源可持续利用的本质是以人为本,建立一种人与自然
和谐相处、兼顾"代内和代际公平、资源共享"的水资源开发利用模式。
以改善人类生存环境和提高国民生活质量为根本,建立保证水资源利用
代内公平和代际公平的体制与机制,构筑水资源与人口、资源、环境和
经济社会协调发展的良性循环体系。(2)水资源可持续利用的核心是人
类对水资源合理的开发利用和保护,尊重自然规律和经济规律,人与自
然和谐共处,除害与兴利结合,开源与节流并举,高效利用与有效保护
并重,应用行政手段、经济手段和法律手段,最大限度地减少和避免人
类对天然水循环系统的破坏,实现水资源的永续利用。(3)水资源可持
续利用的关键是优化配置水资源,坚持"以供定需,以水定发展"的原
则,明晰水权,协调好生活用水、生态用水和生产用水三者之间的关系,
处理好供水与需水、水量与水质、经济发展与生态保护的关系。(4)水
资源可持续利用的手段离不开体制创新和科技创新。需要提高水资源开
发利用中的科技水平,提高水安全系数,制定以水权为核心、水价为手
段、水资源有偿使用为原则的经济政策和水市场机制,并且提高水资源
的利用率,加快水利科技成果的现实转化速度,提高水资源的可再生能
力。(5)水资源可持续开发利用的保障是依法治水、实现水资源管理的
法治化和规范化,改变现有水资源管理体制,建立水资源永续利用的法
规及其政策保障体制。[①](6)水资源可持续利用的最终目标是确保5个安
全,即饮水安全、经济安全、生态安全、防洪抗旱减灾安全、粮食安全。

　　英国著名的国际环境法学家菲利普·桑兹(Philippe Sands)曾将可
持续发展原则概括为代际公平、代内公平、可持续利用以及环境与发展

---

① 邓铭江:《新疆水资源及可持续利用》,中国水利水电出版社2005年版,第241页。

一体化 4 个要素的组合。① 早在 20 世纪 80 年代，世界粮食会议就呼吁：在不产生消极影响的前提下开发利用水资源。② 水资源可持续利用应该包括：（1）在尊重生态系统整体性的前提下，提高水资源利用效率，实现水资源的高效配置，从而满足经济社会发展的需求；（2）开发利用水资源不能超出其资源承载力，从而避免破坏其固有价值，进而确保相关开发利用的持久性和连续性。（3）根据代际公平的要求，对水资源的开发利用不能妨碍后代人在未来的开发利用，从而使得水资源能够永续地满足代内人和代际人的用水需要。③《21 世纪议程》是实施可持续发展的重要指导性文件，其对可持续发展的基本观点可以概括如下：第一，可持续发展是一种能够协调环境和发展之间关系的新发展模式；第二，在这种新的发展模式下，从事环境保护工作时必须考虑消除贫困，提高人的发展能力，以及增进人们的健康等发展主题，并把它们融入环境保护工作中；第三，在进行发展的实践时，必须注重对于大气层、陆地资源、森林资源、水资源、生物多样性和海洋资源的保护，防止对这些资源的污染，并把这些工作落实在发展实践中；第四，为了坚持这种新的发展模式，必须发挥妇女、儿童、青年、非政府组织、社区居民、地方当局、工人、工商业界、科技界、农民等各种团体的作用；第五，为了实现以上目标，必须有下列条件作为保证：财政资源和机制，技术转让，科技和教育的贡献，促进一个国家能力建设的机制，国际体制安排，以及为决策所用的信息。④ 可见，可持续发展的要求与流域一体化管理的要求存在契合之处。

（二）流域一体化管理的原则

水资源承载力是进行水资源开发利用所必须尊重的重要规律，客观

---

① 胡德胜：《论环境与资源保护法的基本原则》，生态文明与林业法治——2010 年全国环境资源法学研讨会（年会）论文，2010 年。

② 谢剑、王满船、王学军：《水资源管理体制国际经验概述》，载《世界环境》2009 年第 2 期。

③ 鞠秋立：《我国水资源管理理论与实践研究》，硕士学位论文，吉林大学，2004 年。

④ 何建坤：《自然资源可持续利用战略与机制》，中国环境科学出版社 2006 年版，第 15 页。

性与主观性的统一是水资源承载能力的主要特点。客观性是指在一定区域内，水资源自身的总量是一定的，其发展变化的规律也是一定的。主观性是指水资源的承载能力会受到人类各种经济社会活动的影响，人类可以通过自己的行为控制水资源承载能力发展的方向并且改变水资源承载能力的大小。[1] 从这个角度来看，要合理开发利用水资源，实现水资源的可持续利用，经济发展是前提，管理是保证，科技是手段，三者相互渗透、相互影响，缺一不可。经济愈发达，技术愈先进，水利工程建设和管理水平也愈高，通过提高水资源的利用率，可提高水资源的承载能力。[2] 采取一体化的路径发展社会经济并保护自然生态系统是1992年都柏林国际水与环境会议上提出的开发利用和管理水资源的重要原则之一。[3] 在水资源开发利用的过程中，一方面需要注意水资源对整个自然生态系统的影响，另一方面则要重视水资源开发利用及其更新的周期。本书认为，实现水资源的可持续利用，应该遵循以下4项具体原则：

1. 遵循生态平衡原则

水资源的开发利用势必改变水资源的区位分布和水量的平衡，影响水源地的生态环境。生态系统不是一成不变的，它在矛盾运动中演变，既有一定时期的稳定平衡，又有平衡的突破和新平衡的建立。维持相对稳定平衡的状态是生态系统运动的内在规律。[4] 任何一个正常的生态系统中，能量流动和物质循环总是不断地进行着。在一定时期内，生产者、消费者和分解者之间保持相对的平衡，也就是说系统的能量流动和物质循环保持稳定，这种平衡状态就称为生态平衡。[5] 以水资源的自净能力为

---

[1] Stern D. I. , "Common MS, Barbier EB. Economic growth and environmental degradation: The environmental Kuznets curve and sustainable development", *World Development*, 1996, pp. 1151 – 1160.

[2] 聂相田：《水资源可持续利用管理不确定性分析方法及应用》，黄河水利出版社1999年版，第13页。

[3] 都柏林会议提出了四项水资源开发利用和管理原则：（a）淡水资源不仅总量有限，而且十分脆弱，其对维持人的生存、环境与发展极其重要；（b）规划者、政策制定者和各级用水户共同参与对水资源的开发、利用和管理；（c）在水资源的管理和保护中，妇女占有重要的地位；（d）水是一种经济商品，它在各种竞争性的用途中具有经济价值。

[4] 刘国诚：《生态平衡浅说》，中国林业出版社1982年版，第11页。

[5] 李铌、何德文、李亮：《环境工程概论》，中国建筑工业出版社2008年版，第1—2页。

例，如果污染物超出了水体的自净能力，那么就会造成水污染，水体中的各种要素之间失去了平衡，出现水生态系统的不平衡。人类活动是造成生态平衡被打破的重要因素。所以，水资源的开发利用必须坚持生态平衡原则，防止利用强度超出水资源的承载力而造成生态失衡和破坏。[①]

2. 坚持流域开发的整体性原则

水资源的流动性和关联性决定了水资源开发利用会对流域不同用水主体之间产生影响，也能够给其他资源带来有利或者不利影响。水资源的功能具有多样性和共享性，流域内不同用水主体之间、上下游和左右岸之间在水资源开发利用过程中互相影响。[②] 因此，对于流域水资源的开发利用需要坚持整体性原则，利用规划协调不同主体间的水资源开发利用关系，预防和减少用水冲突并确保流域水资源保护政策法律的有效落实。

3. 坚持工程建设与环境保护措施一体化的原则

加强水利工程建设的环境保护措施，例如，在进行水利工程建设时，应该充分考虑其对生态环境的影响，在工程所在地周围和上游地区植树造林，充分发挥森林植被保持水土、调节径流、涵养水源等方面的积极作用，从而一方面保护和增加水资源存量，另一方面强化水利设施的安全保障。

4. 坚持提高用水效率原则

水资源的稀缺性和有限性随着经济社会发展需求的增加以及水污染的日益严重而更加凸显。实现水资源的可持续利用需要建立节水型的社会经济体系，树立公众的节水意识，提高水的利用率。因此，提倡节约用水，提高水的有效利用率，对废污水进行处理、净化和再生利用以及在流域之间对水量进行合理调配，是解决水资源不足的有效措施。制定水资源开发、利用、管理、保护的政策法规，结合必要的经济手段，对水资源统一管理、优化调度、科学分配有利于使有限的水资源在发展国

---

① 景向上、刘旭、魏敬熙：《借鉴国外经验优化我国水资源管理模式》，载《中国水运月刊》2008 年第 8 期。

② Guimarães L. T. , Magrini A. , "A Proposal of Indicators for Sustainable Development in the Management of River Basins", *Water Resources Management*, Vol. 22, No. 9, 2008, pp. 1191–1202.

民经济、提高人民生活水平中更加有效地发挥作用。

三 流域一体化管理的要求

(一) 管理方面的一体化

管理方面的一体化要求相关部门协调统一,部门之间加强合作,合理分工,相互配合,其中发挥决定性作用的是机构协调和目标的一体化。水资源管理涉及众多部门,有效的水资源管理必须通过有关部门的相互协作来实现。波顿 (Burton, 1986) 在一项研究中指出,澳大利亚新南威尔士州政府早在 1947 年时便已成立了生态保护部门,负责协调该州范围内有关土地、水和森林资源的管理活动,由此,新南威尔士州的协同资源管理机制得以建立。波顿还指出,流域一体化是指一种管理流域范围内的水以及其他与土地相关的自然资源的方法。这种方法认为集水区或者流域是一个基本的自然资源管理单元,是一个集成的系统,在这种单元或者系统内,水与土地以及他们周遭的环境之间存在一种紧密的联系。

一体化管理方法将帮助人们深刻理解水、能源、粮食乃至气候、生物多样性等领域之间的关系,打破学科之间的藩篱,制定融合多学科多领域的综合性解决方案。关联方法强调水资源、能源和食物之间的复杂关系,水、能源和食物等资源是人类生活不可或缺的资源而且关系到社会生活的各个方面,获取这些资源并进行有效管理是经济社会发展的关键。传统的分部门决策方法由来已久,但是这种决策方式带来了关键资源的紧张,并且分部门的条块分割式的规划和决策框架,对资源问题的政策回应并不能充分反映不同部门或资源系统之间存在的复杂关联。以水资源、能源和粮食之间的关联为例,水安全、能源安全和粮食安全中,其中任何一项目标的实现都可能对其他目标的实现产生影响。不同部门制定的政策在执行时可能带来更严峻的资源压力,从而加剧民生方面的不安全感,危及或破坏可持续发展。例如,生物燃料生产和配套政策会影响粮食安全和水安全,气候对于可用水资源和农业生产具有重要影响,而能源生产和利用同样对气候产生重要影响。所以,政策和立法的科学化需要以科学规律为指导,以客观现实情况为基础。流域一体化管理旨在将各项联系系统化,并为评估所有资源的使用提供工具。流域一体化是一种系统化的方法，需要认识到水资源利用与粮食、能源等其他领域的内在的相互依赖性，寻求优化取舍和协同效应，并且明确资源利用的社会和环境后果。理解粮食、能源等问题和水资源之间的联系有利于提高资源使用效率，加强不同部门合作，确保政策一致性，促进跨领域的互利行为。

"事权清晰、分工明确、行为规范、运转协调"的流域管理机制同样需要尊重科学规律，做到既有分工又能相互配合，既有交叉又能相互协调。水资源管理中，并不是要完全摒弃行政分割的管理体制，但是需要建立适当的协调机制使相关的政策及行政管理不发生冲突。就流域内的资源管理而言，由于不同的资源类型往往归属于不同的部门管理，而在管理时因资源之间的关联性，各种环境政策法律的执行可能发生冲突，从而导致管理目标不能同时实现。因此，最优的资源管理目标的实现需要协调不同部门的政策法律及其实施。

（二）利益相关者广泛参与

流域的整体性决定了流域水资源治理需要相关各方的共同参与并建立适当的协调机制。流域一体化管理要求将水资源放在社会—经济—环境所组成的复合系统中，用系统的方法对水资源进行高效管理。水资源管理一体化的主要思想是，水资源不仅是自然资源，而且是对环境有相当制约的环境资源。对于影响广泛的公共性自然资源，水资源的有效管理需要政府、公众和社区的共同努力，因为水资源对国民经济发展、人民生活福利的提高以及人类社会的可持续发展都有重要的影响。

传统的流域管理注重工程方法，以行政手段和单一部门进行单一要素式的管理，而这种管理方式往往会不适当地改变河流生态系统状况，在满足经济社会发展需求的同时忽视河流的生态功能和价值。在流域管理的方法上，体现为单一部门对单一要素的管理，而且解决水冲突的主要手段是行政干预。与这种传统方法对应的是流域一体化管理，这种管理是一种合作行为，需要一体化支持和来自政府的不同机构以及公私土地的管理者的广泛参与。流域一体化管理要求一种整合多学科、多主旨以及多目标的方法，并在很大程度上取决于跨机构的协作以及深入的多边思考。在集水区整体管理的哲学中，是不存在单边思考的。[1] 例如，在一项案例研究中，坦桑尼亚鲁菲吉（Rufiji）流域居民参加了为期 2 天的讨论会，针对取水、用水、提高水资源管理能力和水资源生产力等重要涉水问题进行了小组讨论和全体讨论，形成了以下认识：（1）在确保公平分配水资源时，社区行动优于个人行动；（2）当地用水户的行动会对整个流域产生影响，例如流域生态环境退化、下游地区缺水；（3）通过诸如节水农业等措施可以解决上下游不断产生的争水冲突；（4）设立流域委员会监督水量分配和水资源管理是非常必要的。[2] 再如，津巴布韦早在 20 世纪 90 年代就开始实施一体化水资源管理，为了加强不同涉水部门之间的协作，建立了多个涉及水资源管理的相关机构。然而，这些机构在运行中存在互不相干、彼此矛盾、未能形成管理合力的问题。实践中，机构间在促进一体化自然资源管理过程中本应具有的协作关系（有关机构间职责划分和能力评估）的规定并未予以明确，加之缺乏流域管理和开发规划，使得马佐韦流域实施一体化水资源管理的努力付之东流。切热尼指出，针对马佐韦流域不同涉水部门互不协作、无法形成管理合力的现状，建议不同涉水机构间的协作关系应当在流域发展总体规划中予以明确规定。[3]

第二节　善治理论

一　治理与善治的概念

治理理论是 20 世纪末兴起于西方社会的公共管理学科中的理论之一。作为对政府失灵、市场失灵的反思，治理理论被视为认识及解决现

---

① Burton J. , *The Total Catchment Concept and Its Application in New South Wales*, Hydrology and Water Resources Symposium, Brisbane: Australia Institution of Engineers, 1986, pp. 307 – 311.

② Rajabu K. R. M. , "Use and Impacts of the River Basin Game in Implementing Integrated Water Resources Management in Mkoji Sub – catchment in Tanzania", *Agricultural Water Management*, Vol. 94, No. 1, 2007, pp. 63 – 72.

③ Chereni A. , "The Problem of Institutional Fit in Integrated Water Resources Management: A Case of Zimbabwe's Mazowe Catchment", *Physics & Chemistry of the Earth Parts A/B/C*, Vol. 32, No. 15 – 18, 2007, pp. 1246 – 1256.

实问题的重要分析框架和理论工具，对传统管理理念形成了冲击。治理以多元主体的共治为核心、以善治为目标，要求资源共享和重新定位政府职能。传统管理理念普遍倡导偏重"技术理性"与"价值中立"的科层制。科层制的特点可以概括为：以集权为特征，在既定章程与规则约束范围内，通过等级形成的权威影响所产生的行动模式。以科层制为模式的传统管理无疑会造成政府的能力负载，引发政府失灵。当出现政府失灵时，市场本身也不能进行完全弥补，于是探索政府与市场以外的第三条道路成为解决社会问题的重要需求。法国学者阿里·卡赞西吉尔精辟地指出：治理模式的优势在于，它更能应付千差万别的现代社会中的决策问题。① 治理促进了国家与社会之间的互动，成为多样化的社会代理者（公共治理部门、半公共机构、私人公司、社会群体、协会、公民等）之间的协作方式，促进了政策的有效性。20 世纪 90 年代，世界银行与经济合作组织倡导的治理理论强调主体的多元化，公正看待第三部门参与，使得管理理念进一步深化。

联合国人权中心在《保护人权的善治实践》中指出："治理没有适用范围的局限性，善治的诉求具有普世价值。这个词汇的一个优势是其具有较大的弹性，但是在操作层面又难以测量。在多数时候，治理被视为包含以下几个方面的内容：尊重人权、法治、有效的参与、多成员合作关系、政治多元主义、透明性与责任性的过程与制度、有效率的公共部门、合法性、人们的政治赋权、可持续性与忍让、责任等美德。"② 作为专门术语，治理的正式提出可以追溯到 1989 年世界银行在讨论非洲发展时提出的"治理危机"这一概念。此后，"治理"一词便被人们在政治学、发展经济学、国际关系学、社会学等诸多学科中广泛运用，如全球治理（Global Governance）、地方治理（Local Governance）、社会治理（Social Governance）、生态治理（Ecological Governance）等。③

---

① ［法］阿里·卡赞西吉尔：《治理和科学：治理社会与生产知识的市场式模式》，黄纪苏译，载《国际社会科学杂志》1999 年第 1 期。

② 石国亮：《国外政府管理创新要略与前瞻》，中国言实出版社 2012 年版，第 138 页。

③ 孙晓莉：《西方国家政府社会治理的理念及其启示》，载《社会科学研究》2005 年第 2 期。

按照全球治理委员会（Commission on Global Governance）1995 年给出的权威定义："所谓治理是各种公共的或私人的个人和机构管理其共同事务时采取的诸多方式的总和。"治理是使相互冲突的或不同的利益得以调和并采取联合行动的持续过程，治理的规则既包括有权迫使人们服从的正式制度，也包括各种人们统一或认为符合其利益的非正式的制度安排。治理不是一套规则，而是一个过程，它强调不同主体间的协调与持续的互动，具有多层次、多主体的特征。

"治理"和"统治"从表面上看似乎没什么差别，实则有根本上的差异。尽管治理和统治都属于政治活动范畴，都需要权威和权力，但两者的实际内涵却存在很大的不同。治理需要权威，但和统治的权威不同，治理中的权威不一定来自政府，而且治理动员管理对象共同参与，是一个上下互动的管理过程。与此同时，治理在实际管理过程中极力寻求管理方式的灵活性和管理手段的多样化。由此我们可以得出：从内涵和外延方面看，治理是一个比统治更宽泛的概念。在权力中心上，治理的权力是分散和多中心的，而统治的权力是集中的；在管理范围上，统治是在民族国家内，而治理可以跨越国界，因此会出现流行的全球治理；在权威的来源上，统治的权威源于强制性的法律，而治理则源于公民的自愿认同和对公共生活的积极参与。治理理论具有广泛的适应性，这是由治理主体的多样化决定的，治理的主体可以是国家、公共机构，也可以是私人机构，还可以是公共组织和私人机构的相互合作。治理理论强调在国家和政府不能发挥主体作用而需要相互合作的问题上，可以发挥社会的作用，重视社会与国家的协作，也因此更加突出国家对社会的依赖性。①

治理的目的是各行为体在互信、互利、相互依存的基础上通过协调、合作等方式进行持续互动，从而化解冲突矛盾，维持社会秩序，在满足参与各方相关利益的同时，实现经济社会发展和社会公共利益的最大化，而"善治"则是实现公共利益最大化的社会治理过程。有学者认为，善

---

①　张锐智、白靖白：《国家治理制度化的再思考》，载《辽宁省社会主义学院学报》2011年第 4 期。

治是指为了促进社会公共利益最大化而采取或表现出的政府与民间组织、公共部门与私人部门协同合作的伙伴关系。① 欧盟认为，善治以人权、民主、法治为基础，是一种为达到可持续发展而对人、自然环境和经济行为进行有效、透明、负责任的管理方式。善治要求在公共权力层面有明确的决策程序、公开透明且体现责任心的制度安排。在管理各类资源过程中凸显法律权威，并采取措施预防和抵制腐败行为的发生。② 在传统管理理念支撑下的社会秩序中，政府以外的治理主体通常是缺乏主体意识的，它们经常扮演的是缺乏"对象性"的治理手段，而非治理主体。作为"次要"一方的社会组织及公民囿于不能摆脱政府等强势主体的权威与资源束缚，始终不能培育出自我意识，因而总是次要和被动的。由此，治理理论对社会秩序的重塑便离不开对政府以外的其他组织主体意识的培育。

二 善治的原则和要求

善治是一种包含了人权、民主、法治、安全、分权以及公民参与在内的政治和制度环境。善治的方式是对各种公共的或者自然的资源进行负责任地管理；善治的目的是实现经济增长、社会进步、消除贫困；善治的手段包括：确保公众对公共决策的参与、治理制度安排的公开透明且责任明确、分配和管理资源时体现法治、预防和处置各种腐败行为的有效措施、领导能力提升以及公民享有权利。③ 俞可平教授认为，善治的基本要素有以下 6 个：合法性、透明性、责任性、法治、回应、有效性。④

---

① 何增科：《公民社会与民主治理》，中央编译出版社 2007 年版，第 168 页。

② 国际行动援助中国办公室：《善治：以民众为中心的治理》，知识产权出版社 2007 年版，第 11 页。

③ 张锐智、白靖白：《国家治理制度化的再思考》，载《辽宁省社会主义学院学报》2011年第 4 期。

④ 俞可平：《治理与善治》，社会科学文献出版社 2000 年版，第 9 页。

表 2—1　　　　　　　　　　善治的 6 项基本要素

要素名称	含义	主要要求
合法性 （legitimacy）	社会权威及秩序被自觉接受、认可和服从的性质和状态	通过协调公民与政府以及公民之间的利益关系，使得相关机构和管理者的管理活动获得公民的同意和认可
透明性 （transparency）	政府信息的公开透明，保障公众知情权	公民有权通过获取相关政策法律规定、程序性事项等政府信息进行有效监督公共管理的过程
责任性 （accountability）	管理机构及管理人员因其职务而必须履行一定的职责，并对其未能履行职能而承担不利后果	管理人员对其职责有责任感，能够尽职尽责，自觉接受监督，并通过有效的追责机制对管理者的不当行为追究责任
法治 （rule of law）	法律在公共生活中是最高准则，法律面前人人平等	公民权利获得法律保障，政府权力受到法律的规范与制约
回应 （responsiveness）	政府对民众的要求作出回应并采取措施予以处理	对于公民的要求和质询，公共机构及其管理人员应及时并负责地予以回应，不得不作回应或无故拖延
有效性 （effectiveness）	管理具有效率	管理机制结构合理、程序科学、成本低且能取得良好的管理效果

联合国亚太经社理事会在《什么是善治?》一文中提出了善治的 8 项要求，即参与、法治、透明、回应、合意、公平与包容、有效和高效、责任。因此，对于善治的要求而言，除了俞可平教授所提出的 6 项要素中的相关因素以外，联合国亚太经社理事会还提出了参与、合意、公平与包容 3 项要求：（1）参与：治理中的参与既可以是直接参与也可以是代议制，但是需要注意的是社会弱势群体的诉求并非总是能够得到反映，因此需要组织相关群体参与到治理之中；（2）合意：治理要求在多样化的利益主体及其诉求之间形成广泛的社会合意，整合不同的利益，而这种合意的产生需要考虑不同群体的特殊历史、文化和社会背景；（3）公平与包容：社会中的所有群体，尤其是最脆弱的群体，不得被排除在主

流社会之外, 有机会来改善或维持他们的幸福。[①]

社会治理打破了政府对公共管理的垄断, 使政府不再是唯一的公共服务提供者, 有利于促进公共服务创新。社会治理作为超越新公共管理的一种理念, 是在各国寻求公共管理新模式的进程中提出的一种新理念和新构想。社会治理体现了一种还权于民的努力方向。格里·斯托克认为, "治理指出自政府、但又不限于政府的一套社会公共机构和行为者", 治理理论也提醒人们注意到私营和志愿机构愈来愈多地提供服务以及参与战略性决策这一事实。[②] 如果说追问统治者占有权力的理由构成了近代民主政治的逻辑起点, 那么治理理论追问政府垄断公共产品供给的理由则成为民主政治进一步深入发展的逻辑起点。社会治理蕴涵了法治政府、有限政府、公众参与、社会正义等理念, 以共同治理为本, 谋求政府公共部门、公民社会、私营部门等多种社会主体之间交流与互动, 通过共同参与、协同解决以及责任机制, 在维护社会公平与稳定的条件下提高社会管理的质量以及效率。[③]

第三节 法治视野下的水资源善治理论

一 水资源善治的概念

流域一体化管理顺应了水资源的自然特征, 符合生态规律, 为水资源的可持续利用提供了科学指导。但是流域一体化管理的有效落实及其目标的达成不能仅依靠传统的管理思维和模式, 而是需要结合善治的理论和要求, 从水资源管理走向水资源善治。关于水治理, 经济合作与发展组织 (OECD) 认为, 治理应符合实际, 治理措施应顺应情况的变化, 水政策需根据各地水资源禀赋和实际情况因地制宜。经济合作与发展组

---

① United Nations Economic and Social Commission for Asia and the Pacific, "What is Good Governance?", Bangkok: UNESCAP, 2009.

② [英] 格里·斯托克、华夏风:《作为理论的治理: 五个论点》, 华夏风译, 载《国际社会科学杂志》1999 年第 1 期。

③ Rowe G., Frewer L. J., "Public Participation Method: A Framework for Evaluation", *Science, Technology & Human Values*, Vol. 25, No. 1, 2000, pp. 3 - 29.

织认为水治理是达到目的的方式，水治理本身并非目的。换言之，水治理是确保决策得以制定和实施、利益相关方可阐明自身利益、保障自身关切得到考虑，并使决策制定者对水管理负责的一系列正式及非正式的政治、体制和行政规则的做法和过程。水资源善治则要求加强水治理体系，以可持续、综合、包容的方式，在可接受的成本、合理的时间范围内解决相关水资源问题。如果水治理能够采取自下而上和自上而下相结合的方式，同时促成建设性的国家—社会关系，并在此基础上应对关键水挑战，即为水资源善治；如果水治理产生了不应产生的成本，不能解决当地具体需求，即为不良的水治理。水治理体系（无论正式或非正式、复杂或简单、成本昂贵或低廉）应根据需要应对的挑战来制定。① 这种问题解决型思路意味着水治理的"外在形式"应当由其"内在功能"决定。作为具体资源领域的治理，水资源善治要求相关的水资源治理在对治理方式进行结构、制度以及/或者形式调整不应脱离其需达到的目标，即保证水资源量足质优，同时保持或改善水体的生态完整性。因此，水资源善治除了包括善治所要求的参与、责任、回应、透明等要素外，还需要水治理遵循自然科学规律和资源管理规律，从而推动水资源的可持续利用。②

　　需要指出的是，在全面推进依法治国的背景下，水资源善治的实现同样需要法治的保障，法治与善治存在诸多契合之处且相辅相成。

　　首先，就具体要求而言，法治与善治具有共同之处。一方面，法治的实现需要遵循善治的基本要求。法治强调法律在社会管理和生活中的权威性，而这种权威性的实现需要以善治中的主体平等、公众参与等实体和程序性要求作为保障。因此，法治所强调的多主体平等、参与性决策、对法律负责、程序和法律透明等要求与善治的要求具有一致性。而

　　① Rogers P., Hall A. W., "Effective Water Governance", *Integrated Water Resources Management in the Mediterranean Region*, No. 1, 2003, pp. 17 – 25.

　　② Teisman G., Buuren A. V., Edelenbos J., et al, "Water Governance", *International Journal of Water Governance*, 2013, pp. 1 – 12.

且法治为发展模式的转变提供了重要的治理思路①，它将社会各主体的行为纳入法治轨道，强调立法、执法、司法、守法的统一；既注重规则的制定，又强调规则的实效；既规范权力的运行，又确保公众的参与。② 另一方面，法治本身就是善治的重要要求之一。法治是良法之治，而且法治的实现要求普遍的守法。因此，法治为社会的运行提供了良好的规范，而且普遍守法则为良好社会规范的有效执行提供了保障，形成了法律调整目标与社会实效之间的桥梁。卓泽渊教授认为："法治国家是文化意识具有较高理性程度的国家，法制和法治都是人类理性发展的产物，法治以人类对自身与社会的科学认识为基础，法治国家的目标同样是人类经过漫长社会实践的经验总结出来的成果。法治国家正如法制和法治一样是相对最好的国家状态。"③ 作为人类社会发展实践经验的总结，法治作为良好的社会治理模式得到了普遍的认可。"法治是迄今为止最为理性的制度，对资源配置与分配正义具有最重要的功效。"④ 当前，关于善治的论述也多以法治作为理想的社会治理类型。

其次，法治为善治的实现提供了保障。张文显教授认为："法治是现代国家治理的基本方式，实行法治是国家治理现代化的内在要求。现代法治的核心要义是良法善治。正是现代法治为国家治理注入了良法的基本价值，提供了善治的创新机制。国家治理现代化的实质与重心，是在治理体系和治理能力两方面充分体现良法善治的要求，实现国家治理现代化。"⑤ 善治强调在政府与公众、政府与社会的关系方面摆脱命令控制型的关系，政府在进行社会管理时能够尊重民意、保障公众参与、依法行政，促进政府与公民以及政府与社会之间的和谐关系，确立和保障政府的合法性与权威性，提高社会管理的效率和效果。法治为公民权利的

① 樊根耀：《生态环境治理制度研究述评》，载《西北农林科技大学学报》（社会科学版）2003 年第 4 期。

② ［加纳］库马西·安南：《冲突中和冲突后社会的法治和过渡司法》，联合国安全理事会，2004 年。

③ 卓泽渊：《论法治国家》，载《现代法学》2002 年第 5 期。

④ 汪习根：《论法治中国的科学含义》，载《理论参考》2014 年第 2 期。

⑤ 张文显：《法治与国家治理现代化》，载《中国检察官》2014 年第 4 期。

保障和政府权力的限制提供了制度保障、依法行政和保护公民权利。"法治的主体性强调人民的主体地位与主体力量对法治的意义与功能。从价值论的层面讲，法治以主体的权利与自由为终极目标，人权是法治之发起、展开与进化的根本导引，是构成法治的起点和终点的本源性价值。"法治与善治的密切关系决定了实现水资源善治需要法治的保障，水资源善治必须有良好的水法治制度作为支撑。

党的十八大以来（特别是十八届三中、四中和五中全会），党中央和国务院关于依法治国、推进生态文明建设的文件以及习近平总书记关于生态文明和依法治国的系列讲话，要求切实运用法治方略保护生态环境、加快建立能够有效约束开发行为和促进绿色发展、循环发展、低碳发展的生态文明法律制度。随着《中共中央关于全面推进依法治国若干重大问题的决定》提出"建设中国特色社会主义法治体系，建设社会主义法治国家"这一依法治国的总目标，水资源/流域管理领域也必然要贯彻法治要求，实现水资源善治与法治的统一。

二　水资源善治的基本原则和要求

具体而言，根据善治的一般理论和水资源管理方面的科学规律和理念，水资源善治应该包括以下4个方面的基本原则和要求。

（一）流域一体化管理原则及要求

流域是这样一个复杂生态系统，它是以水为载体，在人与自然的相互作用下，由经济、社会、环境、资源等多个子系统相互影响而形成的有机统一体。任何一个子系统的某个方面的变化都将对整个流域系统产生一定的影响。所以，世界上许多国家都以流域为单元对水资源实行管理，这是国际上公认的水资源管理科学原则。秦天宝教授指出，现代水法最明显的特征是以流域为单元进行水资源管理，即将流域水系统作为一个整体对待。自美国设立田纳西河流域管理局并开始实行流域管理以来，世界各国均基于本国国情推出了各种流域管理模式，并已取得了较好的成效。①

　　流域一体化管理强调流域的生态整体性。生态系统整体性理论是人类在发展主义体制下对生产中心主义超越的最新成果，是人类中心主义向生态中心主义跨越的具体表现，也是经济文明向生态文明过渡的反映。② 作为个体的人，主观认识上的自我中心和客观行为的自我中心自从有了人类以来就不可避免，伴随着文艺复兴的人文主义运动，人本主义的理念深入人心，人类中心主义的观念完全树立，制度日趋完善，实践不断深入。③ 人类中心主义在经济方面的体现正式始于资本主义工业革命以来，人类全面追求提高改造自然、征服自然的能力和水平，即不断提高生产力来满足人们对物质和精神的需求，让自然界的一切有形的物质即资源和能源方便和满足人类的吃穿住行和精神需要。④ 经过几个世纪的改造和发展，人类的需求似乎满足了，可资源的逐渐匮乏、生态环境的整体破坏，让人类自食苦果，甚至得不偿失。天生具有自救能力的人类在实践中反思自我、提高认识，重新获得人与自然环境的关系。生态系统的整体性理论是指生态环境中的各要素尤其是人与其他要素之间是互相依存、不可分割的平等关系，在此理念基础上形成的一整套跨学科的新的理论体系，反映在哲学上就是环境要素不仅仅是客体也是主体，反映在社会学上就是环境要素也是社会关系的主体，反映在法律上就是环境要素也是法律关系的主体、是权利的享受者和义务的承担者。生态系统的整体性理论应包括：不能只让环境资源服务人类，人类也要服务于环境；服务环境也是服务人类自身、满足人类自我需求的重要组成部分；人类自我的需求和对环境的供给与环境对人类的付出和从人类处获得的保育是交互的、不可分离的；人类不是自然的主宰者，人类和其他的自

① 秦天宝：《世界水资源保护立法之实践及其启示》，载《中共济南市委党校学报》2006年第3期。

② Guimarães L. T. , Magrini A. , "A Proposal of Indicators for Sustainable Development in the Management of River Basins", *Water Resources Management*, Vol. 22, No. 9, 2008, pp. 1191 - 1202.

③ 穆艳杰、王圣祯：《生态学马克思主义的派别分歧与论战——历史唯物主义的生态意蕴问题》，载《理论探讨》2015年第2期。

④ 陈姿伶：《人类中心主义的哲学思考》，载《科学导报》2015年第18期。

然因素一样是生态环境的一个平等的组成部分而已，宇宙无穷大，地球中心说早在中世纪就被颠覆，要在相对独立的空间地球上找到中心和独大者，那只能是生态环境这个整体。①

一体化管理的理念符合水资源和流域的自然生态规律，实施这一管理理念有利于实现环境法治的科学化。现代社会，良法之治的重要性越发表现得明显，并且成为环境法治的根本保证和基本前提，这既是新时期环境法治发展的机遇，也是需要面临的挑战。② 实现环境法治的科学化是良法之治的要求，确保可持续发展观、科学发展观以及生态文明建设理念的作用，不具备科学性的环境立法以及相应的执行机制的设置无法保证环境法治目标的实现。因此，从法治的角度而言，实现环境法治的科学化是提高环境立法的科学性、强化环境执法的效率以及合理协调不同主体利益冲突进而促进法律遵守的重要保障。胡德胜教授认为，在从事法学研究时既要认识到自然科学对社会科学的影响，也要注意到其他社会科学对法律现象和法学研究的影响。③ 德里克·阿米蒂奇（Derek Armitage）等认为科学和政策法律的互动对于资源治理具有重要意义。④ 资源治理面临着权力不平衡、对物理环境变化的认识不充分以及不同的利益相关者等挑战。整合不同形式的知识，包括科学的、地方的、原住民的以及官方的知识是治理能否取得成功的关键问题，而科学知识与政策法律的互动成为这一问题的关键内容。

实施流域一体化管理主要有以下具体要求：

第一，流域统一规划和管理。流域一体化管理是客观与主观、实践与理论对立统一的哲学逻辑，是有关流域内经济、环境要素和自然资源统一规划、统一设计、统一管理的相关理论。生态系统是一个整体，具

---

① 马俊苹:《可持续发展的哲学思考——兼析传统人类中心主义》，载《龙岩学院学报》2003 年第 4 期。

② 柯坚:《我国〈环境保护法〉修订的法治时空观》，载《华东政法大学学报》2014 年第3 期。

③ 胡德胜:《生态环境用水法理创新和应用研究》，西安交通大学出版社 2010 年版，第 11页。

④ Armitage D., de Loë R. C., Morris M., et al, "Science – policy processes for transboundary water governance", *Ambio*, Vol. 44, No. 5, 2015, p. 353.

有相对独立性，且大小不一。整个地球也是一个生态系统，其自然环境相同或相似的部分组成的整体又是它的子生态系统。同一流域内的气候、温度、土壤等因素具有相同性，相同的自然环境也产生了相似的生活方式和生产模式，使得一个流域内的经济、管理和制度以及文化的发展水平和发展模式趋于相似。正是基于同一流域内自然环境以及社会经济的客观统一性和相似性，流域管理体制和模式要着眼实际、遵从客观和尊重自然，将相关的流域环境和资源保护以及经济和社会发展置于全流域中进行统一规划设计、统一管理、统一保护才能收到最优化的管理效果，以及流域各要素的和谐存在与协调发展。

第二，流域内不同管理部门和社会主体之间的协调与合作。流域内资源管理涉及不同的资源部门和社会主体。流域一体化管理不代表必须用单一部门管理流域内的所有资源，而是指在进行资源管理时，为了提高管理的效率，需要进行必要的分工。在不同管理部门之间，由于各部门往往更多地关注本部门所涉及的资源管理事项，而忽视资源之间的关联性，从而可能导致资源管理政策的矛盾以及资源管理职能的冲突与缺失。"从资源协调开发角度来看，水资源一体化管理要求综合各种因素，统筹考虑水与气候、环境、自然、农业、工业和生态等问题，采用法律、行政、政策、经济、技术、信息和教育等方式，统筹安排生活、生产、生态三者的用水，保障人口、资源、环境和经济的协调发展，实现水资源综合开发、优化配置、高效利用和有效保护的科学组合，协调和整合各部门的观点和利益，促使各利益相关者的利益实现最大化。"① 流域一体化管理要求不同资源管理部门之间的协调和紧密衔接，因而需要建立部门间的协调机制，促进资源管理效率的提高和管理政策的统一，防范和化解不同资源管理的冲突。另外，流域一体化管理还要求公私部门之间的协调与合作。"水资源政策必须与国家经济政策以及行业政策相结合，在法律和政策范围内保证各部门用水的同时，要确保部门之间的合

---

① 陈献耘、杨立信：《水资源一体化管理的基本要素与管理特点研究》，载《水资源研究》2012年第3期。

作、确保公共部门与私营部门之间以及与每一个社会成员的协作"。[1]

第三,水资源可持续利用。只有按照生态系统整体性理论,尊重环境,视环境是平等主体而进行用水实践,才能有效控制人类无节制地使用水资源,留给环境一定数量和质量的水,进而确保整个流域水资源持续更新、源源不断。[2]一体化管理理念对于西北内陆河流域水资源可持续利用尤为重要。西北内陆河流域大部分处于干旱半干旱地区,属于温带大陆性气候,蒸发量大于降雨量,远离海洋,有效水资源更加不足,客观上是一个相对独立的自成体系的生态系统。在这个生态系统中,有限的水资源要得到生态环境、人类生活和工农业生产的持续需求,就不仅要在人类需水的各个方面合理分配、提高效率、防治污染和科学管理,还要确保最少数量最低质量的流域生态环境用水。人类需水与环境本身用水不是对立的而是统一的,西北内陆河内人类与内陆河流域中其他生物和非生物的自然要素一样享有用水的权利、承担保护西北内陆河水环境的义务。[3]追求西北内陆河水资源的可持续利用,既是以西北内陆河生态环境整体性理论为基础,也是西北内陆河生态环境整体性理论的具体体现。西北内陆河流域水资源可持续利用法律制度包括西北内陆河水资源分配中的水资源使用许可证制度、水资源使用收费制度和水权交易法律制度;西北内陆河水资源利用效率提高法律制度中的节约用水法律制度、行政奖励法律制度;西北内陆河流域污染防治法律制度中的水污染排放许可证制度、水污染权交易法律制度;西北内陆河流域水资源可持续利用管理法律制度中的管理体制法律制度。从水资源与流域内的经济社会和生态环境等外部关系来看,流域一体化管理要求流域内产业布局、经济结构的调整和经济发展指标的确定都要以流域内水资源的现有数量及预计未来可更新的水资源量为前提,流域内的人口包括现有人口、预

---

① 杨立信、孙金华:《国外水资源一体化管理的最新进展》,载《水利经济》2006 年第 4 期。

② 薛勇民、路强:《自然价值论与生态整体主义》,载《科学技术哲学研究》2014 年第 4 期。

③ Castro J. , Eacute, Esteban, "Water Governance in the Twentieth – first Century", *Ambiente & Sociedade*, Vol. 10, No. 2, 2007, pp. 79 – 86.

计出生的人口和迁移进入的人口的生活用水也要以西北内陆河流域内水资源的存量和可更新量为基础。而且，内陆河流域生态环境本身的用水也需要进行科学规划和统一管理。① 从西北内陆河水资源使用自身看，西北内陆河水资源的管理体制要进一步优化完善，西北内陆河水资源使用许可证制度、水资源使用收费、水权交易、水资源节约、行政奖励和水污染排放标准及污染权交易等相关的法律制度要建立、完善，相互之间要协调、配套，都要以西北内陆河水资源规划为前提和目标，只有以一体化的流域管理理念来管理西北内陆河水资源，才能促使西北内陆河水资源的可持续利用。

(二) 宏观调控与市场机制有机结合原则及要求

水资源是经济社会发展所必需的战略性和基础性资源，同时也是关乎公共利益和福祉的重要公共物品。社会经济资源是有限的，而社会对经济资源和物品的需求却是无限的，投入到某种需求上资源的增加，必将导致投入到其他需求的资源减少。因此，如何把有限的社会经济资源合理地分配到社会需求的众多领域中，并且使这种配置最为有效，是社会经济活动中人们最为关心的问题。水资源所具有的商品属性和公共品属性决定了对水资源的开发、利用和保护要有公权力介入，由政府实施宏观调控。市场的盲目性、自发性和滞后性能够引发外部性问题，市场失灵容易导致水资源的不合理开发利用。政府部门不直接干预企业生产经营的微观经济活动，但政府必须对社会经济发展实现宏观的、间接的调控。因单纯的市场调节本身存在天生的缺陷——自发性、滞后性和盲目性，所以，市场经济依靠自身的运转难以避免周期性的经济波动，无法实现长期经济稳定，就不能满足生态环境和社会公益事业的发展要求。这就必须由政府通过财政、税收、价格、金融等经济杠杆以及必要的行政手段、政策，来干预和影响市场的经济运行，以宏观经济调控来解决这些问题。② 但是，仅依靠政府监管也难以实现水资源的高效配置，因为

---

① Buller H. , "Towards Sustainable Water Management: Catchment Planning in France and Britain", *Land Use Policy*, Vol. 13, No. 4, 1996, pp. 289 – 302.

② 崔延松:《中国水市场管理学》, 黄河水利出版社 2003 年版, 第 5 页。

仅依靠政府配置资源需要较大的配置成本，而且权力寻租以及决策失误等问题会造成水资源的污染和浪费，难以实现水资源的可持续开发利用。在水资源治理中需要坚持宏观调控与市场调节相结合的原则，促使政府调控和市场相互配合，充分发挥各自优势，从而实现水资源的优化配置和高效利用并防止水资源开发利用超出其承载力，并最终实现水资源的可持续利用。宏观调控与市场机制有机结合原则要求在进行水资源治理时遵循如下要求：

第一，合理利用市场机制，避免单纯依靠行政措施直接分配水资源。在水资源管理中，以命令—控制型的行政管理思维进行水资源分配，容易受到信息不充分和权力寻租以及受到行业利益干扰的影响，从而造成水资源配置的不合理或者低效率，损害水资源的可再生能力，并可能造成不同用水户之间的不公平。由于居民基本生活用水权和生态环境用水权所具有的基础性地位，在进行水资源分配时需要优先满足这两类用水的需求。在采用行政措施保障生活用水和生态用水的基础之上，需要合理运用市场机制，通过合理配置初始水权以及用水户之间的竞争，设计合理的市场机制，运用市场调节功能实现水资源的合理配置，确保水资源的高效利用。

第二，进行科学的宏观调控，促进水资源的可持续利用。无论是水权交易还是排污权交易，其都必然意味着水资源利用效率和保护效率的提高。市场本身的缺陷决定了通过水资源管理进行宏观调控成为弥补市场机制缺陷的必然选择。通过宏观调控可以对高耗水、高污染型的产业进行限制，鼓励节水措施的利用，优化产业结构，从而避免水资源配置的市场运行机制形成不合理的用水结构，充分发挥宏观调控在产业结构优化方面的积极作用。

（三）公众参与原则及要求

善治的本质就是政府与公民对公共生活的合作管理，它是政治国家与公民社会的一种新颖关系，是两者结合的最佳状态。善治就是使公共利益最大化的社会管理过程；从一定的意义上来讲，善治就是进一步法治化的进程。① 善治要求治理应该是多主体、多中心、合作与分工相结合的治理模式,私营部门、民间组织或公民都是这种治理结构中非常重要的组成部分。② "公共参与,从内涵方面来讲,它既作为一种程序又作为一种法律上的权力或权利。从外延方面来讲,它应该包括三个部分,即公众有权通过合理的途径参与国家公共事务的决策、获得有关国家公共事务的相关信息,以及可以通过国家法律的救济程序来维护自己的权利。"③ "公众参与可以增强政府决策和管理的公开性和透明度,使政府的决策和管理更符合民心民意和反映实际情况,减少民众和政府之间的摩擦,加强政府和民众之间的联系和合作。"④ 公众参与有关国家公共事务是指社会公众可以获取流域内各项生态环境的信息,缺乏对相关信息的了解,公众参与就无法展开,所以,环境知情权是公众参与制度的前提和基础。同时,环境知情权的行使对于流域内公众环保意识的提高具有积极作用,也能够提高公众参与流域环境管理的积极性。⑤ 在我国,公众的参与意识还有待增强,如果能有效利用公众的道德意识和组织行为的特点,引导和加强公众相互合作和互相信任,就可以有效解决可信承诺和互相监督问题,降低制度成本和失败的可能性。⑥ 以自愿的方式,通过社区将公众组织起来共同参与公共资源管理,以自主的制度创新来合理安排、统筹利用,一方面能够有效发挥局中人的自觉激励,充分利用社会良性资本,从而达成局中人之间的自愿合作,克服因"公地悲剧"而带来的资源过度开发与退化;另一方面也提高了信息的准确性和管理决策的科学性,降低了信息成本和实施成本,提高了资源的利用效率,从

---

① 杨宇:《21 世纪的公共治理:从"善政"走向"善治"》,载《改革与开放》2011 年第 20 期。

② 何增科:《公民社会与民主治理》,中央编译出版社 2007 年版,第 168 页。

③ 胡德胜:《"公众参与"概念辨析》,载《贵州大学学报》(社会科学版)2016 年第 5 期。

④ 蔡守秋:《论政府环境责任的缺陷与健全》,载《河北法学》2008 年第 3 期。

⑤ 严乐:《西北内陆河流域水资源管理法立法探析》,硕士学位论文,长安大学,2013 年。

⑥ Rowe G., Frewer L. J., "Public Participation Method: A Framework for Evaluation", *Science, Technology & Human Values*, Vol. 25, No. 1, 2000, pp. 3 – 29.

而保证了公共资源的长期可存续性和高效治理的实现。① 根据经合组织的建议,公众参与水治理应该满足如下三个方面的要求,并采取相应的具体措施:

第一,促进水管理信息的公开和透明。将促进廉政和透明的实践纳入水政策、水机构和水治理框架的主要议题中,以加强决策制定过程中的互信。健全公众环境知情权制度的前提在于信息公开制度的建立。目前,西北内陆河流域管理体制中缺乏流域环境信息公开方面的规定,因此有关流域水资源管理政策和法律应当扩大流域环境信息公开的范围,以公开为原则,不公开为例外,除涉及国家机密外,社会公众对流域内环境信息均享有充分的知情权。当然,健全公众环境知情权制度需要明确信息公开的主体。目前西北内陆河流域仍然存在一定程度的条块分割管理体制,各管理部门权限不明,所以在流域内特定事务的管理方面和具体执法实践中还会出现交叉和重叠的现象,容易造成管理"空位"和"越权"。因此,西北内陆河流域水资源管理法应当将流域内信息公开的主体予以明确,确保信息公开制度的有效贯彻实施以及规划方案的落实。② 可以采取的具体措施如下:(1)完善法律和制度框架,使决策制定者和利益相关方受问责约束,如公众获得信息的权利、独立机构调查水事件和执法的权利;(2)在国家和地方层面鼓励制定促进廉政和透明的规则、行为准则和章程,并进行落实;(3)建立明确的问责和管控机制,提高水政策制定和实施的透明度;(4)对各级水资源管理相关机构,包括对政府采购部门的现有和潜在的腐败诱因和风险作常规性分析;(5)采取各利益相关方参与的方式,通过专门工具和行动计划,找出水领域廉政和透明性的不完善之处并加以解决(如廉政检查/条约、风险分析、社会监督等)。

第二,扩大利益相关方的有效参与。促进利益相关方参与,为水政策的制定与实施贡献知情可靠的、以结果为导向的意见和建议。流域内

①　Rydin Y. , Pennington M. , "Public Participation and Local Environmental Planning: The collective action problem and the potential of social capital", *Local Environment*, Vol. 5, No. 2, 2010, pp. 153 – 169.

②　严乐:《西北内陆河流域水资源管理法立法探析》,硕士学位论文,长安大学,2013 年。

各项重要的政策方针的出台、重大事项的决策，应当由与之有密切利害关系的主体共同参与制定，通过民主协商决定。明确公众参与原则，在决策、执行、监督相分离的西北内陆河流域管理体制下，凡是涉及水资源宏观规划、总量控制、水费收取、公共设施建设投资等重大决策，均应当有相关利益主体的代表共同参与，避免行政机关直接决定。具体措施如下：（1）确定与水政策成果密切相关的、可能受有关决策影响的所有公共、私有、非盈利部门的利益相关方，明确其各自责任、核心关注问题和相互关系；（2）特别关注弱势群体（青年、贫困人口、妇女、本地人口、家庭用户）、新涌现的群体（地产开发商、机构投资者）以及其他与水资源相关的利益相关方和机构；（3）明确决策制定的方向及对相关建议的预期用途，降低磋商中强势群体和弱势群体之间的力量不均衡及其他不相关群体左右水资源政策制定者的状况，避免一方意志被另一方意志淹没的风险；（4）鼓励利益相关方进行能力建设，强化准确、及时、可靠的数据作用；（5）评估利益相关方参与的过程和结果，以便加深了解并作出相应调整和改善，包括对参与过程成本和收益的评估；（6）结合本地具体情况、需求和能力，建立有利于促进利益相关方参与的法律和机制框架、组织结构和有关负责机构；（7）根据需要确定利益相关方参与的方式和参与程度，并根据情况变化灵活调整。①

第三，集思广益、重视实证，促进水治理决策的民主化与科学化。鼓励制定有利于管理用水户、城乡、世代间相互竞争的用水关系的水治理框架。具体措施如下：（1）鼓励公众平等参与决策制定过程，特别是弱势群体和边远地区人群；（2）赋予地方机构和用户权力，找出影响高质量水服务和水资源利用的障碍并加以应对，促进城乡之间、水机构和空间规划部门之间的配合；（3）促进公众就"水多、水少、水脏"相关风险和成本展开讨论，就"谁为何付费"提高公众意识并达成一致，提高当前和未来水资源的承载力和可持续性；（4）鼓励基于实证的研究，就与水有关的政策对公民、用水户和各地在收入方面的影响进行评估，

① And C. C. , Purcell K. , "Public Participation and the Environment: Do We Know What Works?", *Environmental Science & Technology*, Vol. 33, No. 16, 1999, pp. 2685 - 2692.

为决策制定提供指导。

（四）强化行政责任追究与考核的原则及要求

责任机制的健全是善治的重要要求。根据善治的标准和要求，只有对行使行政职责的行为都能及时进行公开，向公众解释采取相关行为的理由，并对实施行为的后果承担行政及法律上的责任，才能成为负责任的政府。[1] 行政问责制是指"在法定程序和范围内对政府责任人或者部门主要行政主体由于不履行职责、违法行使职权或者产生过失行为等进行责任监督与责任追究的制度范畴"。[2] 在处理自然资源开发利用问题时，政府享有行政决策权，但如果只有权力而缺乏相应的责任追究和考核机制对之进行监督制约，那么这种权力就可能被滥用，从而损害自然资源本身的可持续性以及公民和其他行政相对人的合法权益。健全的责任追究与考核机制是实现水资源善治以及水资源可持续利用的应有之义。行政问责制作为一种旨在全面追究和实现政府责任的监督机制，对提高政府执行力和公信力、加强对行政权力的监督和制约发挥着重要作用。

加强水治理中的行政问责，是指水资源行政管理人员在具体的工作中，由于故意、过失或者不恰当履行行政职责而造成水资源管理秩序混乱、管理效率低下，损害了相关群体的合法权益、影响了行政机关的整体形象和行政效率，而对其进行的一种责任追究制度。考核制度则是对政府管理水资源时表现出的管理效率和结果，按照水资源可持续利用的要求以及善治的基本要求进行评估和测评。

水治理中的政府责任主要包括两个方面："一是政府在水资源保护中应尽的义务和监管职责；二是政府未依法履行该义务或职责而应承担的不利后果。"[3] 在现行水资源保护相关法律法规中，地方政府及监管机构应当承担的职责主要为制定政策、立法、监督管理、水体的综合整治等基础性工作[4]，包括环境保护规划、环境质量标准及污染物排放标准的制

① 尹文蕾:《善治语境下中国责任政府构建的路径选择》，载《前沿》2007 年第 8 期。

② 刘涛:《试论治理型政府建设中的行政问责制》，载《行政与法》2017 年第 2 期。

③ 赵婕:《水资源保护中政府法律责任问题探析》，第十二届长三角法学论坛论文，2015年。

④ 吴国平、翟立:《水资源保护责任研究》，载《水资源保护》2002 年第 4 期。

定、环境监察、环境影响评价、环境监测、跨行政区域环境保护协调机制、环境资源承载能力检测预警、环保产业的发展、环境保护考核、重大环境事件报告等。责任政府的建立，行政问责制的推行，就是要确立"结果导向的责任政府"理念，政府的主管部门对结果负责，权力获取与权力行使的目标和结果密切关联。

强化水治理中的行政责任追究与考核原则要求从以下 3 个方面建立健全水治理中的责任追究与考核机制：（1）明确水质和水量控制的责任主体。实施水资源管理不仅涉及水行政主管部门，还涉及生态环境、农业农村、工业和城市建设等其他部门。明确涉水事务利益相关者的利益和责任，分解各部门的职责是强化水治理责任的前提。对于涉及水资源质量和数量的不同管理事项，无论是主要涉及何种部门，该部门都有责任认真考虑水资源保护问题。因而，需要建立相应的责任机制，明确各涉水部门在水资源保护方面的责任，防止各部门仅从部门利益出发忽视水资源保护的重要性，转变水资源保护仅依赖水行政主管部门的认识，实现部门间水资源的协同治理。（2）建立水治理的动态监督评估机制。对水政策和治理实施常规监督和评估，与公众分享相关结果，并作出相应调整。具体措施如下：确保专门监督和评估机构具备足够的能力、资源和适当的独立性，以及必要的工具；开发可靠的监督和报告机制，有效指导决策制定；对水政策实现既定目标的程度、水治理框架是否符合有关目的做评估；及时、公开分享评估结果，并根据最新数据进行相应调整。（3）加强水治理成果在政府考核中的比重。对在水治理中的失职行为进行问责，将水资源保护责任实施情况纳入政府目标管理。明确考核要求，将考核结果作为地方党政领导干部综合考核评价的重要依据，对失职失责行为严肃问责。

第四节　小结

本章围绕水资源治理的理论基础进行分析，为研究的展开提供理论指导。流域一体化管理理论以水资源和流域的自然生态规律为基础，一体化流域管理的有效落实是确保流域管理科学化和高效化的关键。一体化流域管理以水资源可持续利用为目标，强调水资源与其他资源之间的关联性以及不同管理主体政策法律的相互协调。流域一体化管理的实现需要善治理论做指导。治理和善治理念是对传统集权式、科层制管理模式的突破，倡导多主体的协商和互动参与，有利于调动各方的积极性，促进相关政策法律和目标的落实。结合流域一体化管理理论和善治理论，本章系统论述了水资源善治理论，提出了水资源善治对流域一体化管理、政府与市场的关系、公众参与以及责任追究与考核等方面的要求，并探讨了法治在水资源善治中的重要作用，因此也形成了本书的创新点之一。

第三章

善治视角下西北内陆河流域
水资源管理制度问题

第一节 水污染防治法律制度方面的问题

 水污染防治是水治理的重要方面。经济社会发展带来的水污染成为影响水资源开发利用的关键问题。西北内陆河流域传统的经济发展模式对水污染的形成具有深刻影响。首先，中华人民共和国成立后，西北地区着重发展重工业、能源型产业，用水集中且水资源有效利用率很低，往往以破坏环境为代价，并已成为该地区经济发展的"惯性"，这种特有的经济发展模式，给内陆河流域环境行政执法带来了很大的阻力。其次，西北地区经济发展水平较低，对内陆河水资源污染治理的投入不足，对一些污染物只进行简单的处理就直接排入河流中，导致二次污染，破坏内陆河下游地区的生态环境。① 西北内陆河是整个西北地区水资源供给的大水塔，流域内水资源可持续供给能力对整个西北地区具有不可估量的影响。然而，我们可以清楚地看到，由于西北地区水资源的有限性，生态用水、农业用水、工业用水开始出现相互"掠夺"的情形，进而加剧了西北地区水资源的过度开发和利用。西北内陆河正是西北地区水资源的主要来源，但经济发展过度依赖内陆河水资源，并且没有合理的水资源管理规划体制，使得城市污水、工业废水、生活用水没有经过处理即

---

① 吴虹：《西北内陆河水资源生态补偿法律制度研究》，硕士学位论文，长安大学，2012年。

被大量排入河流中。加之，西北内陆河处于一个相对封闭的河流环境，不能承载如此大的用水量和水污染物的排入。目前，西北内陆河已经造成不同程度的破坏和污染，都是由于在发展经济的同时忽视了对水资源的保护。①

水污染不仅影响水资源的价值和功能，而且对生态环境和人类健康有着严重的不利影响。我国幅员辽阔，各地水资源状况呈现出很大的区别，西北内陆河地理位置特殊，在整个西北地区占有不可取代的地位。西北地区水资源一旦遭受污染，影响到的不仅是当地居民的生存环境，对我国整个生态环境也会带来不可预估的破坏。目前，缺乏完善的水污染防治法律，不能对西北内陆河水环境进行有效保护，加之经济的高速发展和当地人口的急剧增加，使得内陆河处于超负荷利用和严重污染状态。

造成西北内陆河水污染主要是由以下几方面的原因：

首先是城市污水排量大。西北地区相对落后，大部分城市基础建设缓慢，城市排水管道和污水处理设备陈旧，不能满足城市自身发展建设的需求，城市污水处理率仅约30%，远远低于世界先进国家污水处理平均水平。② 有些地方因监管力度不足，甚至出现污水处理设备闲置的情形。因此，城市污水不能得到及时处理，排入内陆河后，不仅造成内陆河污染，而且影响水资源的循环利用，导致水资源浪费。《2019年甘肃环境公报》显示，蒲河水轻度污染，原因是姚新庄生产和生活用水均排入蒲河中，造成水体中氟化物浓度增大，以及蒲河径流量减少致使污染物浓度有所上升。③

其次是工业废水排放量大。工业废水是内陆河水污染的又一主要原因。以甘肃省石羊河为例，按照国家《地面水环境质量标准（GB3838－2002）》，2019年对石羊河水资源质量按汛期、非汛期和全年3个时段进行评价，评价方法采用单因子法。结果是红崖山水库为Ⅱ类水质，总体

---

① 袁笑瑞：《西北内陆河最严格水资源管理法律制度践行研究》，硕士学位论文，长安大学，2014年。

② 李霞：《西北地区水污染防治法律制度研究》，硕士学位论文，兰州大学，2007年。

③ 甘肃环境保护厅：《2019年甘肃省环境状况公报》。

属优良水质,而扎子沟水质较差,基本为Ⅳ类水质。造成石羊河与扎子沟河段水质差的原因正是因为工业废水排放量大。随着西北地区工业的不断发展,工业用水量呈逐年上升态势,尽管对工业污水进行净化能够在一定程度上缓解水污染,但巨大数量的工业废水仍然对西北地区的水资源产生很大的不利影响。另外,还有企业偷排未经处理的污水,这些工业废水最终进入内陆河,结果是造成河流水质的重度污染。

最后是农业面源污染较为严重。农业在西北五省中占据主导地位,传统农作物的种植是当地农民的主要经济和生活来源。为了提高农作物产量,农民大量使用农药、化肥,而化肥和农药中大量的氨氮化学元素或是随着地表水慢慢渗透到地下水,或是随着地表水逐渐进入河流,使河流中氨氮化学元素严重超标,造成整个河流水质成分的改变,对下游居民饮水和农业用水造成巨大威胁,引发一系列社会问题。例如,甘肃境内蒲河、马莲河、石羊河的水质为轻度污染,主要污染成分即为氟化物以及氨氮,污染的原因之一就是粗放式的农业生产经营方式。

水污染日益严重对人类生产和生活产生了巨大影响。我国水污染防治立法进程起始于1979年的《环境保护法(试行)》。1984年5月11日第六届全国人民代表大会常务委员会第五次会议通过《中华人民共和国水污染防治法》(以下简称《水污染防治法》),同年11月1日起实施,这是我国第一部防治水污染的专门法律。1995年颁布了中国第一部流域性法规《淮河流域水污染防治暂行条例》。1996年修改后的《水污染防治法》根据国内生产、生活环境中水污染状况和自然水流域的现状,增设了按流域或者区域制定水污染防治规划、城市污水集中处理制度等重要内容。2008年2月28日中华人民共和国第十届全国人民代表大会常务委员会第三十二次会议审议通过关于对《水污染防治法》的修订。现行《水污染防治法》是经2017年6月27日第十二届全国人民代表大会常务委员会第二十八次会议修正,自2018年1月1日起施行。

西北内陆河在控制水污染方面取得了一定的成效,现行法律对防治水污染提供了强有力的法律保障,但仍然存在不少问题。

首先,对于西北内陆河的管理主要是以管理条例为主导,例如,针对石羊河流域制定了《甘肃省石羊河流域水资源管理条例》;针对疏勒河流域制定了《甘肃省疏勒河流域水资源管理条例》。这些条例法律位阶较低，责任归属不明确，且具有一定的滞后性。

其次，我国现行的《水污染防治法》涉及内容过于广泛，不能具体到细节，在具体适用时给执法带来一定困惑和难度，不能很好地给出明确的指导。对水污染控制起补充作用的管理条例没有起到辅助作用，以《甘肃省石羊河流域水资源管理条例》为例，该条例仅在第35条涉及了水污染控制的一些规定：新建、改建或者扩大入河排污口，应当征得流域管理机构和有管辖权的水行政主管部门的同意，由环境保护主管部门负责对该建设项目的环境影响报告书进行审批。但是，对责任的归属、惩罚措施和解决纠纷的办法没有提及，因为没有明确的法律依据，环境行政主管部门只能采取处罚方式而不能采取其他强有力的措施来抑制水污染。从长远利益来看，地方性水资源管理条例关注的是水污染治理的具体办法，缺乏长期规划，很难满足可持续发展战略的要求。

再次，我国现行控制水污染的一系列法律的目的是实现水资源与经济发展相适应，在确保经济发展的同时保证水资源的充分供给和合理保护。但是在实际运作中，防治水污染的法律在执行过程中和地方经济利益容易发生冲突，地方群众为了获得眼前利益，存在"地方保护主义"思想，该现象在西北地区较为明显。西北水资源具有稀缺性，再加上法律本身具有的滞后性和局限性，导致某些地区经常采取违法手段来实现自己的利益。有些地方政府为完成自己制定的计划，给部分污染水源企业开绿灯，面对水污染情况，环境行政保护主管部门主要进行罚款，罚款后这些企业仍然排放超标的工业废水。①

最后，在西北内陆河水资源管理条例中，涉及水污染的条文较少并且可操作性差。在水污染控制方面，大多数条例以禁止性规定限制向内陆河排放污水，没有涉及污水净化和再次循环使用的解决方案。在污水排放责任追究方面，现有条例以处罚为主，但罚款数额远远低于污水治理的成本，排污单位选择缴纳罚款而不进行污水治理。另外，受处罚主

---

① 刘志仁、袁笑瑞：《西北内陆河水污染控制法律制度研究》，载《西藏大学学报》（社会科学版）2012年第4期。

体所交罚款如何运用方面，是否完全真正用于水污染治理的基础设施建设，条例中并未提及相关内容。这些条例为内陆河的保护提供了一些法律依据，但因其规定的笼统性、责任的模糊性以及法律位阶较低，无法对水资源管理提供有效的指导，在出现水资源破坏和污染行为时，没有明确的应急处理法律依据，水资源管理主体也缺乏责任感和主动性，不利于西北内陆河水资源的管理和保护。①

完善水污染防治制度是实现水资源善治的必然要求。通过实证调研和分析，可以发现当前西北内陆河流域水污染防治制度与水资源善治中的一体化管理、公众参与、明确管理责任考核与追究等要求存在差距，而且利用市场机制进行水资源管理的排污权交易制度本身也存在一定的问题。

一 排污总量控制问题

水污染已经成为人类社会面临的重大问题之一，水资源质量直接决定着人类的生命和身体健康，同时也深刻影响着食品安全、生态安全。因此，要将预防和治理水污染放到头等位置。② 我国于"十二五"期间提出了污染物排放总量控制制度。排污总量控制是我国环保工作的一项基本制度，流域排污总量控制是以流域为单元，根据流域特点设置控制区域，确定一定时期内重点水污染物排放控制总目标。它是流域水污染防治目标的定量化，通过采取各种政策措施实现该目标，从而达到改善水环境质量的目的。就现行的西北内陆河流域排污总量控制法律制度而言，主要还存在着以下问题：

（一）西北内陆河流域现有治污体制存在缺陷

现行治污体制的缺陷是，治污的各个环节都是由行政主体来负责，这就使得政府常常既扮演运动员又扮演裁判员的角色。而这种双重角色的存在，是政府监管失效的重要原因。排污总量控制问题往往又具有跨

---

① 袁笑瑞：《西北内陆河最严格水资源管理法律制度践行研究》，硕士学位论文，长安大学，2014 年。

② 彭文启：《水功能区限制纳污红线指标体系》，载《中国水利》2012 年第 7 期。

行政区域特点，涉及跨界断面水质考核、上下游间赔付补偿、排污权分配等问题，牵动着地方政府利益。生态环境部无法对每个流域进行相同程度的监管，所以地区间管理责任和利益协调不畅，影响着西北内陆河流域水资源排污总量控制的成效。西北内陆河大部分河流存在许多排污口，污水排放口管理方面非常混乱，在相关管理条例中行政主体的具体职责模糊不清。例如《甘肃省疏勒河流域水资源管理条例》规定："流域内新建、改建或者扩大入河排污口……应当先向有管辖权的流域管理机构或县级以上水行政主管部门提出申请，最后由行政主管部门审批。"在条文中我们可以看出流域管理机构和县级以上水行政主管部门都有管理权，最后由生态环境主管部门审批。此项规定会使两个管理主体的职责分散，二者都有上报提出申请的权力，就会导致排污单位倾向于选择向对自己最有利的行政主体进行申报，这其实就是一种管理权力的交叉，地方政府往往为追求"业绩"而疏于排污口的管理。水污染防治管理条例中没有详细的排污鉴定标准，很难形成排污口的统一管理和污染指数界定，使得日益增多的工业、生活污水排入水功能区河流内，严重影响水功能区水资源的保护和开发利用。[1]

（二）流域纳污能力分布与经济发展布局的矛盾突出

受流域经济社会发展布局、沿河地形条件等影响，部分西北内陆河流域重要水功能区污染物入河状况相对集中，与流域纳污能力分布不一致。流域重要水功能区主要城市河段以较少的纳污能力承载了极大的入河污染负荷，入河污染物超载情况严重，并造成了典型的跨界河流污染问题。[2]

（三）污染治理投资不足，排污基础设施不完备

西北内陆河沿岸排水设施仍以合流制为主，服务范围小，管网普及率较低，管道排水能力不足，只有少量污水经过二次处理后排放，且污

① 袁笑瑞：《西北内陆河最严格水资源管理法律制度践行研究》，硕士学位论文，长安大学，2014 年。

② 彭勃、张建军、杨玉霞等：《黄河流域重要水功能区限制排污总量控制研究》，载《人民黄河》2014 年第 12 期。

水回用系统没有形成规模。① 西北地区城市建设发展很快，城市化进程速度也在逐年提升，经济发展创造了更多的投资和就业机遇，以前西北地区是一个人口非常稀疏的地域，现在许多外来人员和大量农村人口涌入城市中，对城市相关的配套设施提出了更高的要求。以水资源为例，城市人口每天要消耗大量生活用水，所以大量城市生活污水需要排放，但西北地区城市发展起步较晚，城市排水管道和污水处理相关设施比较陈旧，不能及时对污水进行有效处理，城市污水处理率仅为 30% 左右，有些区域由于排水管理混乱和监管力度不足，甚至出现排污设施闲置的情形。在石羊河流域的管理中，甘肃省人大常委会颁布了《甘肃省石羊河流域水资源管理条例》，要求高耗水、高污染的工业项目配套安装水回用设施，并且要求高层商用建筑也要安装水回用设施。但通过实地调研发现，水回用设施成本较大，受当地经济发展水平的制约，执行十分困难，这就影响了水行政主管部门对环境违法行为监管的可行性和有效性。②

（四）公众参与机制不完善

环境保护中的"公众"，是指与特定利益相关的一定数量的人群或团体，不仅包括特定的公民个人，而且还包括相关的团体、政府机构以及其他组织。"公众参与制度，是公众及其代表根据国家环境法律赋予的权利和义务参与环境保护的制度。它是政府和环境保护行政主管部门依靠公众的智慧和力量，制定环境政策、法律、法规，确定开发建设项目的环境可行性，监督环境法的实施，调处环境事故，保护生态环境的制度。"③ 公众参与制度对于环境保护具有极其重要的意义："（1）公众参与环境保护有利于促进国家行政民主化，实现社会正义；（2）公众参与环境保护已经成为社会发展的必然趋势；（3）公众参与环境保护有利于政府效率的提高和对环境问题的全方位管理。"具体来讲："公众参与制度的具体作用表现在：（1）公众参与是实施流域民主管理的重要制度；

---

① 王亚妮、罗纨、李珍珍：《浐灞河流域纳污能力与排污总量控制分析》，陕西省水力发电工程学会 2013 年第三届青年科技论坛论文。

② 刘志仁、吴虹：《如何完善西北内陆河流域环境行政执法》，载《环境保护》2012 年第5 期。

③ 冷罗生：《防治面源污染的法律措施》，载《国家瞭望》2010 年第 3 期。

（2）公众参与是保障公民环境权的重要体现；（3）公众参与有助于推动公众的环保意识；（4）公众参与有助于推动环保团体的发展。"然而我国在环境保护工作过程中，特别在对西北内陆河环境保护工作中对公共参与制度的规范很不健全。①

一方面，公众环保意识淡薄，将环保责任完全归于政府，对于不是直接涉及自己利益的事项漠不关心。2015 年 6 月 5 日起，生态环境部（原环境保护部）在全国范围内开通环保微信举报，当年共接到群众举报 13719 件。2019 年，全国各级环保系统接到群众电话举报 1334712 件、微信举报 195950 件、网上举报 62239 件、承办人大建议 7486 件、政协提案 7827 件。② 目前，我国公众只能针对涉及自身切实权益的行为提起诉讼，而对于公共利益的损害行为，公众不能提起诉讼，这极大地限制了公众参与的司法路径。可持续发展理念与可持续发展实践之间具有很大的相关性，如果可持续发展理念越有深度和广度，那么越有可能产生可持续发展的行为。所以，对于可持续发展理念的认识，还要从知识教育和价值认同的角度来理解，思想问题的解决终究是首要问题。③

另一方面，当前立法对于公众参与的规定过于原则化，未规定具体可行的参与途径。例如，我国《宪法》第 41 条规定："中华人民共和国公民对于任何国家机关和国家工作人员，有提出批评和建议的权利；对于任何国家机关和国家工作人员的违法失职行为，有向有关国家机关提出申诉、控告或者检举的权利，但是不得捏造或者歪曲事实进行诬告陷害。"《水法》规定，水资源属于国家所有，基本水文资料应当按照国家有关规定予以公开，水资源的开发、利用和保护等关系广大人民的利益。这些规定体现了国家对公众知情权的重视，但是却缺乏对公众参与权真正落实的法律保障。《环境保护法》第 6 条规定，一切单位和个人都有保护环境的义务。企业事业单位和其他生产经营者应当防止、减少环境污

① 严乐：《西北内陆河流域水资源管理法立法探析》，硕士学位论文，长安大学，2013 年。

② 生态环境部：《2019 年中国生态环境统计年报》，https：//www.mee.gov.cn/hjzl/sthjzk/sthjtjnb/202108/W020210827611248993188.pdf，最后访问日期 2021 年 9 月 10 日。

③ 胡德胜：《我国水科学知识教育的法律规制研究》，载《贵州大学学报》（社会科学版）2015 年第 5 期。

染和生态破坏，对所造成的损害依法承担责任。公民应当增强环境保护意识，采取低碳、节俭的生活方式，自觉履行环境保护义务。《水污染防治法》第11条规定："任何单位和个人都有义务保护水环境，并有权对污染损害水环境的行为进行检举。"这些规定都涉及公众参与的内容，但只是对公众参与进行了原则性规定，而有关公众参与的方式、公众参与的途径、公众参与信息的反馈、基本的权利义务等都没有在法律中找到依据。

因此，从整体来看，我国关于公众参与的立法较为零散、缺乏系统性。在水污染防治的实践中有关信息的收集不能通过公开、整理、查询的方法获得，群众不能积极参与到水污染防治中，防治工作缺乏广泛的群众基础。公众参与得不到法律的强有力保障，使得我国水污染防治管理中公众参与还处于初级阶段，尚未形成良好的公众参与机制，无法对西北内陆河流域水资源排污总量控制发挥监督作用，也不利于整个社会的和谐稳定发展。通过健全公众参与制度，使得西北内陆河水污染防治相关信息得以公开和透明，公众能最及时、最直接、最真实地了解到整个水污染防治情况的最新进展。例如，通过召开听证会、多种媒体共同宣传和问卷调查等形式，促使公众逐步树立环境保护的自觉意识。立法过程中要避免地方保护主义，防止片面追求经济发展而忽视整个流域水环境安全，制定水污染排放标准时要严于上位法的规定。通过立法技术上的革新，制定与西北地区特殊地理环境相适应的法律制度，弥补国家水污染防治法律制度的不足。①

二　排污许可证管理问题

排污许可证制度是一项在世界各国都行之有效的环境保护制度。我国《水污染防治法》第20条规定："国家实行排污许可证制度。直接或者间接向水体排放工业废水和医疗污水以及其他按照规定应当取得排污许可证方可排放的废水、污水的企业事业单位，应当取得排污许可证；

---

① 袁笑瑞：《西北内陆河最严格水资源管理法律制度践行研究》，硕士学位论文，长安大学，2014年。

城镇污水集中处理设施的运营单位，也应当取得排污许可证。排污许可的具体办法和实施步骤由国务院规定。"然而，排污许可证制度在西北内陆河流域却并未充分发挥作用，究其原因主要是如下几个方面：

（一）排污许可证制度的可操作性有待加强

新《环保法》实施后，我国排污许可证制度实施状况依然不乐观。虽然新《环保法》《大气污染防治法》《水污染防治法》都提出了总量控制与排污许可证制度，但上述法律中的相关规定仍多为抽象性宏观规定，国家未出台相关细则，西北内陆河流域的相关法律对于排污许可制度的排污量监测、核定等具体操作内容也欠缺程序性规定，所以在实践中排污许可证制度不具有完全的可操作性；另外，目前西北内陆河流域还无法对企业的排污量进行连续性有效监测，而这是总量控制与排污许可证制度推行的根本条件之一。①

（二）对排污许可证制度的认识存在偏差

对排污许可证制度认识的偏差主要有以下两点：一是从污染物排放总量控制的角度，片面地把排污许可证制度作为一种排放"注册证"，而没有认识到排污许可证制度是点源污染物排放的常规控制措施，其需要点源排放管理的所有文件和程序的支撑。二是仅注重排污许可证制度的实体立法，而忽视该制度实施的程序保障措施和责任机制。实际上，排污许可证制度是一项全面、系统的综合性政策措施，不仅需要立法，而且相关执行机构、执行规范、监督管理、核查问责等要件也必不可少。

（三）机构安排不合理，监管能力不足

排污许可证在发放范围、发放程序及监督管理机制等方面缺乏统一性，这在很大程度上制约了排污许可证制度作用的发挥，进而极大地影响了管理的效果。我国《环境保护法》《水污染防治法》等法律法规中明确规定了对环境造成严重污染的企事业单位的惩罚措施，然而在具体的管理过程中关停并转的权力却又不在环境保护行政主管部门，而是被设在一级政府。这种模式存在一个极大的弊端，即在通常情况下一级政府

① 刘吉源：《新时期排污许可证制度实际操作中的问题与对策》，载《中国环境管理干部学院学报》2016 年第 2 期。

会过多权衡地方经济的发展等因素，而不如环境保护行政主管部门那样拥有强烈的环境治理意识，从而很难保证排污许可证制度的真正落实。而且，因为规范的监管方案的缺失，监测数据代表性较差、监测频次低甚至监测仅流于形式等问题频发，加之有效的数据核查机制缺失，数据质量很难得到保证，从而对排污许可证制度的真实性、准确性产生影响。另外，排污许可证制度在实施过程中未能充分保证信息公开和公众参与，且现有法律规定的处罚力度较轻，导致违法成本过低，所以难以起到震慑作用。虽然修订后的《水污染防治法》规定的处罚强度有较大幅度的提高，但100万元的最高限额罚款对企业来说威慑力或许也不足。

（四）专业人员缺乏，执行能力不足

实施排污许可证制度需要政府和企业具有相当的排污许可证管理和政策执行能力。企业需要有足够的人力、物力负责执行污染物排放监测方案，记录、整理监测数据并编制相关报告；政府要使用足够的人力和物力监管许可证制度的实施，监督核查排污许可证的执行情况，并对企业的排污活动进行监督检查。环境管理专业人才有利于提高政府管理部门和企业的环境管理能力，也是提高排污许可证制度实施效率和公平性的要求。① 然而，目前我国尚未要求有关企业配备环境管理专业技术人员，企业往往从成本的角度考虑缺乏雇佣环保专业人才的动力。

三 排污权交易问题

排污权是指在一条河流的污染总量确定的情况下，各工厂、企业通过申请排污许可证而可以向该河流排放污染物的权利。我国《宪法》《水污染防治法》《环境保护法》以及其他涉及排污许可制度的法律法规都对污染水体的排放有明确的规定，国家拥有排污权和排污权使用的分配权，且对水污染的排放行为有严格的规定，这对防治工业废水污染内陆河有积极的指导作用。但是，现实中我国地方政府对排污权控制的标准较为宽松。以石羊河为例，随着地方经济的发展，在石羊河流经区域内建立

---

① 宋国君、韩冬梅、王军霞：《中国水排污许可证制度的定位及改革建议》，载《环境科学研究》2012年第9期。

了许多工厂、企业，在申请营业执照时，排污许可制度只是普通程序。当地政府部门为实现制定的经济计划，再加上新增的企业和工厂生产不同类型的产品，所以在确定排污标准时存在技术欠缺，造成排污权的分配方式和管理方式不合理。因此，排污权管理秩序混乱，结果是经济得到长足发展，但内陆河的水资源却遭到较为严重的污染。[①]

（一）有关排污权交易的法律法规滞后

2007年以来，国务院有关部门组织天津、河北、内蒙古等11个省（区、市）开展排污权有偿使用和交易试点，目前国内的排污权交易尚处于试点阶段。在地方层面上，一些地方如山西、河南、江苏等相继出台了地方性排污权交易规定。在国家层面上，除2014年的《国务院办公厅关于进一步推进排污权有偿使用和交易试点工作的指导意见》以及2015年财政部、国家发展改革委、环境保护部（现为生态环境部）联合印发的《排污权出让收入管理暂行办法》之外，几乎再没有其他国家层面上的有关排污权交易的规范性文件，导致我国目前的排污权交易从审批到交易都没有统一的执行标准，不利于跨地区之间进行排污权交易，这正是西北内陆河流域排污权交易面临的重大问题之一。例如，石羊河流域目前关于排污管理的有关规定主要涉及超标排污费、污水排污费、污水处理费、"三同时"制度、排污申报登记与排污许可证等内容。[②] 在这些内容中，与排污权交易法律制度关系最为密切的是排污收费制度，排污收费制度作为一项法律制度，它对流域排污权交易具有很好的规范作用，使得流域内排污管理有法可依，排污行为更加规范。排污收费同时在一定程度上缓解了地方环境管理经费严重不足的危机，使其在流域的水环境污染治理中发挥了重要作用。但是，由于流域经济和环境发生了深刻变化，排污收费制度在新的环境污染现实下，凸显出不足之处，形成排污权交易的法律缺失。

[①]　刘志仁、袁笑瑞：《西北内陆河水污染控制法律制度研究》，载《西藏大学学报》（社会科学版）2012年第4期。

[②]　周明玉：《我国水污染防治立法现状与创新研究》，硕士学位论文，中国地质大学，2009年。

（二）西北内陆河流域排污权交易管理执法有缺陷

排污权交易管理执法不统一容易导致水环境恶化。由于在国家层面上缺乏位阶较高的排污权交易相关立法，导致流域内执法过程中的执行标准不统一，超标排污的企业承担的法律后果也不统一。具体问题表现为收费标准不统一、征收方式不科学、排污收费标准太低、排污收费的征收对象不全面等。收费标准不统一，体现在流域内各个省市有各自的排污收费标准。地方根据各自的经济状况和环境承受能力制定收费标准，这样虽然考虑到当地的具体情况，但是不利于在流域层面上排污费的统一收取和管理，对流域内水资源的可持续发展造成一定阻碍。征收方式不科学主要存在于同一排污口含有两种以上有害物质时，按照收费高的物质的收费标准计算。这种收费方式在经济水平较低、排放污染物种类单一的情况下适用较为合适和可行，且具有较强的操作性。但是随着科学技术水平的不断提高，污染物的排放种类和数量出现综合化、复杂化和多样化的特点，当企业的同一排污口排放多种污染物时，如果只对其中一种污染物征收排污费，就难以实现从总量上控制污染物的排放。因此，这种收费方式不利于对流域内水污染的整体防治，难以实现污染物总量控制的环境目标。随着流域内经济不断发展，企业数量不断增加，必须重新制定排污收费标准。如果企业的排污费征收标准远低于企业自身污染治理成本，对污染物排放的征收费用远低于对水环境污染造成的实际损失，这样既达不到鼓励企业治理污染的效果，也容易制约企业进行污染治理的积极性。排污收费制度一般适用于较大的污染源，即较大的企业。然而西北内陆河流域内的乡镇企业多为粗放型生产、污染严重、分散式分布，它们向流域水体中排放的污染物较多，而且排放不集中，加之排污费征收标准过低，这不仅造成税收的减少，而且不利于流域水环境的保护。

（三）现行排污权交易管理体制不健全

排污权交易法律制度是需要市场进行协调配合的一项制度，但是现有的法律制度缺乏对市场运行的规制。中国目前还没有建成完善的排污权交易市场机制，而排污权交易市场需要有成熟的买卖双方和中介机构。政府对交易的引导和监督不足，如何建立一个全国范围内良好有序的市场交易体制是亟待解决的问题。法律作为一般的行为规范，如何利用法律手段对市场进行一般规制，促进市场中排污权交易的顺利进行是需要研究的重要问题。大多数人对排污权交易这一概念仍然陌生，这就会对在全国范围内运行这一制度造成障碍，以至于交易缺乏相应的主体和社会支持。排污权交易制度的实施是一项系统工程，其实际作用的发挥很大程度上依赖于现行的以浓度控制为基础的管理制度的改革。现有的排污权交易市场机制不利于流域水污染排污权交易的开展，也就意味着无法有效解决流域内的水污染问题。

（四）西北内陆河排污权交易法律制度的技术制约

在现有的条件下，技术问题需要迅速解决。如何科学合理地计算流域内水污染物排放总量、流域内水环境总承载量、流域水环境价值、各行业污染指数、水资源污染物的排放量监测等是需要解决的重大问题。这些数据是制定排污权交易法律制度的前提，只有在科学精确的结果上才能合理立法。在水污染排污权交易制度中，应明晰这些技术问题。水污染物排放总量的多少是以流域内水环境承载力为前提的。西北地区流域内水环境价值决定了排污权的价格。各行业污染指数和指标对流域内排污权的分配十分重要。对流域内排污者污染物排放状况的监测监控是水资源排污权交易顺利开展的关键。目前还有许多技术问题尚未解决。西北内陆河流域幅员辽阔，而且水环境承载力的计算是一个复杂的工作，排污总量的计算具有很大难度。目前，流域内这些数据和计算结果难以确定，流域排污权交易实施的前提是排污总量控制，而要实现流域内水资源排污总量控制，首先要准确地计算出西北内陆河流域内水环境的最大污染物排放允许量，所以这些技术难题亟待解决。而且，流域内各地区技术水平各有高低，导致排污数量也有较大差异，很难坚持流域内排污标准的统一。另外，随着流域内经济状况和不同产业的发展，在不同的时期，各地区的水污染物的排放量也在不断变化，因此需要及时调整排污权指标，以准确确定排污权的交易价格水平，而这些工作无疑会增大成本。只有完成这些复杂而困难的技术工作，才能有利于建立健全西北内陆河流域排污权交易法律制度。

第二节　水权交易法律制度方面的问题

我国对水权的概念一直不明确，有观点认为，水权是依法对于地表水和地下水取得使用或收益的权利，它是取水权、用水权、排水权、航运权等权利的总称。也有观点认为水权就是对水资源的所有权和各种用水权利的总称，它包括水资源的所有权、水资源的开发利用权、经营权等。[①] 水权交易就是拥有水资源使用权利的平等主体之间，依照法律的规定，通过一定的方式将自己的水权转让给他人的活动。水权交易是在水资源分布不均，城乡之间、产业之间水权配置不均衡的情形下产生的，这样不但可以促进水资源利用者提高用水效率，保护有限的水资源，而且可以弥补水资源单一所有制形式的缺陷，发挥市场配置的作用，从而激活市场经济。

水权交易具有以下几个特点：

第一，水权交易主体具有多样性和平等性。我国实行水资源所有权归国家所有的制度模式，在这样的制度安排下，凡是对水资源有经济需求的市场参与者，都应该有资格成为水权交易的主体。[②] 从我国现在的水资源开发利用情况来看，对水资源拥有占有、使用、收益权利的主体具有多样性和多层次性，按照拥有水资源使用权利主体的性质划分，主要包括国家、国有企业、私人企业、事业单位、农村集体经济组织和家庭、个人。这里需要强调的是，国家在一定条件下也可以成为水权交易的主体，因为国家也有其利益追求，具有经济人属性，要实现其水权利益，也必须在水权市场上通过水权交易的方式获得。由此可以得出，无论主体的性质如何，只要其拥有水资源的使用权，就可以在法律规定的条件下，以市场参与者的身份为了一定的经济利益目的而进行水权交易。水权交易是一种利用市场进行水资源配置的经济模式，实质上是在一定程度上排除公权力的过分干预，按照市场规律进行自由交易。这种自由交

---

① 艾峰：《我国流域水资源管理法律制度研究》，硕士学位论文，长安大学，2013 年。

② 裴丽萍：《可交易水权研究》，中国社会科学出版社 2008 年版，第 97 页。

易虽然是以水资源这种公共资源为对象，但其本质上已经与普通的民事交易行为无异，所以必须遵循民法的平等、自愿、公平原则，主体之间没有公私性质的差别，没有级别高低的差别，在平等的基础上严格按照法律规定的程序和方式进行交易，并享有同等的权利、承担同等的义务。

第二，水权交易客体具有明确性。水权交易是水资源的使用者依法转让水资源使用权利的行为，这就表明水资源交易的客体只能是水资源使用权。我国《宪法》和《水法》都明确规定，除农村集体经济组织内的水塘和水库中的水由该集体经济组织享有所有权外，其他水资源所有权都归国家所有，任何单位和个人都不得违反法律规定拥有水资源所有权。显而易见，我国不允许对水资源的所有权进行交易，只有水资源的使用权才是水权交易的客体。

第三，水权交易内容具有复合性。法律关系是法律构建或调整的以权利和义务为主要内容的社会关系。[①] 水权交易作为水法律关系的子关系，其内容具有的复合性表现为生态性和经济性的并存。水权交易的基本功能和价值在于对水资源进行再次分配和使用，所以水权交易的结果实质上是使交易主体获得一种财产权，对财产权的利用和支配，在权利与义务上分别表现为经济性和生态性。权利的经济性指的是水权交易的主体享有进行水权交易行为的权利，这种权利的行使使得交易主体具有获得经济利益的可能性。水权交易是基于水资源的稀缺和分布不均而产生的，通过水权交易，水资源利用权利在不同行业、部门和用水户之间流转，这样，一方面使水资源转让方获得了等价的金钱，另一方面也使得水权受让方获得了水资源，拥有了进行再生产的最基础要素，为经济利益的创造奠定基础。义务的生态性指的是水权交易的双方，基于趋利避害的本性，为减少获取水资源的成本而不断提高用水效率，整个用水主体对水资源利用效率的提高有利于缓解水资源与经济发展的矛盾，一定程度上达到节约用水、保护生态环境的目的。这种水权交易的义务虽然有别于通常意义上的义务的概念，但是确实也是因为水权交易的产生

---

① 张文显：《法理学》，高等教育出版社、北京大学出版社 2007 年版，第 182 页。

而必须付出的代价。①

　　水权市场是指流域水资源在兼顾上下游防洪、发电、航运、生态等其他方面需要的基础之上，兼顾各地区的基本用水需求，在上下游省份之间、地区之间和区域内部按市场化加以配置，这是一个完整的、宏观和微观相结合的供水市场。② 在我国的国情、体制下，水权市场必须和政治管理手段相结合，因此，水权市场并不是完全意义上的市场化，不是单纯地依靠市场来进行调节的，而是在政府宏观调控下的"水权市场"。国外交易市场分为两种，即正式交易市场和非正式交易市场。正式交易市场，是指由政府建立、可以就水权进行交易的场所，它具备规范的交易程序，执行透明的交易价格，交易场所稳定，交易地点固定，建立的条件要有相应的法律法规作支撑，水资源产权要界定明晰，要有完善的监管程序、完善的交易体系作为保障。非正式交易市场与正式交易市场相比，交易场所不固定，交易方式比较灵活，水权交易的过程不受时间、地点的限制，只要通过交易双方自己进行协商就可以完成。我国水权市场发展迟缓，目前还只是处于水权市场建立的阶段，因此，还没有具体的、完善的规定。时任水利部副部长胡四一曾说："我们在执行最严格的水资源管理制度时，要考虑'三条红线'，那是个总的指标，如果要新建一些项目、新建一些企业，从国家的角度要执行严格的水资源论证和严格的取水许可和排污制度，主要靠行政手段，但是国家也鼓励探索利用经济手段来促进资源的配置、节约和保护，比如老企业，它有取水许可的指标，新企业现在已经没有了，现在整个地区已经超过了取水许可的指标，就应该暂停批准和限制批准，这时候我们鼓励两个企业之间可以进行水权转让，通过经济手段来解决这样的问题。"③ 国家应逐步完善适

---

　　① 朱艳丽：《西北内陆河流域水权交易法律制度研究》，硕士学位论文，长安大学，2012年。

　　② 蔡守秋：《论水权体系和水市场》，载《中国法学》2001 年增刊。

　　③ 《国务院关于实行最严格水资源管理制度的意见》出台背景和主要内容新闻发布会 ht-tp：//www.gov.cn/wszb/zhibo502/，2020 年 12 月 7 日。

应我国国情的水权市场，有效地利用市场机制来合理配置水资源。①

　　水权交易制度是利用市场机制进行水资源配置的典型制度，是实现水资源善治的重要手段。但是，如同市场机制本身存在缺陷一样，西北内陆河流域的水权交易制度同样存在诸多障碍，不利于水资源保护和治理目标的实现。《水法》规定，我国水资源属于国家所有，水资源的所有权是唯一的，但是，水资源的使用权是多元的，它导致了水资源在管理的职责、权力、权利的界定方面存在复杂性。我国各部门之间在水资源管理、使用方面的权限边界有交叉和重叠，造成了水资源的利用效率低下。而且流域之间水资源的使用权边界模糊，也是导致水事纠纷产生的原因之一。水资源的过度开发和一些企业的超标排污，造成了水资源的短缺和水资源的浪费二者并存的现象，这也给水市场的完善造成了障碍。当前西北内陆河流域水权交易机制的运行障碍颇多，大致体现为：相关法律不健全，从而使得水权交易缺乏强有力的法理及法律基础；管理操作制度存在问题，主要是区域和流域管理的关系及次序不清，导致了水市场效率低、秩序混乱；初始配置欠缺合理性，从而使得水权交易的前提缺乏；水权交易相关制度不完善，如价格制度和市场监督管理制度等存在诸多问题。以上这些均在很大程度上制约着水权交易机制的有效运行。与水资源善治的要求相比，西北内陆河流域的水权交易制度在管理体制、公众参与等方面存在缺陷，妨碍其在实现水资源善治目标方面发挥积极作用。

一　水权交易法律体系不完善

（一）专门性水权交易法律缺失

　　目前，我国西北内陆流域水权交易法律体系还很不健全，严重制约了该地区水权交易市场的建立和完善，阻碍水资源最大效率使用的实现。为解决上述问题，有必要建立专门性的水权交易法律。2000年11月，东阳与义乌签订了一份水权转让协议，成为我国水权交易发展史上的第一

---

① 路伟伟：《论我国流域水资源管理法律的完善——以淮河流域为例》，硕士学位论文，西北农林科技大学，2011年。

案。这就表明，水权交易的实践在我国出现已有 20 多年的时间，但是作为一种缓解水资源供需矛盾的有效对策，一直没有得到足够的重视，关于水权交易的理念在立法上得到反映也只是近几年的事情，许多关于水权交易的新方式、管理制度需要法律的支持和肯定。纵观全国范围内有关水资源的法律、法规，都没有对水权交易做过详细、具体的规定，甚至有些水资源法律中就没有涉及水权交易的内容。为此，有必要建立专门性的水权交易法律。立法的必要性通常是由现实社会中某种社会性问题的异常突出，或是针对该问题已经产生了相应的解决措施而决定的，专门性的水权交易条例制定的必要性同样遵循这样的逻辑推理。首先，我国人均水资源占有量很少，经济社会发展同水资源的供给能力严重失调，所以要在总量一定的前提下进行水权交易，对水资源进行合理的再分配，从而提高水资源的利用效率，这是水权交易法律产生的现实基础之一。其次，现实中已经产生了不少关于水权交易的实践活动，没有专门性的水权交易法律为其提供法律依据或保障机制，必然会使交易秩序混乱，这是水权交易法律产生的现实基础之二。建立专门性的水权交易法律，对可交易水权的内涵、水权交易的范围、交易的形式、交易的程序、交易的价格以及交易的市场化运作等作出明确具体的规定，一方面可以弥补全国层面上水权交易法律欠缺的空白，完善水资源法律体系，另一方面也可以为地方性的水权交易提供专门的法律依据，避免水权交易实践出现后找不到法律依据的尴尬局面。①

我国对于水权交易的理论层面的研究已取得了较大的成果，现有的理论相当丰富，相比之下相关法律法规却是凤毛麟角，全国性专门法律缺乏，对水权交易的性质、交易主体、交易方式、交易基本原则、依据及具体制度尚无统一规定。这一问题严重阻碍了我国水权交易法律制度的完善。当下在没有专门性水权交易法律规范的背景下，西北内陆河流域水权交易所具有的合法性饱受质疑，水权的内涵更是没有明确的条文依据。目前，关于西北内陆河流域水权交易的法律法规数量有限，而且

---

① 朱艳丽：《西北内陆河流域水权交易法律制度研究》，硕士学位论文，长安大学，2012年。

不是全国人大或者国务院等最高立法机关和行政机关的法律文件，大多是涉及水权交易的地方性法律文件，以地方性法规或政府规章、政府指导意见、实施办法和方案等形式出现。专门性水权交易法律是西北地区进行水资源配置、水权转让和综合管理的最直接依据，对促进该地区水资源可持续利用具有重要的意义。地方性水权交易制度需要以全国性法律为依据，从而使之能够获得有力的法律保障。甘肃省《石羊河流域水资源管理条例》第36条第2款中的规定似乎体现出可转让水权就是指水资源的使用权①，而《甘肃省实施〈水法〉办法》第47条既提到取水权又涉及水资源的使用权，认为拥有合法取水权的单位和个人，采取产业结构调整等节水措施的，可有偿转让水资源的使用权。如此的规定使得水权交易代指的权利不清，从而导致水权概念的内涵和外延混乱。因而，亟待建立专门性的全国水权交易法律，厘清水权概念，弥补水权交易高位阶法律的空白。

（二）已有的水权交易法律不完备

现有的水资源法律存在诸多不完善之处。《宪法》没有对水权的概念进行明确界定，这使得水权交易客体存在争议，其合法性存疑，进而弱化了水权交易制度的现实意义。《宪法》是国家的根本大法，是其他法律、法规制定的依据，关系到社会生活的各个方面。但是《宪法》却仅仅规定了水资源的权属问题，没有明确将水资源的所有权与使用权分离，这是我国水权交易制度发展缓慢的原因之一。比照宪法对土地资源做了详细的规定，涉及占有、使用和收益，应该对水资源也作出水权以及水权流转的规定，尽管也是原则性的规定，至少为下位法提供建立水权交易制度的依据。同时，能够使公民个人或单位拥有合法的水资源使用权，为水权交易的进行奠定坚实的法律基础。《水法》于2016年修改后实施，是我国水事活动的主要依据，但是从总体上来看，《水法》对水资源开发、利用和保护的规定非常原则化，对其予以完善也很有必要。今后在

①　甘肃省《石羊河流域水资源管理条例》第36条第2款规定："用水单位和个人依法取得水资源使用权后节约的水资源，在流域管理机构或者市、县（区）水行政主管部门的指导下，可以进行有偿转让。"

完善过程中，要对水权予以明确界定，唯有解决了水权的基本问题，才能为水权交易消除障碍，促进水权交易进一步发展。西北内陆河流域的地方性法规、规章及相关法律文件中并无太多水权交易的规定，水权交易的主体、程序及激励机制等规定更是不明确，这些问题主要体现为对水权交易主体的范围缺乏科学界定，如甘肃省《疏勒河流域水资源管理条例（草案）》第 14 条及《石羊河流域水资源管理条例》第 36 条第 2 款中有偿转让水资源使用权的相关规定。以上条文似乎体现了水权交易的主体仅指用水单位和个人，而不包括国家。实际上国家既是宏观调控的主体，又可以追求自身的利益，若否定了国家通过水权交易实现权利的要求，则会诱发其通过行政手段达到相应的目的，进而导致更大程度的不公平。另外，水权交易的激励机制中既没有对节约用水行为的奖励措施，也缺乏对浪费行为的惩罚性规定。剩余水资源是水权交易行为的前提，若没有对节约及浪费行为的相关奖惩规制，将会导致积极的节约主体受挫、消极的浪费主体更加肆意妄为，进而导致剩余水资源的流失，水权交易制度无法运行。另外，水权交易的程序也不完善，只有笼统的法条对水资源使用权的流域管理机构和协调机构进行了规定，具体的申请、审批、转让等措施缺乏。至于水权交易的过程，现有的法律文件并无规定，仍需进一步完善，从而保障水权交易的程序性。

二　水权交易管理体制不健全

水资源的价值性和稀缺性导致水资源是一种竞争性资源。这种竞争性体现在对水资源的利用上，需要对水资源进行妥当管理。值得注意的是，西北内陆河流域的法律对于水资源管理有流域管理优先的规定。如新疆《塔里木河流域水资源管理条例》第 4 条和甘肃省《石羊河流域水资源管理条例》第 3 条第 2 款。但即使有这方面的法律规定，实际运行过程中，行政区域管理仍是西北内陆河流域水资源管理的主导模式。在内陆河水资源管理中，地方水行政管理机关享有很大权力，从而使得法律法规中的规定流于形式。在对甘肃各市水务局、石羊河流域管理局、黑河流域管理局和疏勒河流域管理局进行调研后，认为这些流域管理局未充分发挥作用的原因有如下两个方面：

（一）流域管理机构地位模糊

《水法》对流域管理机构的法律地位进行了规定。尽管如此，流域管理机构扮演的角色仍需进一步研究和探索。在西北内陆河流域内，黄河水利委员会隶属于水利部，同时又下设黑河流域管理局作为其派出机构，而石羊河流域管理局直接对甘肃省水利厅负责，是甘肃省水利厅的派出机构。不难发现，流域管理机构并不属于行政系统，而是各级水行政管理机关的下属单位，但其拥有部分水行政权力。在实际运行中，流域管理机构的权力很有限，基本局限于流域水资源分配、流域水权管理的监控和执行方面。由于地方行政管理机构对流域管理机构规划管理水资源的权力有很大程度的制约，导致流域管理机构权威性不足，进而无法充分完全地行使法律的赋权。正是由于法律地位模糊，流域管理机构在运行过程中常常遭遇"无权"和"缺钱"的双重难题。流域管理机构在形式上是水行政管理机关的派出机构，但没有像行政机关那样的权威，在履行职责时难免会显得力不从心。另外，由于流域管理机构本身并无资金来源，又缺乏持续而稳定的财政支持，所以运行十分困难，这也是流域管理机构在水资源管理中仅发挥协调性功能以及在具体工作中只能采取柔性管理措施的原因。

（二）流域管理机构与区域管理机构权力界限不明确

目前我国虽然已经建立了流域管理与区域管理相结合的水资源管理体制，但实践中二者矛盾突出。除了流域管理机构的地位模糊之外，其与区域管理机构的权力界限不明确也是一个重要问题。长期以来，计划经济体制下几乎所有经济事务都受到行政权力的控制或干预，对行政管理产生依赖，从而使得行政权力不断膨胀，而且地区间条块分割现象明显，使得流域管理机构的职能和作用不能获得充分认可和重视，进而助长了地方保护主义。在我国西北内陆河流域地区，流域管理机构与地方行政区域管理机构存在职权划分模糊不清、职权交叉重合的冲突现象，二者在多数情况下均承担一定的水权交易管理职责。如甘肃省《疏勒河流域水资源管理条例》第14条以及《石羊河流域水资源管理条例》第36条均规定，在流域管理机构和市、县水行政主管部门的指导下，单位或个人可有偿转让水资源使用权。但是，相关规定并未明确划定流域管理机构与地方行政区域管理机构的具体职责范围，从而造成水权交易活动缺乏真正意义上的法律依据。流域管理机构与地方行政区域管理机构之间权力划分不清晰也导致了水权冲突事件不断。在塔里木河流域，这样的水资源管理问题致使水资源管理机构之间出现互相推诿、扯皮的现象，严重影响水资源管理的效率。在阿克苏地区，曾有农一师和农二师违反塔里木河流域水量调度方案的现象，① 正是因为该地区流域管理机构与区域管理机构权力划分不明确，彼此之间缺乏有效的衔接，从而导致矛盾冲突等不协调事件的发生。执法过程中各部门之间各自孤立、权力叠加现象严重。对于流域水权交易问题，水利、生态环境部门和流域管理局共同进行管理，其他相关部门也有权制定水资源利用规划，进而使得行政部门之间的权力叠加现象较为普遍，直接导致的后果就是多头管理或者问题被"踢皮球"而无人管理。②

三　初始水权制度不合理

（一）政府主导，初始水权配置不合理

我国实行水资源国家所有的制度，水资源需要通过各级政府进行分配，这种分配方式虽然提高了分配效率，但是却由于手段单一而严重制约了市场的基础配置作用，一方面容易产生水资源分配的"负外部性"，另一方面也限制了水权交易作用的发挥，所以水资源制度与经济发展模式不相匹配，造成了社会进步受阻的不良局面。现代产权经济学者认为，产权制度对短缺资源的优化配置具有决定性的影响。③ 因此解决水资源短缺最有效最合理的办法即优化水资源初始分配，在此基础上进行市场化的水权交易。初始水权分配是指水权在一级市场上的初次分配，由国家公权力分配给各个用水主体的活动，水权交易是二级市场上各水资源使用权主体互相合作的行为，所以，可以说水权初始配置是水权交易的基

① 柴晓宇、俞树毅：《试论流域资源冲突及其解决路径》，载《兰州大学学报》（社会科学版）2009 年第 7 期。

② 刘志仁、吴虹：《如何完善西北内陆河流域环境行政执法》，载《环境保护》2012 年第 5 期。

③ 曹永潇、方国华：《黄河流域水权分配体系研究》，载《人民黄河》2008 年第 5 期。

础，在整个水权制度的建立和完善中具有十分重要的地位。但是我国西北内陆河流域水权初始配置却存在很多问题，严重制约了该地区水权交易市场的发展。[1]

在西北内陆河流域，政府主导水权初始配置，因而其会在很大程度上反映政府的利益、喜好，这极易导致水权配置的不合理。如黑河流域均水制中政府在水权初始分配时，虽然注意到应该由农业中心向生态中心转变，体现了政府管理取向开始有所转变。[2] 但事实上，理想中的政府属于应然状态下的完全理性主体，而现实中并非如此，政府亦会追逐自己的利益，是一定意义上的经济人。一直以来，西北内陆河流域被当做我国的重要农业基地，包括水资源在内的一切资源多用于粮食生产，而水资源浪费严重，利用效率低下。流域生态环境用水的重要性在很长时期内被忽视，工业、商业等产业多样化的优势也未被考虑，这也是黑河前两次分水方案失败的重要原因。[3] 西北内陆河水资源表现出明显的稀缺性特征，不能同时满足生活用水、生产用水和生态环境用水的需求，这就要在水资源分配阶段予以全面衡量，考虑用水优先性问题。生态环境用水是保证整个生态环境良性运转、稳定协调的根本，生态环境内在的规律要求必须将生态环境用水置于首要的位置，也只有这样，生活用水和生产用水才有存在的可能。[4] 因此，保障生态环境用水，坚持合理分配的原则是水权初始分配所必须遵循的原则。在进行水资源分配时，需避免分配太过集中，以防经济结构单一，并且生态环境用水分配更须被置于重要位置，以实现环境保护和经济增长的双重目的。完善西北内陆河流域初始水权分配制度，须抛弃政府完全主导的片面行为，贯穿可持续发展的理念并充分发挥市场的基础配置作用。

---

[1] 朱艳丽：《西北内陆河流域水权交易法律制度研究》，硕士学位论文，长安大学，2012年。

[2] 李海鹏：《西北地区产业间水权交易的诱因与模式分析》，载《资源开发与市场》2009年第2期。

[3] 李珂：《对黑河流域水权交易制度建设的思考》，载《重庆科技学院学报》（社会科学版）2010年第3期。

[4] 朱艳丽：《西北内陆河流域水权交易法律制度研究》，硕士学位论文，长安大学，2012年。

（二）分配原则僵化，效率极低

通过在甘肃武威市水务局进行调研，发现该地区实行"总量控制与定额管理"的水资源初始分配原则和制度。甘肃省《石羊河流域水资源管理条例》第36条和《疏勒河流域水资源管理条例》第14条均包含了流域管理机构下达区域水资源许可总量指标，各级政府据此明晰初始水权，将水资源分配到户，实行用水量的控制和定额管理。此原则本身不存在问题，但西北内陆河流域在适用该原则进行初始水权分配时片面相信总量确定性，而忽视了定额的时间变化。

实际上，水量的年际分配不均是西北内陆河流域水资源稀缺的另一原因，用水量需根据年际水量的变化进行调整，确立新的水量定额。因此，西北内陆河流域在初始水权分配时，不仅要坚持总量控制兼定额管理的原则，还需关注水量的丰增枯减，灵活配置，提高水资源分配效率。

四　水权交易价格制度存在缺陷

如何确定水权交易价格在理论和实践中均是一个难题，但其作为水权市场运行的一个重要条件不容忽视。西北内陆河流域水权交易制度处于初步探索阶段，交易价格体现政府强烈干预的特点。严格的政府定价使得水权交易的自由度、开放性不足，构成水权交易制度完善的一大阻碍。地处西北内陆河流域的甘肃武威市执行严格的水权交易价格，据该市相关负责人介绍，水权交易的价格严格限制在本来水价的1.5倍。这导致水权买卖毫无经济利益可言。水权交易具有鲜明的经济性，是市场经济体制下的自由经济行为，若严格限制水权交易价格，会加重交易方的负担，损害水权交易的秩序。交易价格被严格限定，无剩余经济利益可言，完全无法激发水权交易主体对水资源合理利用和节约的意识，极不利于水资源保护。水资源问题产生的根源，在很大程度上是因为人们对于水资源的利益诉求处于无序的状态，从而引起利益主体之间的矛盾冲突，反映在现实中就是水资源的浪费、生态环境的恶化。西北内陆河流域水资源严重短缺，基于有限的水资源引起的利益失衡现象就更加突出，而公平与效率原则正是矫正利益失衡、整合多元需求、满足各方利益的手段，所以，水权交易对该地区水资源进行二次分配，一定要体现公平与效率兼顾的原则。对于公平,主要体现在水权交易的价格上。西北内陆河流域水权交易市场还不健全,交易价格没有按市场的规律自发形成,所以要求政府在一定程度上进行宏观调控,在此过程中,要尽量减少政府自身非理性因素的影响,在确定交易价格时体现公平,尤其要平衡农业、工业和商业的发展,不能对农业以外的水权交易设置价格上的障碍。[①]

除了政府对交易价格的严格限制外,西北内陆河流域原始水价相对较低,以农业用水为甚。塔里木河流域各地区水价虽有差异,但整体上价格偏低,如叶尔羌河流域水价为 1.2 分/立方米,阿克苏流域为 2 分/立方米,巴州为 5.57 分/立方米。[②] 平均来看,这些地区的水价只有成本的50%,完全无法体现水资源的实际价值,导致水权市场难以形成。当然西北内陆河流域各地区也在调整水价方面做了很多尝试,但多停留在表面,无实质性可言。如武威市有关水价整改的文件要求将水价上调57%,但这也仅上升了 0.057 元/立方米。多数水价改革的法律法规、政策性文件的实施并不乐观,无累进水价机制,超用、节约无相应奖惩,致使用水户缺乏节水意识,不利于水权交易。我国的水资源属于国家所有,即全民所有,但是水资源一直以来都基本上是无偿使用,就算是城市用水,也被认为是政府部门提供的公共物品,水价低廉,造成浪费。水成本高但水价低廉,无法客观反映水资源的真正价值。应该通过水价的调节,来达到水资源的合理开发、利用,水权市场的建立,也有利于水资源的可持续利用。水价既没能体现出水资源应有的价值,也失去了调控经济的作用。通过水价的收取需要注意保障低收入人群的利益,而且水价需要反映供水成本。

五 水权交易市场监管制度不健全

水是生命之源,承载着人类历史的兴衰,既是基础性的自然资源,

---

① 朱艳丽:《西北内陆河流域水权交易法律制度研究》,硕士学位论文,长安大学,2012年。

② 唐德善、邓铭江:《塔里木河流域水权管理研究》,中国水利水电出版社2010年版,第207页。

也是战略性资源。我国是世界上水资源相当贫乏的国家，不仅人均水资源占有量小，而且水资源分布的时间和空间差异很大，尤其是西北内陆河流域，水资源的短缺更是加剧了经济发展与生态环境的矛盾，水资源问题已成为制约西北内陆河流域经济社会可持续发展的瓶颈。所以，面对西北内陆河流域如此严峻的水资源形势，如何在总量一定的前提下既满足当代人的发展需要，又不至于损害后代人的用水利益，如何在保障经济发展的同时又能确保生态环境与社会进步的协调统一，这就要优化传统的水资源配置策略，探索水权交易模式，建立以市场为基础的水权交易制度并对其进行科学有效的监管。[1]

问题是，基于用水定额的取水权交易机制尚未建立，缺乏市场机制对用水效率提高的驱动。因为，如果仅仅依据用水总量指标来建立健全取水权交易制度，允许取水权人对通过行政许可途径分配获得的用水指标进行没有前置条件或者基本没有前置条件的交易，就可能产生通过申请取得取水权而进行投机性水权交易的可能性。这种投机行为同计划经济条件下倒卖各种指标的行为并无实质上的不同。[2] 作为一项系统、复杂的工程，水权市场的监督管理离不开政府能动地进行宏观调控、市场中介组织积极配合、交易主体的积极参与以及彼此之间形成高效的联动机制。西北内陆河流域水权交易制度的实践开始较晚，有序而完整的市场并未完全形成，市场监管尚存较多问题。

（一）政府监管过度

水资源的公共物品属性决定了对水资源的开发、利用和保护必须要有公权力的介入，由政府进行宏观调控。如果仅仅靠市场的基础配置作用，难免会因市场自身所具有的缺陷导致资源的不合理利用，以及其他因市场的盲目性、自发性和滞后性引发的市场失灵和负外部性问题等。但是，又不能过分依赖政府的强制监管，这主要是因为政府的运行成本

---

① 朱艳丽：《西北内陆河流域水权交易法律制度研究》，硕士学位论文，长安大学，2012年。

② 胡德胜：《最严格水资源管理的政府管理和法律保障关键措施刍议》，《最严格水资源管理制度理论与实践——中国水利学会水资源专业委员会2012年年会暨学术研讨会论文集》，黄河水利出版社2012年版，第165—169页。

高、经济效率低，单一的政府宏观调控会使整个经济运行的模式过于死板，缺乏灵活性。这就表明，健康的经济运转必然是政府有效监管与市场调控协调统一、双重作用的结果。西北内陆河流域水资源是该地区经济发展的命脉，水权交易在很大程度上起到缓解水资源矛盾、合理有效二次分配水资源的作用。但是我国西北内陆河流域水权交易市场存在很多问题，市场在水权交易及水资源配置中的作用没有充分地发挥，水权市场没有成为一种完全的市场。[①]

政府对水权交易的程序、价格、用途等进行严格的管理，水权交易的双方主体几乎没有意思自治的权利，只是在预先安排好的框架内进行交易。例如，黑河流域在均水制下进行的水权交易行为，就是一种有限的交易行为，在交易时间、交易空间、交易价格等方面都表现出明显有限性特征。近年来，随着市场经济体制不断推进，西北内陆河流域水权制度改革中零星出现了政府调控与市场机制相结合的原则，虽然在实践中没有得到很好的贯彻，但是至少意味着市场机制的作用已得到认可和重视。如《武威市农业用水水权交易指导意见》中提到水权交易的原则是：坚持政府宏观调控作用，通过政府宏观调控措施，实现水资源配置合理化的目标；坚持市场调节的作用，充分发挥水权交易市场的基础作用，促进水权合理流通。有剩余水量的用水户和用水量不足的用水户可以通过市场调节进行水权交易。再如，《武威市人民政府关于水权水市场建设的指导意见》中关于水权交易的一项原则是：坚持政府监控与市场调节相结合的原则，水权交易在政府监管下公平、公正、公开交易，充分发挥市场作用，形成便捷、高效、科学的交易体系。

所以，西北内陆河流域水权交易市场的完善应进一步探索政府调控与市场结合的有效途径，采取"放开手"与"抓起来"的两手策略。合理界定政府与市场的关系，一方面政府要继续管理，另一方面要让市场充分发挥作用。只有建立起可以自由运行的水权市场，才能为水权交易营造良好的环境，真正实现水资源的优化配置。西北内陆河流域水权交易制度产生较晚，水权交易市场没有完全形成，这种交易方式实际上是

---

① 王菊红：《黑河流域水权交易法律制度研究》，硕士学位论文，兰州大学，2009 年。

政府主导下的行政行为，是政府配置水资源的一种计划手段。由于政府本身具有的监管失灵缺陷，使得这种配置水资源的方式不可能完全适应社会经济发展状况，甚至不能解决用水问题，反而使水事矛盾激化。黑河流域均水制的实践就是一个很好的例子，以政府的行政强制手段配置水资源不可能完全解决水事冲突。[①]

　　政府在西北内陆河流域水权交易中监管过度，监管力度远远超出了政府的职权范围，结果导致无法形成开放、自由、高效的水权交易市场。政府监管过度主要表现在以下几方面：第一，水权交易空间被限制。西北内陆河流域是我国重要的农业生产基地，用水群体主要为农户。水权在初始分配后，农户拥有了水资源的自由支配权。通过自主用水的方式，农户间因用水方式的不同出现了水资源消耗的差别，继而出现了部分农户水量充足，部分农户水量短缺的情形。正是在这种情况下凸显了水权交易的必要性。在西北内陆河流域，这种水资源缺乏的问题同样存在于工业和商业中，但因有跨行业进行水权交易的限制，水资源用途不同，不能进行水权交易，从而造成了水资源利用率低下，行业发展也同样受到了一些限制。例如在《张掖市节约用水管理办法》中就有规定指出，行业间若能不改变水资源用途，则可以允许其进行水权交易。这个规定实际上就是对跨行业间水权交易的禁止，从而导致水权交易在空间范围内非常有限。第二，水权交易时间被限制。在农业方面，农民使用水的权利受到水权证的规制，水权证明确记载了农户的用水定额、用水量（包括各年度和各轮次的用水量）、收费标准等内容。比如在甘肃民乐县洪水河灌区，农户使用的水权证就规定了持有水权证的农户必须严格遵守水权证上的用水定额、用水总量、用水用途、用水指标、年度轮次配水计划。除此之外，用水用途亦被明确规定在水权证中，且水权交易要遵循当年的水权使用规定，年度水权需要当年用完，不可结转至下一年使用。例如，武威市《农业用水水权交易指导意见》就规定了农户必须在配置水量不突破和年度水权不结转的情况下交易，不难发现，这样的

---

　　① 朱艳丽：《西北内陆河流域水权交易法律制度研究》，硕士学位论文，长安大学，2012年。

规定极大地限制了水权交易制度在西北内陆河流域的有效运行。

（二）用水者协会监管不足

农民用水者协会作为西北内陆河流域水权交易的中介组织，存在严重的监管不足问题，致使水权交易在程序方面混乱，效率非常低下。在农村，农民用水者协会是一个新发展的社会组织，是基层民主政治的实现方式，体现了民主管理的理念。①通过农民用水者协会，水务管理部门和农户间形成了比较有效的沟通交流机制，确立了农户主人翁的身份，以此方式可以有效管理水资源，也起到约束农户自身用水行为的作用。在农民用水者协会的管理下，农户更加了解用水及缴费情况，也能够意识到节水的重要性和进行水权交易的可行性，提高水权交易的效率。

然而，现实情况是农民用水者协会未成体系和规模，无法较好地发挥监管作用。例如，早在2007年，永昌灌区便建立了农民用水者协会，拟对农户用水进行初始分配并引导其进行水权交易，但却存在诸多问题：第一其本身的地位和性质界定不明。农民用水者协会不具有独立性，是水资源管理处的派出机构，在水权交易过程中，农民需首先报告农民用水者协会，获得同意后再登记报送地方水资源管理处。这种做法非但没有减少程序，提高效率，反而限制了水权交易。第二，农民用水者协会人员不独立。该组织的人员大多来自于村委会，由于牵头人是村委会主任或书记，导致该协会受制于村委会，难免会出现罔顾农民权益的事情。第三，资金和技术的支持不足。在农村，灌溉渠系不完整，水利设施大多年久失修，无法准确地进行水量测量及水权划分，导致该协会不能认同水权交易，且又设置了各种水权交易程序，造成水权交易的监管障碍。

（三）交易主体监督缺位

不管是在水资源紧缺时还是水资源丰富时，人们对水资源都持有忧患意识，不再认为水资源是传统意义上的可再生资源，而是将水资源看作是一种对人类具有决定性作用的基础资源，也是一种可以通过交换体现商品属性的稀缺资源。水权市场上，水资源以商品的身份流转于不同

---

① 秦天宝：《世界水资源保护立法之实践及其启示》，载《中共济南市委党校学报》2006年第3期。

的主体之间，增强了人们对水资源稀缺性的认识。在西北内陆河流域构建完善的水权交易制度，也要对水资源的商品属性予以认同，理解获得水权就要支付相应的对价，这就是商品概念下的水资源有偿使用原则，也是西北内陆河流域要进行水权交易的前提和基础。目前，在西北内陆河流域的普通公民心中，也逐渐产生了水资源有偿使用的概念和水资源利用行为对生态环境的影响，这正是该地区开展水权交易的契机，今后的努力方向是将水权的认识和理念更加深入人心，对水商品给予全新的解释，才能保证水权交易的顺利进行。[①] 在水权交易中，农户是水权交易的参与主体，也是该交易直接的权利享有者、义务承担者，因此必然十分关心水权交易的程序、效率、利益等问题，应当是水权交易监督管理的重要主体。[②] 但是，现实中的水权交易制度不完善，西北内陆河流域未形成统一规范的交易规则，节水和超额用水无相应的奖惩，水权交易主体不关心交易过程，造成了监督的缺失。加之该地区水权交易信息不透明、不公开，交易双方对交易程序、交易水量、输水能力不够清楚，基本的监督条件不具备，自然无法很好地进行水权交易监督。这就说明了一个问题，即在构建和完善水权交易制度时，必须调动交易主体的主观能动性，使其在交易过程中发挥有效的监督作用。

第三节 水行政许可法律制度方面的问题

西北内陆河流域水行政许可制度是该地区水行政许可活动的制度化，完善的水行政许可制度有利于加强西北内陆河流域地区水行政机关依法进行水资源管理、水污染防治和实现水生态平衡。但是在经济快速发展、水资源日益匮乏和水资源管理法制化不断深入的过程中，水行政许可制度在设定、运行和保障机制方面凸显出制度缺陷，有必要通过完善水行

[①] 朱艳丽：《西北内陆河流域水权交易法律制度研究》，硕士学位论文，长安大学，2012年。

[②] 王军权：《水权交易市场的法律主体研究》，载《郑州大学学报》（哲学社会科学版）2015年第2期。

政许可制度实现相对人权利与国家机关权力从冲突走向平衡的结果。①

西北内陆河流域水资源匮乏、水生态环境脆弱，客观上要求水行政许可制度的设定能够合理有效分配水资源，明确行政主体权力和行政相对人权利的界限，规范行政权力的有效运行。一方面，水资源是西北内陆河流域生命的象征，也是其经济社会发展的主导力量，正是内陆河水资源具有稀缺性和重要性，使得该地区水资源利用个体无限追逐私利，忽视了对社会整体利益的维护。因此，建立健全西北内陆河流域水行政许可制度是利用行政管理的高效和法律的权威干预、规制个体滥用权利侵害他人和社会利益的行为。另一方面，西北内陆河流域水行政许可制度也是该地区水行政权与用水者权利相互博弈的工具。在西北内陆河流域，水资源争夺战不仅表现在经济活动个体之间，而且表现在行政执法主体之间。出于水资源稀缺而形成的水资源不可替代的战略地位，使得行政主体在部门利益和区域利益的驱使下，往往失去理智而忽略对相对人权益的保护，因此水行政许可制度的使命就是将用水者的用水权利和行政主体配置水权的权力在法律上予以明确，以达到权利与权力的相互制约和相互促进。②

水行政许可制度是水资源管理制度的重要内容，包括取水许可、河道内采砂许可、河道管理范围内建设项目许可等事项，是依法治水的重要方面。水资源善治的实现要求水行政许可制度的法治化，并以水善治的原则和要求为标准，完善水行政许可制度。然而，西北内陆河流域的水行政许可制度并不能充分反映和符合水资源善治尤其是法治条件下的水资源善治的原则和要求。

一 水行政许可法律制度设定缺陷

（一）西北内陆河流域水行政许可主体问题分析

设立主体和实施主体是水行政许可中的关键主体。在行政许可的设

---

① 杨书翔：《论行政许可与西部环境保护》，载《可持续发展战略与法律》2003 年第 3 期。
② 刘志仁、朱艳丽：《西北内陆河流域水行政许可法律制度的缺陷及完善》，载《甘肃社会科学》2012 年第 5 期。

立主体上，《中华人民共和国行政许可法》（以下简称《行政许可法》）明确规定，设立行政许可需由法律、行政法规作出规定，而地方性法规和规章在不违反上位法的情况下可以作出具体规定。但是，在西北内陆河流域，多数水行政许可相关法规、规章并未就水行政许可的具体实施作出明确规定，这就导致水行政许可制度无法在地方具体落实，不能有效规范当地水资源开发、利用秩序，难以满足水资源可持续利用的要求。在行政许可的实施主体上，尽管流域管理在西北内陆河流域具有突出地位，但是流域与行政区域相结合的模式依然是主流模式，且由于流域与行政区域就水行政许可的职责划分不清晰，水行政许可的积极作用难以得到有效发挥。如新疆《塔里木河流域水资源管理条例》第 24 条规定，建设单位在申请用水许可时，应当报有管辖权的行政管理部门或者流域管理机构审批；甘肃省《石羊河流域水资源管理条例》第 16 条也规定水行政主管部门审核取水许可后需要报流域管理机构审批。上述规定反映了水行政管理机关和流域管理机构在水行政许可方面的职责划分并不明确，进而导致许可主体不协调，实践中越权许可、违法进行许可的现象时有发生。①

（二）西北内陆河流域水行政许可程序问题分析

程序是法律的生命形式，因而也是法律的内部生命的表现。行政许可程序不规范问题是导致西北内陆河流域水资源难以进行合理开发利用的重要因素。新疆《取水许可制度实施细则》虽对行政许可的实体问题作了一些规定，但对程序问题的规定太过原则化而不能起到规范作用。如该细则第 13 条笼统提到，关于申请取水许可应当提交的文件和取水许可申请书填报事项，按国务院《取水许可制度实施办法》第 13 条、第 14 条的规定执行；第 14 条关于水行政许可部门对取水许可批准或不批准的时限规定也十分简单。另外，对相对人听证方式和权利救济途径规定不明确、对申请许可费用问题和监督管理方式没有详细规定。这些都导致水行政许可从申请、审查、批准的整个过程没有相应的程序予以明确具

① 李媛媛：《简析环境行政许可制度》，《中国环境科学学会学术年会优秀论文集》，中国环境科学出版社 2008 年版，第 1824—1827 页。

体地规范和约束，既不利于水行政许可制度的实施，也不利于对水行政许可权力的监督，相对人的权利和社会公共利益都会遭受不同程度的损害。

（三）西北内陆河流域水行政许可范围问题分析

行政许可的范围问题是行政许可的核心所在，也是评价行政许可制度是否合理有效的重要标准。西北内陆河流域水行政许可在范围上存在诸多问题，对于适合行政许可的事项范围没有明确的规定，多数许可事项没有明确的标准，只是行政主体随意许可，行政审批机关和行政人员单凭个人知识和经验决定某事项是否被许可。对于哪些是鼓励事项、怎么鼓励，哪些是禁止事项、怎么禁止的问题都没有科学合理的规定，这样既不利于行政许可制度的有效实行，给行政主体与行政相对人权利的行使造成不必要的障碍，也不能反映西北内陆河流域严峻的水资源形势，不利于水资源保护。

比如《甘肃省实施〈水法〉办法》第 25 条规定，要限制开采区的开采量，如需取水，必须在保证生活用水、生产用水和其他用水的原则下经有权部门批准开采。不难看出这样的规定有虚设之嫌，因为其对如何保证生活用水和生产用水没有作出具体可操作性的规定，当然就不能确定被批准事项的合理与否。再如《新疆维吾尔自治区实施〈水法〉办法》第 27—28 条规定，直接从江河湖泊取水的要取得取水许可证；新建、改建、扩建项目取水的要取得许可证。除此之外该法中没有关于许可证适用的规定，这种列举式的规定方式无疑不能涵盖所有涉及取水许可的情形，造成的结果就是出现其他事项时，行政主体对自由裁量权滥用，造成许可范围不明确、许可事项参差不齐等问题。

二　水行政许可法律制度运行缺陷

（一）管理体制不健全

水资源的稀缺性和价值性决定了水资源在经济发展过程中的战略地位，所以必然引起对水资源的激烈竞争，而科学合理的管理体制就十分重要。但是，从西北内陆河流域水资源管理体制上看，许多问题一直存在，对水行政许可制度的运行造成很大的影响。在法律上，流域管理与区域管理相结合、流域管理优先是西北内陆河流域的水资源管理体制。例如，甘肃省《石羊河流域水资源管理条例》第 3 条第 2 款以及新疆维吾尔自治区《塔里木河流域水资源管理条例》第 4 条对水资源管理体制就是如此规定的，但是，这种管理体制并没有发挥出其应有的作用。造成这种局面的主要原因有：第一，流域管理机构的职责定位不明确。比如，黑河流域管理局是水利部下辖的黄河水利委员会的派出机构，石羊河流域管理局隶属于甘肃省水利厅。在隶属关系上表现出的错综复杂性，使得流域管理机构的职责地位得不到清晰准确的界定，这就严重影响到流域管理机构行使水行政许可的审批权、监督权等。第二，区域管理机构与流域管理机构在权力划分上模糊不清。长期以来我国对行政权力的依赖，导致在水行政许可方面，流域管理机构的许可权力处处受到区域管理机构的限制，不能发挥流域管理机构该有的作用。

（二）配套法律制度不健全

行政许可制度的有序运行与其配套制度的健全完善密切相关，西北内陆河流域水行政许可制度在配套法律制度方面存在明显不足。目前关于水行政许可的专门法律只有《新疆维吾尔自治区取水许可制度实施细则》，其他省如甘肃、宁夏并没有关于水行政许可的专门规定，只是渗透在一般性的水资源管理法律之中。此外关于水行政许可中的具体制度如听证制度、信息公开制度等都缺乏完善的制度体系，在运行中相互衔接的功能不能充分发挥。关于听证制度，一方面是听证事项和听证主体范围不明确，听证形式单一；另一方面是水行政主体消极应对，对于能否听证得过且过。对于信息公开制度，行政信息透明度不高，难以保障相对人的知情权。

（三）行政许可执法质量水平低

西北内陆河流域水行政执法质量普遍不高，与现代行政执法目标和现实需求还存在很大距离。这里的执法质量主要表现为行政执法队伍的执法能力有限。西北内陆河流域地处祖国内陆，受地理条件和历史文化条件的制约，经济发展速度缓慢、水平较低。一些水行政许可主管部门在管理水行政许可时存在执法秩序乱、随意性强等情形，对许可申请不按照法律规定执行，而是依靠执法者的喜好和利益追求，这样的后果不仅损害相对人的环境利益，也对水资源造成严重的浪费。

三　水行政许可法律制度保障缺陷

法律的生命在于运行，而运行的效果离不开保障。西北内陆河流域水行政许可制度在保障机制上也存在许多不完善之处，严重影响水行政许可制度作用的发挥。

（一）内外监督制度不完善

西北内陆河流域水行政许可制度的内外监督体系不健全，主要表现在如下两方面：其一，对水行政许可主体的许可行为监督不到位。如《新疆维吾尔自治区地下水资源管理办法》第 21 条和《新疆维吾尔自治区实施〈水法〉办法》第 46 条均对违法行政的行政部门及其行政人员应受到的处罚措施作出了规定，但这些规定实际上仅是对违法行政行为的事后监督，对实施水行政许可违法行为的事前防范和事中控制却缺乏明确规定。其二，水行政许可监管机制不健全。行政许可主体一般仅重视许可审批而忽视对许可实施情况的监管，甚至在作出行政许可后不实施监管。监管机制的缺失使得行政相对人在取得水行政许可后，片面追求用水权利，忽视水资源节约和保护的义务。而且，对于违反水行政许可的违法行为很难及时发现和处理，从而降低了水行政许可在保护水资源以及促进水资源合理开发利用方面的功能。

（二）公众参与机制不健全

西北内陆河流域水行政许可制度在实施过程中公众参与机制缺失，水行政许可制度的设定、运行和监督均缺乏广泛且有效的公众参与。在西北内陆河流域，与水资源保护问题密切相关的公民不能最大限度地参与有关水行政许可政策法律的制定，抑或是公民虽参与水行政许可的实施过程，但是却缺乏制度性保障机制，公众参与不能落实到位。西北内陆河有关水资源管理的法律中缺乏对公众参与机制予以详细规定。如《甘肃省实施〈水法〉办法》第 6 条规定："制定水资源规划、水量分配方案、用水定额和调整水价，应当举行听证，广泛听取社会各方面的意见。"但是，条文中却没有规定具体程序以及实施细则，缺乏可操作性和保障性规定。此外，西北地区民间的环保组织很少，民众参与环保组织意识不强，一些重要的环保社团在西北内陆河的保护方面关注度也不高。① 综上，公众参与在水行政许可制度中缺失的原因一方面是由于既有法律对公众参与的规定并不完善，另一方面也有公众自身参与意识的局限性。缺乏公众在水行政许可设定、运行中的有效参与，相对人对所获批的许可将不以为然，从而滥用权利，忽视水资源保护。公众参与权利得不到保障，水行政许可制度的运行就很难获得有效的社会监督，而且会导致水行政许可不匹配当地群众的实际需求，造成用水冲突。

第四节　水生态补偿法律制度方面的问题

　　水治理是生态环境保护的重要内容，水资源善治以水资源可持续利用为重要目标，而实现水资源的可持续利用需要限制对水资源的无效利用以及对水资源的污染和破坏。传统的水资源管理模式多以强制性措施限制水资源开发利用行为。然而，经济发展与环境保护之间的矛盾决定了在追求环境保护目标时难免会在一定程度上对经济增长造成不利影响，影响部分群体的经济利益，从而造成受影响群体对相关环境保护措施的抵触。水资源善治要求转变政府与社会、政府与公众的关系，不能仅依靠强制措施实现环境保护目标，而水生态补偿正是对因环境保护而遭受损失的群体的支付性补偿，有利于调动相关群体保护环境的积极性和主动性，促进环境保护目标的实现。但是，西北内陆河流域的水生态补偿机制尚不健全，不利于水资源善治目标的实现。

　　我国对水资源生态补偿的研究尚处于初级阶段，当前主要采取的生态补偿措施是财政转移支付，建立生态工程建设专项基金以及生态税收政策和排污费、资源费的征收；此外还有一些市场手段进行替代补偿，如水资源交易模式。我国国家政府和研究机构对水的自然资源价值的研究始于20世纪80年代中期，在水资源有价、有偿用水及水价问题等方面公布了一系列的研究成果。首先，为了维持水资源的可持续利用，进行

---

① 刘志仁、吴虹：《如何完善西北内陆河流域环境行政执法》，载《环境保护》2012年第5期。

了水资源生态环境补偿费的试点和探索工作，例如国务院针对塔里木河、黑河和石羊河开展的专项治理工程中，征收水资源管理费，将其使用在河道治理和生态移民等补偿措施中。其次，开展水资源涵养区湿地保护生态补偿机制，提高水源区自然保护区建设规模与管理质量，对水源区水资源采取大型跨流域调水工程（如南水北调等）和水源涵养区生态保护机制（如"三江源"生态保护区）的生态补偿措施，改善水源区水质。通过有益的探索，获得了十分宝贵的实践经验。再次，制定了具有生态补偿性质的法规政策，如国务院《中国水生生物资源养护行动纲要》对水域生态的保护和修复作了如下规定：建立工程建设项目资源与生态补偿机制，减少工程建设的负面影响，确保遭受破坏的资源和生态得到相应补偿和修复。对水生生物资源及水域生态环境造成破坏的，建设单位应当按照有关法律规定，制定补偿方案或补救措施，并落实补偿项目和资金。[1] 最后，逐步建立市场水权交易制度，将水资源纳入市场调整范围，提高水资源的利用效率，将一些生态水服务功能推入市场，通过市场交易实现其价值。整体上，我国水资源生态补偿实践还存在的主要问题有：（1）水资源生态补偿法律制度不足，难以形成明确有效的环境责任问责机制；（2）政府在生态补偿中的主导作用不强，需要建立水生态补偿管理机构进行统一管理；（3）公众参与生态补偿建设的程度不够，生态补偿不能充分体现用水群众的切身利益；（4）水资源生态补偿资金短缺，缺乏有效的基金管理机制。所以，我国水生态补偿需要在统一法律政策的指导下，发挥政府的主导性作用，建立水资源生态补偿管理机构，完善公众参与制度和生态补偿基金制度，以减轻政府财政的压力并提高生态保护效率。

　　针对西北内陆河水资源短缺的问题，国家制定了多项政策，通过改变流域水资源的空间分布，对水资源进行优化配置，改善水资源紧缺的局面，以适应区域经济发展对水资源的需求。得益于国家生态保护政策的指导，西北内陆河水资源涵养保护区开始生态补偿实践探索，如对石羊河上游的祁连山水源涵养区开展生态建设和保护工程，主要包括林草

---

① 2006 年 2 月 14 日国务院颁布的《中国水生生物资源养护行动纲要》，第五部分第二项。

地封育保护和生态监测体系建设；对水源涵养区和内陆河流域内生存条件恶劣、生存成本高的居民实施生态移民，安置在流域内水土资源条件较好的区域。在甘肃石羊河流域内，自2011年开始至2020年对祁连山水源涵养林核心区的1.35万人实施生态搬迁，以缓解当地居民用水矛盾和生态环境退化趋势。这些生态补偿措施对促进西北内陆河水源地的发展起到了积极作用，但是仍然存在着政策依赖性强、补偿范围小、标准不确定等问题。尤其是在关乎跨界内陆河重点流域治理方面，存在流域内各地方政府生态补偿责任不明确等问题，迫切需要完善水生态补偿制度，发挥制度的积极引导和协调作用。[①]

一　水生态补偿立法缺陷

流域水资源生态补偿机制的根本目的是促进对水资源有效、规范的开发和利用。流域水资源生态补偿机制是指在政府宏观调控下，对水资源进行合理、公平利用的一种经济政策。从狭义的角度来看，流域水资源生态补偿机制就是：当水资源因为人类的社会经济活动造成污染、破坏后，所进行的补偿、恢复等活动的总称；从广义的角度来看，流域水生态补偿机制还包括对由于受水资源的开发、利用、保护而受损失的居民进行资金方面等的补偿，以及在提高公民水资源保护意识方面的支出等。比如，因为水的流动性特点，上游地区对下游地区的影响较大，上游的污染会对下游造成很大的损失，反之，上游的水资源保护则会使下游受益。因此，在这种情况下，下游就需要对上游作出一定的补偿，补偿的形式可以是多样的。另外，完全靠政府的财政来解决流域生态补偿的资金问题是不现实的，必须探索更为有效的经济调节机制。流域水资源生态补偿是一个十分复杂的问题，目前我国流域生态补偿机制还不成熟，在立法、执法、资金保障等方面存在诸多问题，需要在相应层面上予以健全和完善，使流域水生态补偿制度化、规范化。[②]

---

① 吴虹：《西北内陆河水资源生态补偿法律制度研究》，硕士学位论文，长安大学，2012年。

② 艾峰：《我国流域水资源管理法律制度研究》，硕士学位论文，长安大学，2013年。

（一）西北内陆河水资源生态补偿缺乏有效的基本法保障

流域生态补偿是为了维护或修复流域的生态功能，在流域上游因维护或修复流域生态功能而遭受损失时，流域下游生态利益享受者对其进行直接或间接的补偿。[①] 生态补偿可被视为一种外部化的生态环境成本的负担机制，是一种促进环境保护的利益驱动机制、激励机制和协调机制。[②] 统一性和协调性是任何法律规范都必须认真考量的内容，生态补偿制度作为一种重要的经济激励制度，关于它的法律规定也必须具备统一性和协调性。缺乏一个统一且严谨的基本法规范，是我国目前水资源生态补偿法律体系面临的重要问题。因此，就西北内陆河流域水资源生态补偿的立法而言，其最大的问题就是缺乏基本法的全面规范。[③]

首先，宪法性依据缺失。《宪法》第 9 条规定："矿藏、水流、森林、山岭、草原、荒地、滩涂等自然资源都属于国家所有，即全民所有；由法律规定属于集体所有的森林、山岭、草原、荒地、滩涂除外。"第 10 条规定："国家为了公共利益的需要，可以依照法律规定对土地实行征收或者征用并给予补偿。"自然资源具有多元的价值意义，而重经济建设、轻生态环境保护的现象在现实的自然资源利用过程中表现得极为常见。从根本上讲，宪法未对自然资源所蕴含的生态功能价值进行充分的阐明应该也是造成生态环境常常不被重视的原因。

其次，生态补偿在我国环境资源法中未得到全面规定。我国《环境保护法》第 19 条规定："开发利用自然资源，必须采取措施保护生态环境。"《水法》第 29 条规定："国家对水工程建设移民实行开发性移民的方针，按照前期补偿、补助与后期扶持相结合的原则，妥善安排移民的生产和生活，保护移民的合法权益。"《水污染防治法》首次以法律形式对水环境生态保护补偿机制作出明确规定："国家通过财政转移支付等方式，建立健全对位于饮用水水源保护区区域和江河、湖泊、水库上游地区的水环境生态保护补偿机制。"总体看来，我国国家层面的环境资源法

---

① 江秀娟：《生态补偿类型与方式研究》，硕士学位论文，中国海洋大学，2010 年。

② 张锋：《生态补偿法律保障机制研究》，中国环境科学出版社 2010 年版，第 12 页。

③ 吴珊：《流域生态补偿制度立法初探》，生态安全与环境风险防范法治建设——2011 年全国环境资源法学研讨会（年会）论文。

体现了一定的生态补偿理念，或者说有一些涉及生态补偿的原则性规定。但是，对于如何补偿、采取哪些措施、由谁负责实施等一系列问题却没有详细的、具有操作性的规定。在我国成文法的逻辑体系下，缺乏专门性的保障，对水生态补偿的实践是极为不利的，最为现实的问题即是西北内陆河各地方政府制定的水资源生态补偿政策可能面临没有法律依据的情况。在西北地区内陆河流域水资源保护法律规范中，也有相关流域生态补偿的规定，如：《甘肃省石羊河水资源管理条例》第34条规定"流域内因关井、退耕造成农民减产减收、失地、搬迁的，各级人民政府应当予以妥善安置和补偿，具体办法由省人民政府根据国家有关政策和流域综合治理情况规定"。《新疆维吾尔自治区塔里木河流域水资源管理条例》第16条规定"需要饮水、蓄水、提水排水的单位和个人，应当兼顾上下游、左右岸的利益，不得损害公共利益和他人的合法利益。兴建水工程或者其他建设项目，对原有灌溉用水、供水水源有不利影响的，建设单位应当采取补救措施或者对造成的损失予以补偿"。[1] 2009年，水利部针对流经青海、甘肃、内蒙古三省的黑河流域制定了《黑河干流水量调度管理办法》。这些针对西北内陆河水资源管理的法规和规章的颁布，对保护内陆河水资源以及水资源涵养区的生态环境产生了积极作用，但是仍然存在生态补偿制度规定不明确的问题。由此可以看出，我国西北内陆河水资源生态补偿方面没有形成统一、规范的法律体系，无法满足西北内陆河流域生态建设、环境保护和水资源可持续利用的实际需要。[2]

（二）西北内陆河水资源生态补偿缺乏明确的部门法辅助

西北地区内陆河流域水资源缺乏，供水压力大，水权纠纷频繁，上下游用水主体间、受水地与供水地主体间矛盾突出，完善流域水资源生态补偿制度有益于规范水权交易、水资源开发补偿、水资源的合理流转和使用。[3] 流域生态补偿模式主要有三类：公共支付、流域环境协议、水

---

① 刘志仁：《西北内陆河流域水资源保护立法研究》，载《兰州大学学报》（社会科学版）2013年第5期。

② 吴虹：《西北内陆河水资源生态补偿法律制度研究》，硕士学位论文，长安大学，2012年。

③ 李磊：《我国流域生态补偿机制探讨》，载《软科学》2007年第3期。

权交易。然而目前西北内陆河流域内生态补偿的运行方式较为单一，多以公共支付为主。水权交易虽然在实践中通过其他形式得以应用（如石羊河流域内农民灌溉用水使用的定额灌溉用水票可以用于交易），但在法律层面上缺少规范性指导。就我国现行的水资源生态补偿实践来看，大多数的规定都比较分散，可见于许多单行法律法规。生态环境是各个要素之间存在紧密联系的巨大系统，就对其保护和治理而言，要特别关注整体性和联系性，在法律制度的设计上也要贯穿这一思维。① 对于生态补偿制度的建立更是要坚持系统性理念，如果不重视生态系统的整体性、联系性而进行狭隘地分而治之，就可能造成治理效果不尽如人意以及进一步破坏环境的情况。例如，《水污染防治法》第 8 条、《水土保持法》第 31 条等法律规定，它们大多都只是从各自关心的维度出发，缺乏综合、整体的问题考量。因此，这就无法从根本上解决水生态功能退化、水生态补偿效果反复等整体性问题。进一步来说，涉及生态补偿的各个部门之间的协调问题，在这些法律法规中也没有得到很好的处理，针对跨流域、跨区域的生态补偿，囿于地方利益、短期利益等方面的考量，各地方政府或相关责任主体往往忽视整体水生态环境的保护。就该流域内的黑河而言，其是一条跨区域河流，流经青海、甘肃和内蒙古三省区。1996 年，黑河的水资源短缺以及生态环境问题开始得到国家的重视。囿于法律规范上的缺失或者缺乏配套实施细则，黑河被纳入黄河水利委员会进行管理，并成立了黑河流域管理局。从黑河流域管理局的主要职能上看，其主要负责对黑河水量进行调控，以保证水资源的合理分配，但是对于流域内的水资源的生态补偿问题仍没有进行很好的考虑。

西北内陆河流域管理机构与国土、经济、生态环境、农业等相关行政管理部门之间的协商合作机制不完善，导致政府行政部门之间信息流通不畅通，致使无论是签订流域生态补偿协议，还是进行水权交易均没有明确的机制保障。因此在西北内陆河流域水资源管理法中完善流域内生态补偿制度对流域内水资源的合理配置及利用具有重要意义。②

---

① 郑冬燕：《关于东江流域水生态补偿的思考》，载《人民珠江》2016 年第 11 期。
② 严乐：《西北内陆河流域水资源管理法立法探析》，硕士学位论文，长安大学，2013 年。

二 水生态补偿执法缺陷

（一）管理体制不健全

从管理部门上看，西北内陆河流域水资源生态补偿涉及生态环境、水利、地矿、农业、林业等诸多部门。在我国现行行政管理体制架构下，各政府行政部门、机构往往只对与各自极为密切的行政事项负责，这就造成了"条块分割"的现象。虽然多部门管理有一定的必要性和合理性，但是造成的问题也不容小觑。就生态补偿来说，需要克服其中缺乏统一性和协调性的问题。检视现有法律法规以及相关政策，不难发现西北内陆河流域水资源生态补偿过程中存在横向政府机构之间以及上下级政府机构之间缺乏统一协调与合作等重大问题。从一些地区的实践来看，"流域综合治理服从区域治理"的现象在西北内陆河的治理实践中也较为广泛；当地政府水行政主管部门领导监督各河流流域管理委员会的做法较为常见。例如，新疆维吾尔自治区水行政主管部门领导塔里木河流域管理局（作为派出机构）。对于流域水资源利用和水资源规划等事项，水行政主管部门有权进行共同管理，在水行政主管部门和流域管委会的权限划分以及责任归属等方面存有很多模糊地带。这就造成权力重叠、部门利益侵蚀执法、执法不独立、缺乏协同等严重问题。从《新疆维吾尔自治区〈水法〉实施办法》中可知，区域内的公安机关对一般水事违法行为进行行政处罚，法院、检察院对水事刑事违法行为进行追究，而水行政主管部门负责特定的水资源违法案件处置，而且这里的行政执法强制执行权属于间接强制权。[①] 囿于这些原因，多头管理现象在西北内陆河流域水生态补偿实践中较为常见；另外，水生态补偿与建设的资金无法得到充分利用、环境执法权的行使无法充分地体现独立性，使得西北内陆河水资源生态补偿法律制度实质上被架空。

（二）公众监督缺位

总体来说，在我国现行环境资源法律体系中，"公众参与"的制度设

---

① 齐晔、董红卫：《守法的困境：企业为什么选择环境违法?》，载《清华法治论衡》2010年第 1 期。

计存在许多不足，在我国西北内陆河的生态补偿制度实践当中，缺乏公众参与是西北内陆河生态补偿面临的一个重要问题。我国《环境保护法》第6条规定："一切单位和个人都有保护环境的义务，并有权对污染和破坏环境的单位和个人进行检举和控告。"但是，仔细检视会发现，对于具体的参与途径、程序以及相关的权利义务配置，仍需要相关配套法律法规来详尽阐释，而这些在实践维度上仍有一定的缺失，这就使得公众参与的效率或者作用大大减弱。《甘肃省实施〈水法〉办法》第6条规定："制定水资源规划、水量分配方案、用水定额和调整水价，应当举行听证，广泛听取社会各方面的意见。"从这条规定的性质上看，其是义务性和原则性的，在操作性等方面存有不少问题。地广人稀、环境恶劣是西北内陆河流域的典型地理特征，如塔里木河流域，其涉及5地（州）42县（市）和兵团4师55团场，这些地区环境十分脆弱。一个无法回避的现实问题即是水资源管理机构的资源配备有限。例如，执法人员以及相关的经费、设备都相当有限；对于需要跨流域进行的行政执法和监督，在现行条件下面临着较大的阻碍和制约因素，如果仅仅依靠执法人员来防治环境违法行为，难以取得令人满意的结果。克服上述难题，调动公民社会或公众的力量就十分重要，保护河流流域生态环境不仅涉及直接的利益相关者，对于广泛的公众来说也是理所应当的（鉴于水的公共物品属性）。如果缺乏广泛的公众监督，在经济发展需求强烈的环境下，地方政府很可能出现相关的懒政、惰政、庸政等现象，如为确保经济增长而可能对相关环境违法行为放任或者简单处理。就西北内陆河水资源的保护和合理利用而言，这将产生巨大的破坏作用。为解决单纯依靠政府进行环境保护可能带来的有所不及或者管理漏洞、空白问题，加强对政府环境行政行为的合法性和合理性进行监督，在西北内陆河水资源生态补偿实践中，应该充分建立公众参与机制或者路径。[①] 从环保组织的角度看，为了增强公众参与，有必要培养和规范管理相关的环境保护公益组织。民间环保组织在西北地区的发展相对滞后，一些区域内现有的环保

---

① 宫文昌：《内陆河流域综合生态管理中的公众参与制度》，硕士学位论文，兰州大学，2009年。

组织关注的领域十分有限，如只关注土地、森林保护等，而对于水资源基本没有涉及。据了解，区域内的涉水环保组织主要是农民用水者协会，而农民用水者协会只是地方的一个不知名组织，配合相关水行政主管部门进行有限工作，未涉及监督、决策参与等更为广泛的参与行动。

三 水生态补偿基金制度不健全

西北内陆河流域是我国重要的水资源涵养区，从地理位置来看，其位于青藏高原生态屏障区、黄土高原—川滇生态屏障区以及北方防沙带的重合区，生态地位十分重要。从经济地位来看，我国东部地区的经济社会发展在一定程度上依赖于西北内陆河地区的资源供给和保障。改革开放以来，国家在政策和资金等方面加大了对西北内陆河地区的支持，但是在生态补偿方面仍然表现出明显的资金不足问题：第一，制度缺位，水生态补偿基金制度尚未建立；第二，法律法规不健全，相关资源型生态补偿基金的定位模糊；第三，资金短缺和管理不善，生态补偿基金使用不到位、管理不合理。这些问题严重影响了生态补偿制度作用的发挥。

（一）水资源生态补偿基金制度缺位

就我国现有的生态补偿基金制度而言，它们集中在矿产、森林、土地以及野生物种保护等领域。例如，我国《森林法》（2019 年修订）第 7 条规定，国家建立森林生态效益补偿制度，加大公益林保护支持力度，完善重点生态功能区转移支付政策，指导受益地区和森林生态保护地区人民政府通过协商等方式进行生态效益补偿；第 29 条规定，中央和地方财政分别安排资金，用于公益林的营造、抚育、保护、管理和非国有公益林权利人的经济补偿等，实行专款专用。但是我国目前尚未建立专门针对水生态补偿的基金制度。只是在个别地方性、行业性生态补偿管理规范中有关于水资源生态补偿的安排，例如，2015 年贵州省人民政府制定了《贵州省水土保持补偿费征收管理办法》，规定开办生产建设项目或者从事其他生产建设活动，损毁水土保持设施、地貌植被，不能恢复原有水土保持功能的单位和个人，应当缴纳水土保持补偿费；水土保持补偿费全额上缴国库，纳入政府性基金预算管理，实行专款专用，年终结余转下年使用。目前，国家层面上尚未设立西北内陆河流域水生态补偿专项基金制度，国家财政针对该地区进行的一些转移支付属于政府内部会计基金，受政府预算和特殊用途限制，只能用于治理水环境污染，不能被认定为完全意义上的西北内陆河水资源生态补偿基金。综上，西北内陆河水资源生态补偿基金制度的建设仍然需要大力推进。

（二）水生态补偿基金定位模糊

从目前资源性生态补偿基金的来源和管理上来看，生态补偿基金筹集渠道较多、管理混乱，进而导致定位模糊，作用难以发挥。例如，林业基金的来源既有财政拨款、企业内部划拨，也有银行借款和各项社会筹资，造成林业基金的来源多头和管理不善，林业基金的性质不明确。通常意义上的基金，是指为了某种目的而特别设立的、具有一定数量和一定的使用用途的资金；基金是经济社会发展到特定阶段和社会分工高度精确条件下的产物。从性质上看，无偿性、事业性、专用性是生态补偿基金最为显著的三个特征。随着社会发展模式的转变，将水作为生产原料性资源的传统认识也需要改变，所以对建立西北内陆河流域水生态补偿基金所追求的价值与目标也需要有更加清晰的认识：在价值层面上，应当把"增加内陆河流域生态服务功能"作为主要的价值追求；在目标层面上，应把"维持内陆河水资源生态环境健康"作为主要目标追求。现阶段西北内陆河流域水生态补偿实践中，中央政府的财政转移支付是重要路径，但是却存在十分突出的问题，即缺乏对划拨资金的良好规制，各级地方政府在使用这些资金方面具有很大的任意性，有的将资金分散使用，有的甚至挪作他用。这就会造成政府负担过重、水资源保护陷入僵局、激化相关利益主体间的矛盾，使得西北内陆河流域水生态补偿工作迟迟得不到推进和根本改善。

（三）基金来源单一

生态补偿基金的主要来源是国家和地方财政资金投入及一些相关环境收费，政府主要通过财政转移支付和设立专项生态环境保护基金的方式进行生态补偿。补偿基金是生态补偿能否顺利进行以及取得理想效果的关键要素。从目前情况来看，西北内陆河流域水资源保护生态补偿基金制度的建立，其资金来源很大程度上依赖于国家财政转移支付以及相关税费收入，但这就会产生诸多问题。因为，虽然国库收入来源渠道广泛，但是支出需求也是十分巨大，能够分配至西北内陆河流域水生态补偿上的资金必然十分有限。而在民间层面，囿于种种因素，民间资本的投入更是有限。另外，生态资源性税费制度在我国西北地区有一定的施行，但是其与真正意义上的生态税有着本质的差异，既不能被认定为是一种生态税，也不能被认定为是生态补偿基金。我国生态补偿税费制度还不成熟和完善，所以许多收费不具有生态补偿的性质，不能成为生态补偿基金的重要来源。[①] 而且，从税费制度的征收上看，还存在"征收范围过窄"以及"定价过低"等问题。这也在很大程度上限制了对西北内陆河流域水生态补偿的投入，造成的结果就是生态补偿仍然只能长期内主要依靠国家的财政转移，难以形成可持续的生态补偿基金供给模式。基于以上问题，认为西北内陆河流域水生态补偿基金来源过于单一，影响该地区水资源的利用和保护，甚至影响整个区域的生态环境保护以及经济社会的可持续发展。

因此，流域生态补偿基金来源仍然是一个需要考虑的问题，既不能过度依靠政府财政转移，还需要进一步制定合理的收费标准，通过征收税费等经济手段积累生态补偿基金，进而加强对水资源的利用管理，促进水生态环境保护。

第五节　水资源保护行政奖励法律制度方面的问题

水资源善治的实现需要采取一定的激励机制。正如博登海默所言："如果人们不得不着重依赖政府强力作为实施法律命令的手段，那么这只能表明该法律体制机能的失效而不是对其有效性和实效的肯定。"[②] 因此，传统行政法所强调的行政行为的强制性，在现代法制发展过程中凸显出其不可忽视的弊端。行政强制的恶性执法与低效，加之正逐渐增强的权利意识和民主观念，使得行政机关与行政相对人之间矛盾丛生，行政强

---

① 严乐：《西北内陆河流域水资源管理法立法探析》，硕士学位论文，长安大学，2013 年。
② ［美］博登海默：《法理学：法律哲学与法律方法》，邓正来译，中国政法大学出版社 2004 年版，第 345 页。

制手段声誉渐衰。

与此同时，越来越多带有契约、指导、协商、鼓励、帮助等具有私法性质的柔性手段——非强制行政行为，逐步确立并运用到行政管理之中，而行政奖励便是其中最为引人注目的制度之一。在环境行政执法过程中，行政奖励也逐步引起人们的关注。所谓环境行政奖励是环境行政主体依照法定条件和程序，对在环境保护工作中作出重大贡献的单位和个人，给予物质或精神鼓励的具体行政行为。① 环境行政奖励制度，在"经济人"假设的前提下，充分考虑到公民在特定的条件下，能通过成本—收益计算以寻找并借助于最佳途径来实现自己认为的最为理想的效果。不能要求每个人都能成为环保卫士，不能要求每个人都能为环保事业大公无私、克己奉公，明智而理性的做法是正视并接受人的自利性，并通过设立必要的制度，来引导、规范、激发人的行为。环境行政奖励，就是依靠行政相对人对自身利益的关心来促进尽可能多的人参与环保。② 在环境保护工作中奖励机制的作用是不可忽视的。法律的调节手段通常是事后惩罚，即发挥补偿性、警示性的作用，法律终究是所有社会关系调整手段的最后一道防线，当出现法律调整时，说明环境危害已经发生。然而，积极的奖励机制则会刺激、引导公民改变各自的行为模式，进而避免环境问题的产生。所以，单纯的法律义务性规定或者原则性号召，也许可以发挥一定的行为引导作用，但对绝大多数公众而言，则无法产生最佳的激励效果。当存在利益或声誉的激励时，一方面在公众内部形成积极的宣传教育作用，另一方面可以有效地激发公众投身环保事业的热情。因此，既然法律法规已经明确对行政奖励作出相关规定，那么切实地落实该规定，对于正向促进西北内陆河流域环境保护具有积极的作用。③ 同时，环境权、发展权与和平权共同构成第三代人权，对增强公民环境权利意识、激发公民行使环境权利的热情也有着要积极的意义。

我国西北内陆河流域远离海洋，是典型的干旱半干旱内陆地区，年

---

① 张梓太、吴卫星：《环境与资源法学》，科学出版社 2002 年版，第 150 页。

② 黄莉敏：《环境行政奖励制度研究》，硕士学位论文，福州大学，2006 年。

③ 严乐：《西北内陆河流域水资源管理法立法探析》，硕士学位论文，长安大学，2013 年。

均降水量不足 400 毫米，但却担负着西北地区生态涵养、生产生活供水保障的重任。因此，做好西北内陆河水资源环境保护，对西北地区经济发展、人民生活水平提高有着不可估量的作用。① 环境行政奖励制度在西北内陆河水资源保护中正逐步凸显出重要的作用。但是，目前我国行政奖励还没有实现法制化，行政奖励的条件（标准）、奖励形式、奖励权限和奖励程序有待完善，对行政奖励的异议和救济的渠道还不畅通②，使得行政奖励的实施仍处于无序状态，致使这种新型的环境管理手段的作用得不到充分发挥，极大地阻碍了我国环境保护事业的发展。总体来看，环境行政奖励制度的功能性障碍在于环境行政奖励观念落后、环境行政奖励法律规定不完善、环境行政奖励实施混乱。从环境行政奖励制度的立法角度来看，主要问题在于奖励主体含糊，奖励条件过于笼统，奖励种类、等级不明确以及缺乏程序性规定。从环境行政奖励制度的实施角度来看，首先，环境行政主体的奖励观念滞后；其次，环境行政奖励工作人员的素质偏低；最后，缺少有效的监督机制。

在我国环境保护法律体系中，有不少关于环境保护行政奖励的规定，但都散见于各类法律、行政法规或地方性法规和地方政府规章中，并未形成系统的规范体系。同样，现行西北内陆河水资源环境保护法律体系中也有环境行政奖励方面的原则性规范，这些规范为西北内陆河水环境行政奖励的实施提供了一定的法律依据，但是总体上作用比较有限，主要原因在于法律规范体系不完整和地方政府重视不够。

一 行政奖励法律规范体系不完善

（一）重原则性规范，轻具体性规范

环境行政奖励对于提高全社会的环境意识，加强环境法制教育，激励人们积极主动地参与环境保护活动，树立保护和改善环境的良好社会风气有着十分重要的作用。③ 西北地区内陆河流域环境保护法律规范中不

---

① 刘志仁、严乐：《西北内陆河水资源保护行政奖励法律制度研究》，载《青海社会科学》2012 年第 3 期。

② 袁曙宏、应松年：《走向法治政府》，法律出版社 2001 年版，第 266 页。

③ 张梓太、吴卫星：《环境与资源法学》，科学出版社 2002 年版，第 150 页。

乏关于环境行政奖励的规定，其立法本意有二：其一，环境行政部门有义务对在环境保护中有突出贡献的公民和个人进行行政奖励；其二，个人与单位有获得环境行政奖励的权利。[1] 然而这些规定多表现出倡导性、原则性，缺少具体的可操作性的规范，使得行政奖励制度不能真正落实。

（二）注重实体表述，忽视程序保障

程序合法是现代行政法治的基本原则和具体要求，也是保证实体规范合法有效的重要保障。[2] 正如有学者指出：通过对行政行为过程的控制以规范行政权力的行使已成为当代行政法发展的一大趋势。[3] 在我国现行的环境保护法律规范中，有较多关于行政奖励制度的规定。西北内陆河流域生态环境保护的法律规范中也有不少相关规定，如《新疆维吾尔自治区实施〈水法〉办法》第 8 条规定："在开发、利用、保护、管理水资源，防治水害，防旱抗旱，节约用水和进行有关科学研究等方面成绩显著的单位和个人，由各级人民政府给予奖励。"《武威市节约用水管理办法》第 7 条规定"市、县（区）人民政府要建立节水型社会建设专项资金。专项资金主要用于节水项目建设补助、节水技术推广、节水宣传培训、奖励节约用水成绩显著的单位和个人"等。[4] 但是不难发现，在有关西北内陆河流域行政奖励的立法中，注重实体性权利的规定，缺少程序性规范的保障，使得实体性行政奖励效果无法实现。例如，如何进行行政奖励、遵循哪些程序、行政奖励是依相对人申请启动还是行政机关依职权启动、行政相对人的权利救济途径为何等，这些程序性保障规范的缺失导致西北内陆河流域水资源环境保护行政奖励具体工作无法深入有效开展。

（三）强调自由裁量，缺少明确引导

在我国现行西北内陆河环境保护法律规范中不乏关于行政奖励的原

---

① 黄莉敏：《环境行政奖励制度研究》，硕士学位论文，福州大学，2006 年。

② Sehring J., "Irrigation reform in Kyrgyzstan and Tajikistan", *Irrigation and Drainage Systems*, Vol. 21, No. 3, 2007, pp. 277 - 290.

③ 孙笑侠：《法律对行政的控制：现代行政法的法理解释》，山东人民出版社 2000 年版，第 233 页。

④ 刘志仁：《西北内陆河流域水资源保护立法研究》，载《兰州大学学报》（社会科学版）2013 年第 5 期。

则性规范，这些规范为行政奖励在西北内陆河流域的环境保护具体行政管理提供了法律依据。但在现实中行政奖励制度并未真正发挥应有的作用，主要表现在：其一，环境行政部门渎职或不作为，对真正取得环保成绩的单位或个人不进行奖励；其二，环境行政部门滥用职权，乱设奖励，使行政奖励制度成为既得利益集团的专属福利。因此，建立健全具体明确的行政奖励制度对西北内陆河流域水资源保护具有积极意义。另外，我国行政奖励制度规范中对于奖励只有"成绩显著"一项判定标准，而在如何认定成绩显著方面就赋予了环境行政机关极大的自由裁量权。然而，这样的自由裁量权会带来两种不利结果：或者不对作出成绩的单位和个人认定为具备奖励条件，或者将行政奖励作为筹码，对一些与行政机关有利益关系的单位和个人进行奖励。因此，由于缺少明确的规定，对"成绩显著"界定较为随意，极易造成环境行政主体的独断专行，偏离了西北内陆河水资源保护环境行政奖励制度的立法本意。

二　地方政府对行政奖励制度关注程度不高

目前在地方政府适用行政奖励制度过程中，存在法律规范未明确予以肯定、普法力度不够、效果不佳、缺乏有力的监督机制等问题。首先，在我国法律体系中除了《宪法》和《环境影响评价法》中部分条款相对明确地规定了公民的环境权利外，其他法律及行政法规、部门规章对此规定较为概括。因此在西北内陆河保护过程中，公民环境权利意识淡漠并不奇怪，而在行政奖励制度中更是如此。其次，在西北内陆河环境保护普法工作方面存在力度不够、方法不合适、效果不佳等问题，表现出普法"走过场"、形式化等现象。公众通过普法对内陆河环境保护的法律法规的认识度并未有显著提高，关乎自身环境权利以及具有激励作用的行政奖励机制的普及还未深入人心。最后，环境行政权力由法律授权给政府行使，政府在行使权力的过程中理应接受法律的约束和监督。法律授予环境行政权力的同时，应当有相应的监督机制保证其有效执行。①

---

①　刘志仁、严乐：《西北内陆河水资源保护行政奖励法律制度研究》，载《青海社会科学》2012年第3期。

（一）传统的强制性行政意识根深蒂固

在两千多年封建统治影响下，形成了明显的行政强制性特点和民众的顺从意识，这就为环境行政强制性手段的运用提供了可能性。新中国成立后，行政强制性手段一方面与计划经济的大背景相辅相成，另一方面由于其直接性、高效性、强制性等优势，满足了当时特定时代经济发展、环境保护的需求。因此，我国过去环境保护执法工作取得的不少成就得益于强制性行政手段，这也促使我国环境行政部门对强制性行政手段的依赖，即使在以"命令＋控制"为基本特征的行政强制手段已经表现出越来越明显的不合时宜，仍倾向于对行政强制性手段的重视。

（二）地方政府部门私利诉求的阻碍

政治舞台上的政治人和市场中的经济人都追求特定利益，即政府绝不是毫无利益追求的超然主体。而行政奖励，在一定程度上意味着对政府利益的分配。[1] 行政奖励制度要保证各用水主体的交易成本和交易利益平衡，任何一方主体的成本增加和利益减少都会相应地使另一方主体的成本减少和利益增加，这种不平衡的交易状态必然是不公平、不稳定的。[2] 在西北内陆河流域水资源保护工作中，相关水行政主管部门一方面要履行国家、人民和法律赋予的职责义务，另一方面不可否认其也有自身的利益追求。同时，在行政奖励制度具体实施中还涉及与之相配套的执法"软硬件"，如预算、申请、评定、审批、监督等，当缺少了法律的强制性规范，必然无法将行政奖励制度落到实处。

第六节　水资源管理责任法律制度方面的问题

一　水资源管理职责不清

我国重要的江河流域都具有跨省区特点，这也使得协调流域管理与行政区域管理的关系尤为重要。在流域水资源管理实践中，管理主体的

---

[1] 李磊：《我国流域生态补偿机制探讨》，载《软科学》2007 年第 3 期。
[2] 朱艳丽：《西北内陆河流域水权交易法律制度研究》，硕士学位论文，长安大学，2012 年。

职责问题始终是关系流域可持续发展的关键内容。

（一）我国水资源管理体制的发展历程

我国水资源管理体制的发展主要经历了如下三个阶段：

1. 第一阶段：多部门、分散管理模式

中华人民共和国成立之初，我国水资源管理实行多部门管理模式。国家设立水利部，主要负责拟定全国水利工作的重要方针政策等工作，农田水利由农业部管理，水力发电由燃料工业部管理，内河航运和城市供水则由交通部和建设部负责管理。在此阶段，从没有统一的水行政主管部门发展为水资源管理职责逐渐由水利部统一负责，并且水利部接管了农田水利和水土保持工作。之后水利部和电力部又经历了被撤销和恢复与合并。1984 年，水利电力部成为全国水资源的综合主管部门，下设省、地、县三级水利行政管理机构。总体来说，1988 年《水法》颁布之前，我国实行的是多部门、分散管理模式，没有统一的水资源主管部门，水资源管理缺乏系统性和整体性，流域、区域水量分配、水质保障等规定分散于有关水利管理的法规、规章和政策性文件中，执行力度和管理效果较差，呈现出"多龙管水"的局面。

2. 第二阶段：统一管理与分级、分部门管理相结合的管理模式

1988 年《水法》明确规定：国家对水资源实行统一管理与分级、分部门管理相结合的制度；水利部是国家水行政主管部门，主要负责全国水资源统一管理工作；其他相关部门协同水行政主管部门负责有关的水资源管理工作；县级以上地方人民政府水行政主管部门和其他有关部门，负责各自辖区内有关的水资源管理工作。至此，全国水资源管理形成了统一管理与分级、分部门管理相结合的管理模式，并且在很长时期内确实发挥了重要作用。但是，1988 年《水法》虽然也规定了开发利用水资源和防治水害应当按流域或者区域进行统一规划，却未对流域管理机构的法律地位及其管理职责作出明确规定，使得流域管理机构的作用不能发挥，制约了流域水资源的统一管理。

3. 第三阶段：流域管理与行政区域管理相结合的管理模式

1998 年，国务院进行机构改革，调整了一些政府部门的职责权限，对水行政管理职责进行了重新确定。为了更好地对全国水资源进行统一

管理，国务院水行政主管部门授权在国家确定的重要江河、湖泊成立流域管理机构，即长江、黄河、淮河、珠江、海河、辽河和太湖七大流域管理机构，作为水利部的派出机构，行使《水法》《防洪法》《水污染防治法》《河道管理条例》等法律法规规定的和水利部授予的水资源管理和监督职责。1998 年国务院机构改革后，水利部成为水行政工作的主管部门并接管了地下水的管理工作，国土资源部不再承担地下水的管理职能。直到 2002 年，《水法》规定"国家对水资源实行流域管理与行政区域管理相结合的管理体制"。国务院水行政主管部门在国家确定的重要江河、湖泊设立的流域管理机构，在所管辖的范围内行使法律、行政法规规定的和国务院水行政主管部门授予的水资源管理和监督的职责。由此可以看出，我国水资源管理从分级、分部门管理转向了流域管理与行政区域管理相结合的综合管理模式。

（二）行政区域管理与流域管理的关系

行政区域是按照一定级别的政府所辖行政区域进行划分的结果。根据《水法》和其他相关水事法律的规定，我国水资源行政区域管理主要分为国家级、省级和县级三个不同的管理层次。《水法》第 12 条规定国务院水行政主管部门负责全国水资源的统一管理和监督工作，表明国家级水行政主管部门全面管理全国水资源。《水法》第 13 条规定县级以上地方人民政府有关部门按照职责分工，负责本行政区域内水资源开发、利用、节约和保护的有关工作，表明县级管理是最基础的管理。另外，省级水行政主管部门是介于二者之间的一种管理，它一方面受国家水行政主管部门的指导，结合本行政区域的实际情况，组织实施水事法律规范；另一方面，它同时也对本行政区域内的县级水行政主管部门的水资源管理工作进行指导。但是在实践中，三级管理层次并不能完全分开，因为一项具体的管理事务往往会涉及两个或三个级别的管理机构，或者需要由它们共同完成，而这就有可能在一定程度上暴露权责不明确的体制弊端。

我国水行政主管部门的职能包括：负责拟定全国水利工作的方针政策、进行中长期规划，起草相关法律、法规，并制定部门规章，组织编制流域综合规划、水资源保护规划并监督实施；实施对水资源的统一监督管理，负责重要流域、区域以及重大调水工程的水资源调度；组织实施取水许可、水资源有偿使用制度和水资源论证、防洪论证制度；负责水资源保护工作、审核水域纳污能力、对限制排污总量提出意见、指导饮用水水源保护工作、指导地下水开发利用和城市规划区地下水资源管理保护工作；负责防治水旱灾害，承担国家防汛抗旱总指挥部的具体工作，指导大江、大河、大湖的治理和开发；负责防治水土流失；负责重大涉水违法事件的查处，协调、仲裁省间、区间、市间水事纠纷，对水利资金的使用进行宏观调节，指导水利设施、水政监察和水行政执法，审查大中型水利基建项目建议书和可行性报告。

其他相关部门在各自职责范围内，协同管理水资源。（1）生态环保部门负责拟定国家环境保护方针、政策，制定行政规章，进行环境影响评价，制定环境保护规划并且监督实施；拟定重点流域的污染防治计划并且监督执行；制定生态环境保护规划；调查处理重大环境污染事故和生态破坏事件，指导、协调省际环境污染纠纷；审核城市总体规划中的环境保护内容等。（2）自然资源部门管理水文地质测试，防止地下水过度开采，保护地质环境；承担保护与合理利用土地资源、矿产资源、海洋资源等自然资源的责任，组织拟订国土资源发展规划和战略；组织编制矿产资源、海洋资源等规划以及依法保护土地资源、海洋资源等自然资源所有者和使用者的合法权益，管理和监督土地开发和利用。（3）住房和城乡建设部门指导城市供水、节水，指导城市规划区内地下水的开发利用与保护。（4）农业农村部门指导渔业水域、宜农滩涂、宜农湿地的开发与利用。（5）交通运输部门主要通过对航运的管理防止船舶污染；承担公路、水路建设市场的监管责任，拟订公路、水路工程建设的相关政策并监督实施；组织协调公路、水路有关重点工程的安全生产监督管理工作，按规定负责港口规划和岸线使用管理工作等。

流域（区）是指具有共同去向（同一湖泊、同一海洋等）的地表水和地下水所流经的区域，它是以河流为中心，被分水岭所包围的、天然的集水区域，是一个从源头到河口、自成体系的水资源单元。① 流域是一

---

① 史玉成：《论环境保护公众参与价值目标与制度构建》，载《法学家》2005年第1期。

个完整的系统，不仅包括上中下游、支流和干流、水质与水量等，还包括土地、森林、植被等自然要素，各组成部分不可分割是流域的自然属性。从经济发展角度来看，流域与国民经济的发展息息相关，上游的水资源管理会对下游产生很大的影响。因此，在对水资源进行开发利用时，就要充分考虑经济发展因素。从社会发展角度来看，流域作为不同产业、不同地区的纽带并将其联系成为一个有机整体，这也是流域的社会属性。一个流域可能会流经几个不同的行政区域，因此，在解决跨界河流水资源的管理问题时，就需要不同行政区域之间的沟通与协调，这为流域管理的产生和发展奠定了最基础条件。流域管理（又称统一管理、综合管理）是将流域看作一个完整的统一体，同时考虑其中的自然资源、生态环境和社会经济要素之间的相互作用、相互依赖、相互制约关系，进而通过政策、法规、监督等手段对水资源进行开发、利用、保护的综合管理。流域管理的目的是保障流域水资源的可持续利用，促进流域水资源的可持续发展。[1] 流域管理涉及流域管理机构的设置、地位、职权、协调机制、公众参与机制和监督机制等事项。

　　行政区域管理与流域管理相互补充的关系。第一，根据《水法》规定，我国实行流域管理和行政区域管理相结合的管理体制，在这种体制下流域管理和行政区域管理的侧重点不同。行政区域管理层次上地方水资源行政主管部门代表的是区域利益，它仅仅对本行政区域内的水资源进行统一管理。而流域管理机构则代表流域的整体利益。行政区域管理以追求区域水资源经济利益最大化为主要目标，而流域管理的目标是实现流域整体利益的最大化，保障水资源的可持续发展。第二，流域管理和行政区域管理相互补充、相互制约。行政区域管理针对区域内水资源，运用行政手段有效地改善区域内水资源环境，避免流域管理权力过分集中；流域管理则针对整个流域水资源进行统筹规划，发挥水资源的最大经济、社会和环境效益，并同时避免行政区域管理因忽视流域整体性而可能导致的问题。第三，流域管理与行政区域管理有所不同。流域管理

---

　　① 刘志仁、严乐：《当前西北内陆河流域农民用水者协会健全法制路径探析》，载《宁夏社会科学》2013 年第 1 期。

的对象是流域，以流域为单元，对水资源实行统一管理；而行政区域管理的对象是行政区域内的水资源。流域管理基于水的自然属性进行管理，目的是合理、有效，公平地利用和保护水资源；而行政区域管理基于水的经济和社会属性，注重经济社会利益，以充分发挥区域内水资源的优势。

目前，水资源分割管理造成的混乱现象十分严重。虽然《水法》规定了我国实行流域管理与行政区域管理相结合的水资源管理体制，但是流域管理机构和行政区域政府（或其部门）之间、不同行政区域之间、不同政府部门之间在水资源管理方面仍存在严重的职责不清、分工模糊、运转不畅的问题。2012年1月12日国务院发布的《关于实行最严格水资源管理制度的意见》要求："严格控制流域和区域取用水总量。加快制订主要江河流域水量分配方案，建立覆盖流域和省、市、县三级行政区域的取用水总量控制指标体系，实施流域和区域取用水总量控制。"但是，针对取水量较大的用水申请，只有流域管理机构和较高级别的水行政主管部门才有审批权，县级水行政管理机构的许可审批权限小，而且实行谁许可谁进行监督检查的审批监督制度。这样就产生了一系列密切相关的问题：在流域管理区域和行政管理区域通常不一致的情形下，由哪一个有许可审批权的机关作出许可？它应该如何同另一类许可审批机关进行协调？各自如何履行控制取用水总量的职责？在省市县三级行政区域取用水总量控制指标体系中，在指标通常已经分配到县的情形下，对于超过目前的县级许可审批权限的用水申请，如果由流域管理机构或者较高级别水行政主管部门进行许可审批并进行许可后监督检查，县级政府及其水行政主管部门如何对本行政区域内的取用水总量进行控制？对于一个新的取用水大户的用水指标超过所在县已有取用水指标的情形下，流域管理机构或者上级水行政主管部门的有权许可审批是否意味着它有权变更已经确定的区域取用水总量？是否意味着它有权通过减少其他行政区域的取用水总量指标而限制被减少行政区域的经济发展？①

---

① 胡德胜：《最严格水资源管理的政府管理和法律保障关键措施刍议》，《最严格水资源管理制度理论与实践——中国水利学会水资源专业委员会2012年年会暨学术研讨会论文集》，黄河水利出版社2012年版，第165—169页。

（三）西北内陆河流域水资源管理职责问题

西北内陆河流域在水资源管理体制上，基本坚持《水法》规定的区域管理和流域管理相结合的模式。需要注意的是，《石羊河流域水资源管理条例》规定流域水资源管理实行流域管理和行政区域管理相结合的体制，但该条例同时又指出，在处理流域管理与行政区域管理的关系时，流域管理优先于行政区域管理。但是，多数西北内陆河流域水资源管理法律基本还是直接套用我国水法中关于"流域管理与行政区域管理相结合"的笼统表述，实施流域与区域管理并行的管理体制。

2011年中央一号文件要求完善流域管理与区域管理相结合的水资源管理制度，要求建立事权清晰、分工明确、行为规范、运转协调的水资源管理机制。2012年国务院《关于实施最严格水资源管理制度的意见》也明确要求，水资源管理体制的改革和创新要在坚持区域管理和流域管理相结合的原则下展开，对水资源的管理做到全面综合、协调统一。但是，水资源管理制度的运行在西北内陆河流域存在很多问题，比如，流域管理部门往往缺乏有效的实体和程序方面的权力，无法与行政区域管理部门之间进行协调。流域管理机构虽然从流域全局出发制定水资源分配方案，但该方案在实践中很难得到各级行政区域管理部门的重视和有效落实。在短期经济增长目标和政绩的驱使下，行政区域管理部门对于有较强经济实力的生产企业往往放松环境监管或优先保证其用水需求，忽视了水资源合理开发利用的重要性，导致各省、市之间争夺水资源的情况时有发生。所以，要实现流域水资源可持续利用的目标，就需要真正落实流域管理与行政区域管理相结合、流域管理优先的水资源管理体制。

二　各级水务部门考核制度缺失

我国政府行政过程中存在的普遍问题之一是政府水资源管理责任考核制度不健全。目前，我国关于水资源管理责任考核制度，基本上是政府及其部门自定考核目标、考核落实情况和考核结果等，缺乏公众参与考核的制度机制，公众和利益相关者参与的理念尚未真正落实，考核没有起到真正监督检查的作用。① 2011 年中央一号文件明确要求建立水资源管理责任和考核制度。通过对石羊河、黑河和疏勒河等主要西北内陆河流域水资源行政管理的调查和对相关条例进行解读,认为西北内陆河流域内各级水务部门的考核制度存在诸多问题,主要表现在:考核缺乏具体规章办法作为正式依据;未明确规定考核指标从而使考核目标模糊;对考核结果缺乏相应的惩罚或奖励机制。② 究其原因,在环境资源管理中,地方政府大多依然坚持强人类中心主义的观念以及盲目追求经济增长的政绩观和片面的发展观,忽视生态建设和环境资源保护的重要性。

环境保护与经济发展之间具有内在的冲突性,在经济发展落后、水资源短缺的西北内陆河流域,矛盾尤为明显。水务部门在水资源分配、管理过程中,更多倾向于能迅速带来经济效益的企业。在政绩考核中,有关水资源节约和保护工作占有的比重很小。重政府经济增长,轻政府环境保护的现象十分明显,这是"视经济增长指标特别是 GDP 指标为硬指标,视环保指标特别是节水保水指标为软指标"的不可持续发展观在环境法治领域的反映。在环境立法中,还体现环境保护对经济发展的让步。经济发展固然重要,当某项工程或某一产业会严重破坏环境和生态但同时能给地方带来巨大的经济效益时,选择就变得十分重要。现实中正是基于这种情形使一些环境保护行政主管部门面对一些环境违法行为和违法企业时很难严格执法。所以,环境行政主管部门无权、环境执法不力的根本原因始终是对地方经济利益的追求。③

西北内陆河流域地区经济发展较慢,一些地方政府为了促进当地经济发展、增加税收,对于污染型企业,地方政府采取默许、放任甚至纵容的态度,不惜以牺牲环境来换取经济效益,甚至有时充当违法企业的保护伞,对环境行政执法设置多重障碍。④ 这直接导致西北内陆河流域各

① 胡德胜、王涛:《中美澳水资源管理责任考核制度的比较研究》,载《中国地质大学学报》(社会科学版) 2013 年第 3 期。

② 韩民青:《从人类中心主义到大自然主义》,载《东岳论丛》2010 年第 6 期。

③ 严乐:《西北内陆河流域水资源管理法立法探析》,硕士学位论文,长安大学,2013 年。

④ 刘志仁、吴虹:《如何完善西北内陆河流域环境行政执法》,载《环境保护》2012 年第 5 期。

级水务部门在行政执法过程中，对水资源总量配置、使用效率提高和污染防治措施的实施都以经济增长为考虑。[1] 西北内陆河流域水资源管理考核制度不健全，使得地方政府忽略对水资源的保护，水资源过度开发利用的现象普遍存在。在管理责任监管方式方面，西北内陆河流域管理机构缺乏有效的监管职能。[2] 我国实行流域管理与行政区域管理相结合的水资源管理体制，有关西北内陆河流域水资源管理的法律也对责任和考核制度作出规定，但这些规定并不清晰，对责任的承担主体和承担方式的规定过于原则化，不具有切实的可操作性。[3] 当出现水污染问题时，往往将更多的责任推给用水单位，而水资源管理主体几乎不承担任何责任，这就说明水资源管理主体在拥有较大职权的情况下却承担较小的责任。[4]

流域管理机构在水资源监督管理过程中应该发挥重要作用，这与流域管理机构的职能特点密切相关。一方面，流域管理机构需要从流域整体出发进行水资源全局规划及调度；另一方面，流域管理机构负有保护流域内水资源的责任。与地方政府相比，其更加强调经济的发展需要以水资源的承载力为前提，考虑流域内经济社会的可持续发展，而不是以牺牲水资源保护为代价片面追求经济增长。然而，在实践中，西北内陆河地区的流域管理机构并不具备实际的行政强制权，对于各级行政区域水资源管理部门落实其规划和方案的状况缺乏有效的监督权。最严格的水资源管理制度只有在最严格地落实水资源控制指标的基础上才能发挥效力。最严格水资源管理制度的实行重在落实，而建立水资源管理责任与考核体系又是最严格水资源管理制度的最终目标和各项措施得以落实

① 赵基尊：《甘肃省最严格水资源管理制度考核体系研究》，载《中国水利》2013年第9期。

② 戚晓明、张可芝、金菊良等：《新常态下落实最严格水资源管理制度考核研究——以蚌埠市为例》，载《华北水利水电大学学报》（自然科学版）2016年第4期。

③ 姚国刚：《塔里木河流域落实最严格水资源管理制度的思考》，载《黑龙江水利科技》2013年第5期。

④ 袁笑瑞：《西北内陆河最严格水资源管理法律制度践行研究》，硕士学位论文，长安大学，2014年。

的关键保障。①

没有严格的考核依据，河流管理的好坏没有数据做支撑，很难为上级提供真实的参考依据，最严格的水资源管理制度在主要目标中要求确立水资源开发利用控制红线、用水效率控制红线和水功能区限制纳污红线，并对"三条红线"有着明确的指标要求。到 2030 年将全国用水总量控制在 7000 亿立方米以内，用水效率应达到世界先进水平，万元工业增加值用水量控制在 40 立方米以下，水功能区纳污主要污染物入湖控制在纳污能力范围之内，水质达标率提高到 95% 以上。可以看出，中央以明确的指标确立了"三条红线"，表明水资源管理法律制度应以更加明确的细则来实现。笼统的规定因其未能充分考虑污染物入河量、水功能区的性质，不能满足西北内陆河实现最严格水资源管理的要求，导致河流管理法律形同虚设。完善西北内陆河流域管理法律制度，要将出现的新问题及时融入，地方人大常委会要及时修改相关河流管理条例，增设新的法律规范来应对新问题的出现，切实贯彻"三条红线"。

2012 年国务院发布的《关于实行最严格水资源管理制度的意见》明确要求建立责任考核制度作为有效的保障措施。通过对西北内陆河流域相关管理条例的解读，发现流域内各级水资源管理部门考核制度形同虚设，考核对象没有具体到个人和岗位，考核执行主体往往是应付的态度，考核方式以材料汇报为主且材料的真实性缺少核实。考核结果为不合格时，只针对用水单位有处罚措施和具体的罚款数额，而对于有实体权力的管理主体则没有配套的处罚办法，导致的结果就是管理混乱、水资源被过度开发利用、水资源分配不均等。因此，责任考核制度的缺失使西北内陆河流域的最严格水资源管理无法实现。②

三 公众参与欠缺

公众参与首先是一种政治原则或者实践，后来逐渐发展成为一项权

---

① 胡四一：《落实最严格水资源管理制度的重要保障——水利部副部长胡四一解读实行最严格水资源管理制度考核办法》，载《特别关注》2013 年第 1 期。

② 袁笑瑞：《西北内陆河最严格水资源管理法律制度践行研究》，硕士学位论文，长安大学，2014 年。

利，成为政治民主化的重要组成部分。① 环境公众参与又被称为"依靠群众保护环境的原则"，通说认为公众参与原则包含三个方面的内容，首先是环境信息公开，即公众享有环境知情权，这是公众参与的前提和基础。其次是环境决策参与权，即保证每个公民参加环境政策决策的机会。最后是当公民的环境权益受到侵害时，可以有效地利用司法和行政措施进行维权，包括补偿和补救程序。公众参与可以增强政府决策和管理的公开性和透明度，使政府的决策和管理更符合民心民意以及反映实际情况，减少民众和政府之间的摩擦，加强政府和民众之间的联系与合作。② 环境资源保护关系广泛的公共利益，影响经济社会发展的可持续性和人们的生存与健康。公众参与已经成为环境保护法的一项重要原则并贯穿于各项环境资源保护实体和程序法律之中。③

在水资源管理和保护法律政策领域，公众参与也是重要内容。例如，我国《水土保持法》第 13 条第 4 款规定："水土保持规划的内容应当包括水土流失状况、水土流失类型区划分、水土流失防治目标、任务和措施等，编制水土保持规划应当征求专家和公众的意见。"甘肃省《实施〈水法〉办法》第 6 条规定："在制定水资源规划、用水定额、水量分配方案以及调整水价时，应当广泛征求社会各方的意见，举行听证。"此外，新疆《塔里木河水资源管理条例》以及甘肃省《石羊河流域水资源管理条例》也有公众参与相关内容的规定。西北内陆河流域保护具有重要的社会意义，脱离群众而仅依靠政府管理无法获得良好的效果，只有切实赋予群众参与权，充分发挥群众的力量促进政府与公众的良性互动，才能有利于水资源的可持续。④ 公众和利益相关者参与不仅是民主政治的体现，而且是公众特别是利益相关者维护其切身利益的重要途径，还是

---

① 胡德胜：《环境与资源保护法学》，郑州大学出版社 2010 年版，第 107 页。

② 刘志仁：《西北内陆河流域水资源保护立法研究》，载《兰州大学学报》（社会科学版）2013 年第 5 期。

③ Palmer M. A., Liermann C. A. R., Nilsson C., et al., "Climate change and the world's river basins: anticipating management options", *Frontiers in Ecology & the Environment*, Vol. 6, No. 2, 2008, pp. 81 - 89.

④ 严乐：《西北内陆河流域水资源管理立法探析》，硕士学位论文，长安大学，2013 年。

创新政府和社会管理方式、实现善治的关键内容。[①] 最严格水资源管理制度的贯彻和执行,绝非单纯依靠水务部门及其他相关行政机关的行为就能实现,公众的作用不可忽视。[②] 然而,在西北内陆河流域,对于公众参与的规定仍然存在重要的缺陷和不足,主要表现在:其一,相关规定以倡导性、原则性规范为主,缺乏可操作性。如对于政府部门怠于行政、疏忽监管的不作为的监督和处理,缺乏公众参与决策和处理决定的制定;环境法中有关公众参与的规定覆盖领域不全,彼此间呼应不足等。[③] 其二,公众参与制度通常出现在流域综合生态管理法律法规中,在机构交叉、职能重叠的管理模式下,各部门各领域对公众参与的立法方向局限于本部门的利益范围,不从流域综合生态管理的角度考虑,这样的公众参与制度凌乱分散,几乎无法发挥公众参与的实际意义。[④] 其三,公众参与的启动主体、方式、保障措施没有具体规定;侧重于实体方面的表述,缺乏明确的程序保障;在执法中公众对水资源管理机构的管理行为难以实施有效监督。其四,实践中跨区域环境行政执法困难重重,公众参与机制形同虚设。西北内陆河往往流经多个省市县(区),需要各政府协同合作,配合流域管理委员会进行跨区域行政执法。面对地广人稀的现实状况,还要充分发挥广大群众的积极性,切实落实公众参与机制。例如,黑河流经青海、甘肃、内蒙古 3 个省级行政区,流域面积大,各省区取水量和用水量不同,导致河流上游和下游地区用水矛盾激化。而流域管理委员会的执法人员有限,跨区域行政执法乏力,效率低下,公众参与制度又没有得到切实落实,直接导致黑河下游一度断流,生态环境恶化而得不到有效监管和治理。[⑤]

---

① 胡德胜:《最严格水资源管理的政府管理和法律保障关键措施刍议》,《最严格水资源管理制度理论与实践——中国水利学会水资源专业委员会 2012 年年会暨学术研讨会论文集》,黄河水利出版社 2012 年版,第 165~169 页。

② 刘志仁:《最严格水资源管理制度在西北内陆河流域的践行研究——水资源管理责任和考核制度的视角》,《西安交通大学学报》(社会科学版) 2013 年第 5 期。

③ 史玉成:《论环境保护公众参与价值目标与制度构建》,载《法学家》2005 年第 1 期。

④ 严乐:《西北内陆河流域水资源管理法立法探析》,硕士学位论文,长安大学,2013 年。

⑤ 刘志仁、严乐:《当前西北内陆河流域农民用水者协会健全法制路径探析》,载《宁夏社会科学》2013 年第 1 期。

目前西北内陆河流域关于水科学知识和水资源稀缺性认识宣传和普及的法律规定十分稀少。研究表明，人的潜在意识对行动具有巨大的影响，它通常情况下是行动的决定性因素；即使在进行平衡选择时，它也具有较大的影响。我国虽然在政策上鼓励进行宣传工作，然而这主要是政府主管部门的临时性活动，导致宣传缺乏长期性、系统性、稳定性。但是，水资源稀缺的严峻性却是长期的。对水资源稀缺、水污染严重、生态环境恶化的认识严重不足，是当前滥采、超采的潜意识驱动。[①] 通过在西北内陆河流域调研发现，大部分农民对公众参与相关制度和具体规定的认知度不高，农民真正参与的仅是指年初对于自家农业用水量的报送以及之后在灌溉期间对各自用水量的管理，缺乏对水资源管理的全程参与。缺少完善的制度规范，使得公众对水资源管理责任和考核制度的参与和监督很难发挥实际作用。

第七节　小结

本章以治理和水资源善治为视角，针对西北内陆河流域水资源管理具体制度，分析其存在的问题，从而为构建西北内陆河流域水资源治理制度提供了现实基础。西北内陆河流域水污染防治、水权交易、生态补偿、水行政许可、行政奖励、管理责任考核等各项制度存在的问题既有独特性又有共同性。与水资源善治目标相比，流域一体化管理难以有效落实、市场机制和激励机制尚不健全、公众参与难以得到保障以及责任追究机制不健全是制约该地区水资源善治目标实现的主要障碍。

[①]　胡德胜：《最严格水资源管理的政府管理和法律保障关键措施刍议》，《最严格水资源管理制度理论与实践——中国水利学会水资源专业委员会 2012 年年会暨学术研讨会论文集》，黄河水利出版社 2012 年版，第 165—169 页。

第四章

国外内陆河流域水资源治理制度及启示

放眼全球，开展国际合作，吸取各国在水资源治理方面的先进经验，才能更好地构建和完善我国西北内陆河水资源可持续利用的法律制度。因此，有必要研究世界典型内陆河治理的法律制度，分析其治理理论与实践，也是本书研究的重要内容。为了使比较的对象对我国西北内陆河流域水资源可持续利用有借鉴意义，本书在选择比较对象时考虑以下3个因素：首先，比较的对象是内陆河；其次，选择世界著名的内陆河，在长度和流量方面具有典型性；最后，比较的对象多在干旱半干旱区域。基于此，本书选择了非洲南部的奥卡万戈河，中东地区著名的约旦河，中亚地区的阿姆河和锡尔河，以及在欧洲选择了世界最长的内陆河伏尔加河和欧亚界河乌拉尔内陆河。对这些内陆河流域水资源可持续利用的法律制度进行分析，与中国西北内陆河流域水资源管理法律制度进行比较，寻找可以吸收借鉴的内容。

第一节　国外内陆河流域水资源治理制度

一　非洲奥卡万戈河流域水资源治理制度

奥卡万戈河又名库邦戈河（Cubango），是非洲南部的一条内陆河，也是非洲南部第四长河，发源于安哥拉比耶高原，向东南经纳米比亚流入博茨瓦纳，最后消失于奥卡万戈三角洲[1]。奥卡万戈河全长1600千米，

---

[1]　Arabindoo P., "Mobilising for water: hydro – politics of rainwater harvesting in Chennai", *International Journal of Urban Sustainable Development*, Vol. 3, No. 1, 2011, pp. 106 – 126.

流域面积80万平方千米，河口流量250立方米/秒。在博茨瓦纳境内，最大流量约为453立方米/秒（3—4月），最小流量约为170立方米/秒（10月）。奥卡万戈河的主要支流有奎托河、库希河等。南部支流大部分最终汇入恩加米湖，北部支流汇入宽多河（赞比西河支流）。奥卡万戈河为非洲西南部干旱地区提供生产、生活、生态用水，对当地经济和社会发展具有非常重要的意义。[①] 纳米比亚和博茨瓦纳是非洲南部最干旱的两个国家，以水为载体发展起来的旅游业是博茨瓦纳的第二大产业，河水维持着超过一百万人以及其他动植物的用水需求。在纳米比亚，奥卡万戈河还为其提供多样化的生态产品和服务。

　　针对奥卡万戈河流域水资源的利用制定良好的规划，对有效解决安哥拉、纳米比亚和博茨瓦纳这三个沿岸国家之间的冲突至关重要。[②] 在一体化管理理念的指导下，1994年纳米比亚、安哥拉和博茨瓦纳三个主权国家同意签署《奥卡万戈河流域水资源委员会（OKACOM）协议》（下称1994年协议）。根据该协议成立了奥卡万戈河流域水资源委员会，作为缔约方（三国政府）的技术顾问，保护、开发和利用缔约方（流域成员国）共同感兴趣的资源，并应履行与开发和利用这些资源有关的其他缔约方授予的职能。该委员会是一个相对年轻的机构，并且正在发展成为奥卡万戈河流域可持续发展的主要推动力，其作用是预测和减少由于不协调的资源开发而产生的意外，以及不可接受和不必要的影响。为此，奥卡万戈河流域水资源委员会开发了一种可持续的方法来管理流域，这种方法注重公平分配、可持续利用、良好的环境管理和惠益分享。1994年协议规定了奥卡万戈河流域水资源委员会的具体职责：确定流域长期的安全产量；预估消费者的合理需求；准备保护、公平分配和可持续利用水资源的标准；进行与水资源基础设施相关的调查；推荐污染防治措施；制定缓解短期困难的措施，如暂时性干旱；解决委员会决定的其他事项。非洲奥卡万戈河流域水资源可持续利用的法律治理方法可以归结

　　① Condappa D. D. , Chaponnière A. , Lemoalle J. , "A decision - support tool for water allocation in the Volta Basin", *Water International*, Vol. 34, No. 1, 2009, pp. 71 - 87.

　　② Green O. O. , Cosens B. A. , Garmestani A. S. , "Resilience in Transboundary Water Governance: the Okavango River Basin", *Ecology & Society*, Vol. 18, No. 2, 2013, pp. 344 - 365.

为以下几项：

（一）稳定多层次的国际政治合作协议

国际合作可以在奥卡万戈河流域国家之间乃至在全球层面创造可持续的水资源利用与和平建设的机会。除了 1994 年协议外，博茨瓦纳、纳米比亚还于 1995 年签署加入了《南部非洲发展共同体（SADC）水资源共享议定书》，该议定书旨在使该区域的用水符合国际水法的要求，特别是《联合国国际水道非航行使用公约》。议定书包括一些关键规定：共同水道系统内的成员国在所有可能对水道系统产生影响的项目中承担的义务，与其邻国进行密切合作；成员国应以公平的方式利用共享水道系统；成员国应使用和开发共享水道系统，以实现其最佳利用和与水道系统充分保护相一致的利益。议定书针对奥卡万戈河流域水资源开发与保护也作了规定，每个国家应告知其邻国所有相关计划，以开发或修改共享河流系统，共同努力确保每个国家分享这些计划的好处，并避免或最小化环境退化。[①] 虽然该议定书促进了成员国之间的合作，并为沿岸国使用水资源提供了和平的替代办法，但根据规定，需要沿岸国决策者的政治意愿。因此，尽管存在协议，水资源冲突仍有爆发的可能。此外，为了促进对奥卡万戈三角洲的保护，博茨瓦纳于 1997 年加入了《拉姆萨尔国际重要湿地公约》（下称《拉姆萨尔公约》）。《拉姆萨尔公约》是一项旨在促进保护受威胁湿地方面的认识和合作的国际协定。《拉姆萨尔公约》第 2 条规定，奥卡万戈三角洲被列为国际重要湿地。其中第 3 条规定，博茨瓦纳有义务保护湿地及其中的所有自然资源。为了遵守《拉姆萨尔公约》的原则，博茨瓦纳自 2000 年起制定了"国家湿地政策和战略"，并开展了关于奥卡万戈三角洲综合管理计划的研究。作为奥卡万戈河的沿岸国，纳米比亚也加入了《拉姆萨尔公约》。除此之外，另一个重要的国际公约是联合国《生物多样性公约》，而博茨瓦纳、安哥拉和纳米比亚也是该公约的签署国。《生物多样性公约》指出，个别国家保留根据其环境政策在

---

① Mbaiwa J. E., "Causes and Possible Solutions to Water Resource Conflicts in the Okavango River Basin: the Case of Angola, Namibia and Botswana", *Physics & Chemistry of the Earth Parts A/B/C*, Vol. 29, No. 15 - 18, 2004, pp. 1319 - 1326.

其各自国家使用资源的主权权利；在共享资源的情况下，个别国家的活动不应对其他国家受到影响的边界以外的环境造成损害。《生物多样性公约》对安哥拉、纳米比亚和博茨瓦纳十分重要，因为它确保任何成员国都不能进行对生物多样性和生态功能产生不利影响的活动。[①] 这表明，任何流域国家的社会经济发展应与所有其他流域国家协商并达成一致，以维持生物多样性，这对整个流域水资源的可持续开发利用和保护特别重要。

（二）准确专业的信息共享与统一规划

准确的信息是避免冲突的关键，为此，奥卡万戈河流域水资源委员会专员经常举行会议，而技术部门就奥卡万戈河流域水资源的可持续发展、有益利用、综合管理和保护有关的事项提供咨询意见。[②] 奥卡万戈河流域水资源委员会设有指导委员会（OBSC）管理项目，并在必要时提供咨询。指导委员会下设机构工作组、生物多样性工作组、水文工作组。其中，机构工作组主要负责专项问题的研究、环境评估、流域综合规划以及组织间协调。生物多样性工作组和水文工作组主要负责生物多样性和水文情况的数据和信息的收集以及监测。尤其值得一提的是，1994 年协议规定，各国有三个月时间向水文报告秘书处与各州的决策机构提供共享数据。此外，1994 年协议第 14 条规定每个国家向水文工作组报告有关洪水、干旱和污染水平的数据，以使奥卡万戈河流域水资源委员会能够建立和运行预警信息系统。这种水平的监测细节在国际协定中是非常罕见的，对于流域国的合作和适应给予很大的帮助。

（三）有效的监管机制和争端解决机制

奥卡万戈河流域水资源委员会在遏制程序腐败方面取得了巨大成效。例如，奥卡万戈河流域水资源委员会负责批准问责机制和文件，令国家代表委员必须披露所有潜在的利益冲突。此外，奥卡万戈河流域水资源

---

① Schulze S., Schmeier S., "Governing Environmental Change in International River Basins: the Role of River Basin Organizations", *Social Science Electronic Publishing*, Vol. 10, No. 3, 2012, pp. 229 – 244.

② Church J., Ekechi C. O., Hoss A., et al, "Tribal Water Rights: Exploring Dam Construction in Indian Country", *The Journal of Law*, *Medicine & Ethics*, Vol. 43, No. s1, 2015, pp. 60 – 63.

委员会可以"采取任何形式的法律程序以保护流域的水资源",这就使该委员会可以使用这个条款启动法律程序对与该委员会的保护任务相冲突的一方进行制裁。奥卡万戈河流域水资源委员会下设的秘书处的资金来源主要有两个渠道:一是成员国的资金支持,二是国际合作与捐助机构的支持。在这种资金供给模式下,外部机构也发挥着非常重要的监管作用,特别是捐助者。[1] 此外,诸如南部非洲发展共同体等外部力量也可能施加足够的影响,以通过诸如国际制裁或政治关系紧张等措施监管责令一方回归协议。[2] 同时,秘书处负责"预防冲突",其可以监测流域内的活动并向该委员会通报潜在的冲突,并且委员会可以通过法律诉讼程序预防和解决冲突。

二 中东约旦河流域水资源治理制度

"约旦河流域"是一个泛指的地理区域概念,位于中东地带,涉及约旦、巴勒斯坦、黎巴嫩、以色列和叙利亚五个中东国家。约旦河流域因其特殊的气候条件、地域位置、水利条件而被命名。[3] 约旦河流域主要指约旦河的源头以及其流经的国家。约旦河全长大约360千米,流域面积将近1.83万平方千米,最后注入死海。[4] 约旦河流域处于巨大的水资源短缺压力之下,阿以水资源冲突的最直接原因就是各方对有限水资源的相互争夺。另外一个引起各方争议的问题就是水质的下降。所以,约旦河流域的水资源冲突并非是单纯的水资源数量缺乏,还包括对有限的水资源的分配、使用和水质污染防治等一系列复杂问题。概括来说,约旦河

① 例如,2009年瑞典国际开发合作署支持该委员会秘书处的协议中即包含审计条款,规定如果该委员会偏离职能与规划,瑞典国际开发合作署将拒绝提供资金。

② Mbaiwa J. E., "Causes and Possible Solutions to Water Resource Conflicts in the Okavango River Basin: the Case of Angola, Namibia and Botswana", *Physics & Chemistry of the Earth Parts A/B/C*, Vol. 29, No. 15 – 18, 2004, pp. 1319 – 1326.

③ Jiang T., Fischer T., Lu X., "Larger Asian Rivers: Climate Change, River Flow, and Watershed Management", *Quaternary International*, Vol. 226, No. 1 – 2, 2010, pp. 1 – 3.

④ Unger – Shayesteh K., Vorogushyn S., Merz B., et al, "Introduction to "Water in Central Asia — Perspectives under global change"", *Global & Planetary Change*, Vol. 110, No. 110, 2013, pp. 1 – 3.

流域的水资源冲突主要是巴以水资源之争、约以水资源之争、叙以水资源之争、黎以水资源之争，即以以色列对四个阿拉伯国家的水资源政策和态度为核心内容。以色列与其邻近的四个阿拉伯国家对约旦河流域水资源的争夺属于稀缺性资源的"分配"矛盾问题。随着中东和平进程的发展，阿以双方的水资源冲突也逐步由战争转为对话，而且双方在水资源合作方面虽未形成统一的流域管理机构，但也进行了大量的努力和尝试，尤其在流域水资源双边合作方面取得了不少重要的成果。[1]

中东约旦河流域水资源可持续利用法律治理方法可以归结为以下几点：

（一）数字化管理平台的使用

过度的水分配、人口增长和农业用地的开发正在约旦河流域形成不可持续的局面。面对淡水资源的压力增加，水的规划和管理至关重要。正如"关于更好地管理流域的世界公约"和 2010 年 5 月经济合作与发展组织在西班牙萨拉戈萨的信息库和水资源管理决策讲习会所提到的："改善数据和信息收集，加强管理流域，建立和发展水信息系统（WIS）对于减少许多国家的信息不平衡至关重要。"在这方面，在地理信息系统（GIS）网络界面进行适应性合作的新概念下，水信息系统的建设已开始使用地理信息系统，并通过涉及所有水系利益相关者积极参与式的方法，为约旦河流域开发一个包括气候学和水文数据的共享跨界地球空间数据库。这种数据共享和分析的概念是 2012 年在马赛举行的世界水论坛上提出的解决方案之一。[2] 此外，由斯德哥尔摩环境研究所开发的水评价和规划系统（WEAP）软件已被用于显示和评估水资源管理情况。WEAP 可用于评估人口、土地利用和气候等一系列未来变化对供水和需求的影响，这些分析的结果可用于指导水资源的开发和管理。数字管理平台的使用是国家水资源总体计划的重要组成部分。目前，黎巴嫩正在使用 WEAP

---

[1]　Unger – Shayesteh K., Vorogushyn S., Merz B., et al, "Introduction to "Water in Central Asia — Perspectives under global change", *Global & Planetary Change*, Vol. 110, No. 110, 2013, pp. 1 – 3.

[2]　Comair G. F., Gupta P., Ingenloff C., et al, "Water Resources Management in the Jordan River Basin", *Water & Environment Journal*, Vol. 27, No. 4, 2013, pp. 495 – 504.

规划稀缺水资源的管理，并了解不同政策选择的影响。约旦也已开始使用 WEAP 对其所有含水层地下水的使用进行密切监测。[①] 约旦河 WEAP 系统根据约旦水利和灌溉部（MWI）等主要国家机构的最新可用数据，汇总有限数量的节点和传输链路中的供应和需求，从而降低有限情景的复杂性。在 GLOWA 项目内巴勒斯坦水务局（PWA）和农业部与以色列水务局（IWA），与约旦和巴勒斯坦这些利益攸关方进行持续对话，并根据最先进的水文气候情景制定了一致的需求和供应设想，使得能够对未来变化和适应备选方案的影响进行初步比较，并作为对具体管理方面进行更详细分析的基础。[②]

（二）多层次的区域对话机制

20 世纪 90 年代以来，在国际社会的强烈要求下，鉴于半个世纪以来约旦河流域国家因夺取水资源而发起的大量战争，更是为了缓解中东地区紧张局势，约旦河流域国家对于水资源的合作问题作出了大量的努力。针对约旦河流域管理，约旦和叙利亚于 1987 年 9 月 3 日签订了《利用雅穆克河水的协定》。之后 1991 年 10 月 30 日在马德里举行的中东和平谈判中采取"双轨道"谈判模式，即：（1）双边谈判，以色列分别同叙利亚、黎巴嫩、约旦和巴勒斯坦解放组织谈判，以解决各自间实现和平的问题[③]；（2）多边谈判，由阿以冲突双方同区域外国家一起进行谈判，目的是根本上解决阿以冲突，创造良好的国际合作开发和保护流域水资源氛围，并规划长远的和平与发展目标。在多边条约方面，水资源问题作为一个重要课题在多边谈判中进行研究。会议决定由美国主持组成水资源工作小组，日本和欧盟作为主要的协办方，主要任务是以节水措施为主的水资源管理、扩大有关水资源的数据积累、增加水的供应量、确立地区水资源管理与合作的基本框架。在之后的工作会议中确定并实施了如

---

① Hoff H., Bonzi C., Joyce B., et al, "A Water Resources Planning Tool for the Jordan River Basin", *Water*, Vol. 3, No. 4, 2011, pp. 718 – 736.

② Mathur G. N., Chawla A. S., *Water for Sustainable Development*, *Towards Innovative Solutions*, New Delhi: World Water Congress, 2005.

③ 刘卫：《现状与出路：约旦河流域阿以水资源合作研究》，硕士学位论文，华中师范大学，2007 年。

下项目：（1）地区水资源数据库项目；（2）中东地区咸水脱盐化研究中心；（3）向公众宣传节水意义项目；（4）中东水资源供求发展研究项目；（5）水法、水价和水资源管理法规框架的比较研究；（6）改进水质以优化集约农业项目；（7）水资源工作者培训计划。中东和平进程启动后，以色列、约旦、巴勒斯坦解放组织于 1996 年 1 月 13 日在奥斯陆达成了《关于与水及新的、额外的水资源有关的事务合作的原则宣言》，并于同年 6 月 12 日正式发表。这些成果都得益于马德里和会之后，在中东国家与国际社会的共同努力下开展的一系列双边与多边谈判。在双边条约方面，早在 1993 年 9 月签订启动双边谈判的《框架协议》时，约旦和以色列就表示要致力于合作探讨"解决水资源短缺的问题"。1994 年 10 月 26 日，约旦和以色列签订和平条约，就微咸水处理和约旦河水资源分配作出安排。根据协议，以色列在夏季和冬季分别有权从约旦河取水 1200 万立方米和 1300 万立方米，剩余水量由约旦使用。在 1993 年 9 月 13 日巴勒斯坦和以色列双方签订的《原则宣言》的附件《地区发展规划合作议定书》中，水资源分配问题被作为主要的处理事项，两国就水资源问题达成的主要协议内容包括：（1）以色列承认巴勒斯坦人享有对加沙地区、约旦河西岸水资源的权利，但是，这一水资源权利的性质与范围将在以后的谈判中加以确定。（2）建立一个联合水资源委员会以加强双方在水资源领域的协调与合作。在该委员会中，巴以双方享有相同数量的代表和表决权。联合水资源委员会的主要职责是：发放取水和输水设施的许可证；负责新水源开发和水处理计划；监督所有取水设施的水量配额执行情况。为了保障联合水资源委员会的决定得到执行，双方建立由双方水资源管理机构代表组成的联合监督与强制执行小组。（3）在过渡期内，约旦河西岸和加沙地区的巴勒斯坦人每年将得到 2860 万立方米的新增生活用水。以色列承诺将使用自己的输水设备每年向巴方提供 950 万立方米水，其中的 500 万立方米将提供给加沙地带的巴勒斯坦人。（4）双方同意，未来约旦河西岸地区的巴勒斯坦人每年需要得到 7000 万至 8000 万立方米的生活和农业生产用水，但水源的开发地将在最终谈判中加以解决。（5）双方同意成立一个包括美国在内的"三边委员会"，由美方在双方就水资源问题发生争议时进行调解。

近年来，由于地区一体化的发展，以及气候变化对约旦河生态环境的巨大影响，约旦河流域国家逐渐意识到沿岸各国在开发利用约旦河水资源、保护河流生态环境、维护地区和平与稳定方面拥有诸多共同利益，并为此付诸实践。[①] 2011 年 9 月，地中海盆地组织网络大会在葡萄牙波尔图举行会议，来自约旦、黎巴嫩、以色列的水利专家和流域组织的代表参加了会议。在这次会议上，签署了一份题为"更好地管理国家和跨界流域的公约"草案。该公约也在 2012 年 3 月的世界水论坛上提交并签署，用于流域管理和跨界合作。

（三）多种措施保障水资源可持续利用

为保障约旦河流域水资源的可持续利用，沿岸国采取多种措施：（1）通过提高水资源利用效率或降低需求来节水。农业部门注重农业技术方法实现，例如滴灌、引入较少水分密集型作物的新品种等。市政部门可以在市政方面或家庭用水方面实现节水。在家庭层面，通过鼓励使用经济工具、提升教育和培养节约意识进行自愿保护来实现，以及通过雨水收集和家庭废水的再利用以循环用水，此外还有园艺和节水厕等方面的其他节水措施。（2）流域或区域尺度干预措施，如人工降雨。（3）海水淡化技术，例如对中部半咸水含水层进行水淡化处理，可用于从农业回流中去除盐，以供应家庭用淡水。（4）水资源再利用和工业废水的再循环。例如，来自以色列城市地区的大部分城市污水被处理并运送到该国南部的农田灌溉。[②]

三 中亚阿姆河、锡尔河流域水资源治理制度

由于水资源管理不善，不仅在阿姆河和锡尔河下游，甚至整个流域的社会经济和生态状况都不容乐观。阿姆河下游的乌兹别克斯坦的花拉子模州和卡拉卡尔帕克斯坦共和国、土库曼斯坦达绍古兹州以及锡尔河

---

① Chen A., Abramson A., Becker N., et al, "A Tale of Two Rivers: Pathways for Improving Water Management in the Jordan and Colorado River Basins", *Journal of Arid Environments*, 2014, pp. 109 – 123.

② 杨立信：《阿姆河和锡尔河下游水资源一体化管理项目》，载《水利水电快报》2009 年第 4 期。

下游哈萨克斯坦克孜勒奥尔达州的总人口为295.02万（超过60%）。① 地区经济发展与用水保障的密切关系增强了沿岸国家的意志，认为必须将水资源管理置于平衡经济增长与保护生态系统的层面上。中亚阿姆河和锡尔河流域水资源可持续利用法律治理方法可以归结为以下几点：

（一）实施水资源一体化管理（IWRM）

水资源一体化管理优先满足生态和饮用水需求，在所有管理环节上减少非生产用水的损失，提高用水效率，同时建立稳定、平等和有根据的水量分配。阿姆河和锡尔河管理主体在总结费尔干纳盆地水资源一体化管理成功经验的基础上，针对流域进行统一管理、垂直领导，突破行政区域界限，以流域为单位进行整体规划，对流域内的水资源和水环境统一管理，这是流域管理取得成功的关键。位于河流上游的国家利用丰富的水资源和优越的地理位置，修建大型水库和发电站，阶梯式开发调节河流季节径流量。河流下游的国家地势平坦，农业发达、对水资源的需求量比较大。因此，下游国家常常是水资源一体化管理的积极倡导者，推动一系列管理计划的制定和实施。并且，通过修复和建设各主要河流上的水资源管理的建筑物和设备，疏通下游淤泥河道，增加水流的过流能力。沿岸国致力于重建两河流域的湖泊三角洲，增加下游水资源的储存能力，满足当地的生态和生活用水，保护当地的生态环境。流域内的各个国家均参与制定一体化管理原则，建立水资源一体化管理国家协调和支持小组，有力地推动水资源一体化管理进程，对流域内的水资源进行综合评估，制定详细的实施细则，签订相应的补充文件。充分考虑当地的自然环境和经济特征，健全各级水资源管理系统，升级改造农业灌溉用水设施，改变以往大面积漫水灌溉，采用滴灌等节约型灌溉方式。转变和关闭高耗水的能源产业。② 在奇姆肯特州阿雷斯市以西修建科克萨雷反调节水库，用来调节上下游灌溉与发电的矛盾，实现上下游国家对水资源的合理使用。并且建立流域管理委员会，定期召开正式会议，对流域内的重要事项进行决策。

① 付颖昕：《中亚的跨境河流与国家关系》，硕士学位论文，兰州大学，2009年。
② 刘涛：《试论治理型政府建设中的行政问责制》，载《行政与法》2017年第2期。

（二）沿岸国达成双边、多边协议和制定国内法

中亚处于干旱、半干旱地区，阿姆河与锡尔河是咸海流域最重要的两条河流。为了实现水资源的可持续利用和保护良好的水环境，哈萨克斯坦、吉尔吉斯斯坦、塔吉克斯坦、土库曼斯坦、乌兹别克斯坦五国签订了一系列协议，同时各国还颁布实施了国内水法。

（1）1991年2月，哈、吉、塔、土、乌签订了《共同管理并保护跨界水资源的协议》，决定继续执行苏联时期签订的分水协议，这是继苏联解体后五国之间的又一次联合，开启了中亚国家水资源利用与管理合作的大门。

（2）1998年3月，哈、吉、乌、塔签订《关于在锡尔河流域合理利用水资源与能源的合作协议》（即原《锡尔河水能协定》），协议主要内容是在平等的基础上每年对梯级水库泄水量、电力生产与输送、能源损失补偿进行协定。

（3）2002年10月，哈、吉、塔、土、乌达成《杜尚别宣言》，对咸海流域的阿姆河与锡尔河就2003—2010年改善生态环境和社会经济状况进行规定。这一协议规划对确保流域内水资源的径流量和质量提供了重要保障。

（4）塔、乌每年都签订《关于在锡尔河流域合理利用水资源与能源的合作协议》（主要针对卡拉库姆水库），哈、吉、乌每年都签署双边或多边《关于纳伦河—锡尔河梯级水电站的水和电能综合利用协议》，主要针对托克托古尔水库水资源的公平合理利用与保护。①

（5）2001年，吉尔吉斯斯坦议会通过了《跨境使用水体、水资源与水管理法》，该法明确规定：水具有经济价值，吉尔吉斯斯坦境内水资源是本国财产，邻国使用应该付费。该法律出台有助于缓解上下游国家之间在水资源使用方面的矛盾，一定程度上减轻了上游国家水利设施建设的成本费用，对经济匮乏的吉尔吉斯斯坦是非常有利的，而且能够对下游国家用水秩序起到间接的指引作用。该法律的继续实施，是解决流域

① 朱雅宾：《中亚跨境水资源合作——非正式国际机制的视角》，硕士学位论文，上海师范大学，2014年。

内水资源冲突问题的一大进步，对实现水资源的可持续利用意义深远。

（6）2000年，塔吉克斯坦颁布了新的水法，规定将灌溉系统的管理权转移给私营企业与集体农庄。[①] 更为重要的是，该水法还提出了基于国际水法的塔吉克斯坦国际水资源合作原则。

（三）建立水资源利用和保护机制

中亚地区最重要的两个水资源合作机构分别是水资源跨国协调管理委员会（ICWC）和拯救咸海国际基金会（IFAS），虽然它们属于非正式国际合作机制，不具备法律约束力，但是在政治或国际外交方面具有很大的作用。对于跨境河流来说，构建正式的国际合作机制是非常困难的，因为一旦履行不能，就要承担法律责任。而非正式国际合作机制则不同，可以利用非正式机制的灵活性在流域国之间发挥协调和监督的作用，这对跨境河流的国家是比较容易接受的，对我国流域治理具有非常重要的借鉴意义。

1. 水资源跨国协调管理委员会（ICWC）

水资源跨国协调管理委员会制定的咸海流域跨界水资源管理战略十分重要，对地区水资源利用与保护提供了有效保障。水资源跨国协调委员会的成立体现了当时中亚地区跨境水资源合作的最高水平，对该流域水资源的可持续管理具有重要意义。水资源跨国协调委员会主要负责锡尔河与阿姆河流域的水资源管理及日常事务，并制定一系列地区水资源分配、水流量监控和水质管理计划。ICWC由各成员国最高级水务部门的官员代表组成，并且每季度举行一次磋商会议，在协商一致的基础上对该区域内的水资源进行管理和分配。在决策的过程中成员国有一票表决权。ICWC由三个机构组成，即阿姆河、锡尔河流域水资源组织（BWO），科学信息中心（SIC）和秘书处。[②] 阿姆河、锡尔河流域水资源组织是继承苏联时期在该流域成立的组织，主要负责制定阿姆河与锡尔河的水资源分配计划，负责河水改道与水库日常维护，按照协议规定指

---

① Wouters P. , "The Relevance and Role of Water Law in the Sustainable Development of Freshwater", *Water International*, Vol. 25, No. 2, 2000, pp. 202–207.

② ［美］埃莉诺·奥斯特罗姆：《公共事务的治理之道》，余逊达、陈旭东译，上海译文出版社2000年版。

标将跨境水资源分配到三角洲与咸海地区，负责流域内的所有水利设施的设计、建造、修复、运行工作，测量地区水资源流量，监测地区水质，协调流域内各国主张利益，共同开发利用咸海流域的水资源。科学信息中心主要负责信息与技术支持，对流域内的河流状况进行实时跟踪和监督。秘书处负责日常的沟通与协调，发布相关信息，确保 ICWC 正常运转。

2. 拯救咸海国际基金会（IFAS）

拯救咸海国际基金会的成立是为了改善咸海的环境问题，实现阿姆河与锡尔河水资源的可持续利用，同时吸收国外资源和资金以协调和建设水资源项目。中亚地区五国领导人轮流担任拯救咸海国际基金会的主席。其中，董事局由中亚五国政府总理组成，负责制定基金会的行动计划，然后上交由各国领导人研究决定后执行。执行委员会是基金会的常设机构，作为董事局的具体执行机构，其由各成员国的两名代表组成，负责协调基金会相关机构的日常工作，执行基金会制定的各项具体计划。另外，拯救咸海国际基金会内设管理委员会，由各成员国副总统组成，在水资源管理方面承担两项基本职责：一是为保护咸海地区水资源而募集资金，二是推动咸海地区生态环境科研工作、管理跨境水资源。

水资源跨国协调管理委员会和拯救咸海国际基金会的运行机制和制度设计具有非常重要的借鉴意义。委员会主要负责水资源的管理和分配，基金会主要围绕水环境进行工作。该两个组织的成员由成员国最高级水务部门的官员代表或国家领导人组成，把水资源的管理权力集中到中央，而不是下放至地方政府，使得各项工作规划具有很强的执行力，有助于推动管理工作顺利进行。从功能上看，水资源跨国协调管理委员会和拯救咸海国际基金会互相补充，把水资源和水环境视为整体，弥补了分割治理的不足。

（四）整合流域内水—能源市场机制

政府领导人将水资源视为珍贵的自然资源，并且像矿产资源等一样具有市场价值和可以进行交换。乌、哈、吉、塔四国政府建立了一个国际化的水—能源财团。通过市场化运行机制，打破按计划分配流域水资源的模式，使水资源像商品一样在市场中交易。此外，还建立市场化水价，由财团组织进行交换。在干旱的内陆地区流域，水资源十分稀缺，若在开发过程中忽视生态环境用水需求，不能正确处理上下游水资源利用关系、短期利益和长远利益的关系以及合理考虑周边国家对水资源的需求，则无法实现水资源的可持续利用。中亚国家建立跨国水—能源市场机制的做法非常值得借鉴。

对任何一个国家或地区来说，水资源都是其赖以生存的重要资源，为工业、农业、生活提供最基础的保障。但是，基于水资源的稀缺性以及不同地区水资源分布不均匀，加剧了国家对水资源的争夺。建立国家间有关水资源公平合理利用的合作机制和充分运用水—能源市场机制，是避免冲突与防止水资源枯竭的重要途径。阿姆河与锡尔河流经中亚五国，苏联解体后它们之间的矛盾不断加深，之前建立的合作无法继续，于是开始寻求新的出路与合作方式，并成立国际化的水—能源财团，通过组织水资源有偿交换，为再次合作和实现互利共赢奠定了基础。

（五）促进公民参与

非政府组织参与政府政策制定过程需要政府提供精确、真实的决策信息。在中亚地区，虽然非政府组织没有受到政府的重视，但不可否认它们在水资源保护实践中发挥了重要作用。中亚非政府组织（NGO）将大部分精力投入地区水资源基层问题的管理上，如对流域内用水户协会和渔民的走访、调查，注重地区水质监管与监控等。

公民也有权了解有关生活用水、工业用水、农业用水的质量标准，以及获取政府通过技术监测手段汇总的实时数据。只有公民能够获得真实的水资源信息时，才能真正参与地区水资源与水环境保护的实践，促进水资源利用主体与管理主体之间的良性互动。在公众环境意识不断增强的时代，不得不关注公众的作用。中亚地区注重建立良好的公众参与机制，通过广泛征集公众意见，增强决策的科学性和透明度，实现决策者、管理者和使用者的沟通与互动。针对我国西北内陆河流域水资源可持续供给管理，也应该关注用水者的利益，并将其纳入水资源管理主体的范围，不仅可以避免决策失误、降低政策成本，还可以促进流域水资源的良好治理。

（六）加强与国际组织的合作

加强与国际组织的合作，充分发挥国际组织在技术、资金方面的积极作用，是中亚地区国家进行水资源治理的又一重要举措。这些合作的国际组织主要有：联合国开发计划署和环境署、全球水伙伴、上海合作组织、中亚经济共同体、欧盟以及美国国际开发署等地区组织。有些国际组织得到其他国家为其提供政策指导与技术支持，比如以色列在灌溉技术方面的支持。国际组织致力于构建一个更加公正合理的区域水资源合作框架，在环境政策制定、技术工程和资金方面为阿姆河、锡尔河治理提供了大力支持。

在全球水危机的背景下，各国需要积极探索水资源治理方法，促进水资源的可持续开发利用与保护。关注我国西北内陆河流域水资源的良好治理，也是参与全球环境治理的重要内容。西北内陆河与中亚阿姆河、锡尔河有很多相似之处，比如在地理位置上它们都处于内陆，在面临的具体问题上也有一定的相似性，如水量不足、水质降低、周边生态环境脆弱以及存在管理障碍等。因此，有必要借鉴阿姆河与锡尔河流域治理经验，积极与国际组织进行合作，促进国际技术交流，改善西北内陆河流域的水资源状况。

四 欧洲伏尔加河和欧亚界河乌拉尔河流域水资源治理制度

伏尔加河是欧洲最长的河流，全长 3500 多千米，最后注入里海，流域面积达 136 万平方千米，是世界上最长的内流河，也是俄罗斯内河航运干道。乌拉尔河流经俄罗斯和哈萨克斯坦，发源于乌拉尔山脉克鲁格拉亚峰附近，向南流并在阿特劳注入里海。乌拉尔河全长 2428 千米，流域面积 23.1 万平方千米，如果加上乌伊尔—恩巴河间地区的内陆河流域，整个流域面积达 40 万平方千米。欧洲伏尔加河和欧亚界河乌拉尔河流域水资源可持续治理的法律举措可以归结为以下几点：

（一）加强水资源管理制度的改革

伏尔加河水资源治理的重点是寻找对流域经济增长的影响和环境压力的有效利用机制，这意味着必须建立一个融合制度创新、资金支持和水环境改善技术的解决方案。在水资源治理实践中，流域国家进行了一系列制度改革。20 世纪 90 年代，俄罗斯对国内和国际环境政策进行重大重组，产生了新的水资源立法和行政改革，并利用经济手段培养更广泛的参与模式，在环境影响评价制度的影响下，积极支持全球环境变化议程的制定。新政策工具包括监管安排和标准的制定，协调利益相关者之间的制度框架，以市场为基础的工具，在供水和水处理方面的补贴，水利行业信息化工具的创新激励。俄罗斯新建立了流域水资源综合治理的制度框架，加强对环境管理机构能力建设。从水资源行政管理体制角度出发，对流域内水资源管理机构和制度进行改革，以期实现水资源的可持续利用。

（二）进行水资源立法

在加强水治理机构能力建设的同时，俄罗斯新《水法》也于 2007 年生效。通过国家立法的方式，实现伏尔加河水资源的可持续发展和对伏尔加河流域水资源的保护。俄罗斯新《水法》是俄罗斯水资源利用与水资源保护的框架法，它类似于欧盟水框架指令，概括规定了流域管理的方法和设想，提出综合流域管理方案，实现了伏尔加河流和海洋盆地水资源综合管理的目的。新《水法》要求对流域内水资源进行统一管理，包括河流、湖泊和近海水域。此外，还提出采取大量的创新举措，例如，设立一个更广泛的群体水权（联邦、直辖市、自然人和法人实体），在各级水资源管理机关之间进行权限划分，垂直领导辅助水管理。为协调和管理流域水资源的开发利用，建立了流域水治理单元。根据水代码的协调，在流域管理理念下成立主管每个子流域的流域水管理局（14 个流域管理局在俄罗斯产生）和盆地理事会。俄罗斯新《水法》还鼓励建立多个利益相关者与水用户之间的伙伴关系，定期监测库存的优先事项设想。在水的使用和水的保护方面探索严格的法规和控制工具，包括水用户和政府当局之间的协议，或建立特殊的水保护区等。流域委员会制度是俄罗斯水资源方面的制度创新，它的主要目标是促进利益协调，在主要利益相关者之间进行对话和达成共识；具体任务是加强地方公众参与决策，强化用水者、非政府组织、土著居民和各级政府在水资源管理过程的沟通与协商。

（三）促进流域管理和协调

《河流水质管理条例》《水质标准》中关于控制和减少水污染的机制，是流域水资源综合管理的关键要素。在流域层面水资源综合管理中减少与水有关的风险、提高管理机构的能力是该机制的首要目标。流域管理问题既是技术科学问题，也是行政管理和治理问题，所以要加强对利益相关者的协调，包括促进他们参与和形成伙伴关系，这是良好水资源治理的有力工具。控制和减少水污染的机制可以巩固与水有关的制度能力，提高对问题的反应速度的灵活性。许多水问题的讨论需要利益相关者对话、战略咨询以及相关主体就环境与可持续发展问题交换信息和知识。利益相关者的参与是流域水资源政策的重要组成部分，但同样重要的是，采取具体行动来实施这些政策并对实践中出现的问题进行快速应对。利益相关者之间的合作与参与是制定有效的政策、促进多元利益协调、解决水资源冲突和建立科学和实践之间联系的重要条件。

（四）加强广泛参与、合作

俄罗斯水资源管理体制的改革，为更广泛的利益相关者合作伙伴关系的建立创造了新的机会。水资源管理制度创新为不同利益相关者的行动提供了基本框架，也为他们之间的合作打开了大门。这种伙伴关系依靠利益相关者的磋商和对话。近年来，俄罗斯政府越来越重视与商界建立新的互动关系，并把企业作为良好水治理的重要工具，强化企业环境责任是保护伏尔加河流域水资源的重要措施。事实上，企业确实已经在伏尔加河水资源保护和环境修复中发挥了积极作用，今后将更经常被视为可持续水资源管理中的创新驱动力。特别需要强调的是，那些在伏尔加盆地迅速发展起来的企业，有经济实力和研发潜力，并能通过良好的环境行为自主增强公司的竞争力。企业通过重建和配置水净化设施、进行水循环和用水设施改造等，在水资源可持续发展投资中的作用得到了加强。

第二节　国外内陆河流域水资源治理制度的启示

美国埃莉诺·奥斯特罗姆长期致力于小型渔场、灌溉系统、牧场、森林以及其他共同财产制度的研究，研究案例涉及瑞士和日本的山地牧场、森林及公共池塘资源，以及西班牙和菲律宾群岛的灌溉系统的组织情况等，他在《公共事务的治理之道》一书中提出了公共资源治理的八项原则①：（1）对于权利的边界进行界定。明确规定不同主体各自所享有的从公共资源中提取一定资源单位的权利。（2）关于资源占用的时间、地点、数量以及技术的规则应该与当地的具体情况以及所需要的资金、劳动和物质的供应规则保持一致。（3）利益相关者的参与或集体选择的安排。对于操作规则②的修改，绝大多数受相关操作规则影响的人都应该能够参与其中。（4）监督主体明确。有责任监督公共资源状况和占用者行为的监督者是对占用者负责的人或占用者本人。（5）分级或双层制裁。违反操作规则的占用者很可能要受到其他占用者、有关官员或他们两者的分级的制裁，制裁的程度取决于违规的内容和严重性。（6）冲突解决机制。占用者和他们的官员能迅速通过低成本的地方公共论坛解决他们之间的冲突。（7）对组织权的最低限度的认可。占用者设计自己制度的权利不受外部政府权威的挑战。（8）分权制企业。在一个多层次的分权制企业中，对占用、供应、监督、强制执行、冲突解决和治理活动加以组织。

随着水资源日益紧缺，内陆河流域国家促进内陆河流域水资源可持续利用的意识也在加强，并且实施了一系列措施保障内陆河流域水资源的可持续利用。国外典型内陆河流域（奥卡万戈河、约旦河、阿姆河、锡尔河、伏尔加河、乌拉尔河）水资源治理中，一定程度上体现了奥斯特罗姆教授所提出的公共资源治理的八项原则，以及水资源善治理念。具体而言，本书所讲到的国外典型内陆河流域治理的理论与实践对我国

---

①　秦鹏、唐道鸿、田亦尧：《环境治理公众参与的主体困境与制度回应》，载《重庆大学学报》（社会科学版）2016 年第 4 期。

②　奥斯特罗姆认为：需要区别长期影响公共池塘资源使用的行为和结果的三个层次的规则：操作规则、集体选择规则和宪法规则。操作规则直接影响占用者如下问题的日常决策：提取单位资源的时间、地点和方式，监督其他行为者的行动的主体和方式，对行为和结果如何进行奖励或制裁等。集体选择规则通常由占用者及其公务人员或外部当局在就如何管理公共池塘资源制定政策（操作规则）时使用。宪法选择规则通过决定谁具有资格决定用于制定影响集体选择规则的特殊规则影响操作活动和结果。

的有益启示主要体现在以下 4 个方面：

（一）倡导水资源一体化管理。流域一体化管理是实现水资源善治的重要要求。本书所选取的域外内陆河流域水资源治理过程同样重视流域一体化管理。例如，在阿姆河和锡尔河流域中，相关管理机构突破行政区划障碍，以流域为单位进行整体规划，实施了流域统一管理、垂直领导。流域内有关国家均有权参与制定一体化管理原则，建立水资源一体化管理国家协调和支持小组，有力地推动了水资源一体化管理进程，针对流域内水资源综合评估制定详细的实施细则。在水文地理的边界内对所有用水行为进行一体化管理，水利部门依职权及时作出管理决定和提供供水服务信息；基于不同的用水需求，制定不同的水资源战略规划。通过一体化管理策略，保证不同国家的用水稳定性和流域内所有水资源的公平与平等分配，确保生态和生活需水；消除按国家地理边界、灌溉系统和渠道分水的不公平现象，规范供水秩序。内陆河流域的生态重要性和脆弱性决定了一体化管理的方式和以水资源保护和可持续利用为核心是保障流域经济社会可持续发展的重要途径。

（二）强调不同主体的协调。内陆河流域水资源的多重价值决定了共享主体需要通过合作的方式防止公地悲剧的发生并增强流域水资源的可持续利用。本书选取的域外内陆河具有明显的跨界性、国际性，因而特别需要不同国家之间的协调与合作。咸海流域的水资源跨国协调管理委员会以及奥卡万戈河流域水资源委员会的成立，即说明了在跨界流域水资源治理过程中不同主体之间进行协调的必要性和重要性。特定协调机构的设立有利于在流域层面上实施相对统一的环境影响评估、流域综合规划、环境治理方式选择等，从而协调各主体的水资源开发利用行为。就我国西北内陆河流域而言，因其往往涉及多个行政管辖区域，所以，区域协调机制的建立同样重要。需要在水环境保护与流域治理的基础上进行多主体之间的协调，进而促进流域水资源统一治理与合作，实现流域环境保护与经济社会可持续发展。

（三）注重公众参与的作用。公众是国家与地方水资源和水环境政策形成与实施过程中的重要参与者，所以在水资源开发、保护与治理过程中应该考虑公众的意见，增加决策的科学性和民主性。公众参与是流域水治理区别于传统水资源管理的主要标志，也是决定水治理秩序和效率的关键内容。① 奥卡万戈河、约旦河、阿姆河、锡尔河、伏尔加河、乌拉尔河等国外内陆河流域的治理过程中，以非政府组织（NGO）为代表的公众参与模式在其中发挥了重要作用，具体作用表现在：进行水环境保护的宣传教育，协助政府部门制定政策、法律和促进法制化，进行水资源和环境的独立评估，在公民健康与环境遭受威胁时主动采取救济措施等。例如，中亚非政府组织将大部分精力投入地区水资源基层问题的管理，包括对地区流域内用水户协会和渔民的走访、调查，注重地区水质监管与监控等。再如，有关水污染评估的主体既可以是科研学术机构，也可以是具有专业技术资格的咨询公司。在评估文件的起草过程中，公众有权利对文件进行审查和评议，评估计划必须由公众审查之后才能生效。②

　　数据信息提供与共享不仅是一体化流域管理的先决条件和保障，而且是保障公众有效参与的前提，只有在充分的数据监测和信息共享的基础上，才能够保证水资源管理和利用过程的公开、透明、民主。基于对国外内陆河流域治理过程的考察，各国均重视对信息的获取和公开，主要做法是：第一，加强对外信息交流和国际合作，如安哥拉、博茨瓦纳和纳米比亚三国成立奥卡万戈河流域水资源委员会（OKACOM），在共同制定的《奥卡万戈河流域水资源委员会协议》中规定，各国有三个月时间提供水文报告给委员会秘书处并与各州的决策机构共享数据。中亚地区国家也通过与国际组织合作以获取一定的技术和信息支撑。第二，推进基于"数字江河湖泊"的流域管理政务平台，以准确专业的信息保障污染防治以及统一规划。比如，约旦和黎巴嫩采用由斯德哥尔摩环境研究所开发的水评价和规划系统（WEAP）软件来评估水资源管理情况。我国西北内陆河流域治理也需要完善流域数字化政务管理平台，加强流域管理数字化管理程度，实现现代意义上的流域善治。

---

　　① 于文轩：《美国水污染损害评估法制及其借鉴》，载《中国政法大学学报》2017 年第 1 期。

　　② 王耀海：《法律治理的制度逻辑》，博士学位论文，南京师范大学，2010 年。

（四）建立完善的监督机制。有效的监督是埃莉诺·奥斯特罗姆提出的公共资源治理原则之一，对流域治理同样具有非常重要的作用。内陆河流域水资源的公共性、共享性决定了有效贯彻执行水资源可持续利用政策法律的重要性，而完善的监督机制正是确保执行有力、杜绝违法行为的关键。信息数据的公开以及管理平台的建立有利于监督行为的实施，确保监督主体及时了解流域管理动态并及时发现问题。奥卡万戈河流域水资源委员会在奥卡万戈河流域治理中发挥着重要的监督作用，通过要求成员国必须披露所有管理和利用信息以避免潜在的利益冲突发生，并且有权采取任何形式的法律程序以保护流域水资源，从而保障相关政策措施的有效执行。

第三节　小结

本章基于比较的视角，选取国外典型内陆河流域进行对比研究，总结国外内陆河流域水资源治理方面的成功经验和做法。在内陆河的选取上，有重点地选取了非洲干旱半干旱气候区的奥卡万戈河、中东地区的约旦河、中亚地区的阿姆河和锡尔河、欧洲的伏尔加河以及欧亚界河乌拉尔河，这些内陆河流域治理制度具有的共同特点，即强调流域一体化管理、利益相关者协调、公众参与以及监督机制等相关制度的作用。这些理论和实践经验进一步印证和展现了水资源善治的基本要求，也表明了在西北内陆河流域以水资源善治为目标、构建系统化的治理制度既具有必要性也具有可行性，同时也对我国西北内陆河流域水资源治理制度的构建提供了非常重要的理论和实践指引。

第 五 章

构建西北内陆河流域
水资源治理制度的建议

水资源可持续利用治理制度的构建涉及水资源治理的多个方面，如治理的层次、目标、主体、方式、责任等。

（1）治理层次。治理的层次主要涉及流域管理与区域管理之间的关系。对于流域管理机构与地方水行政主管部门的职权划分，我国《水法》规定："国务院水行政主管部门在国家确定的重要江河、湖泊设立流域管理机构，在所管辖的范围内行使法律、行政法规规定和国务院水行政主管部门授予的水资源管理和监督职责。""县级以上地方人民政府水行政主管部门按照规定的权限，负责本行政区域内水资源的统一管理和监督工作。"与传统的行政区域管理模式相比，《水法》关于流域管理制度的确立，标志着我国水资源管理注重流域与行政区域紧密结合进入了一个新时期。流域管理与行政区域管理相结合的原则是按照新《水法》及其他水法律法规的规定和国务院水行政主管部门的授权各负其责、相互配合、相互支持、共同管理流域水资源。但是这种复合管理体制决定了不同管理部门存在职能交叉、权责不清的问题。水资源治理目标的实现需要明确的管理体系和层次，否则会造成政策及管理冲突，妨碍相关政策目标的实现。从《水法》的实施情况来看，正确处理好流域与区域的关系，把流域管理提高到新的水平，特别是找出当前流域管理与区域管理相结合尚存在的问题，理清流域与区域各自的职责，划分流域与区域的事权，明确二者的地位和优先性以及处理二者关系的准则，研究建立流域管理新体制，这是进行水资源治理所必须解决的治理层次问题，涉及水资源治理的基本组织保障。

（2）治理目标。治理的目标关系到经济社会发展与环境保护之间的侧重与选择。人与自然的关系是经济发展与环境保护关系的根本，只有处理好人与人之间的社会关系，才能处理好人与自然的关系，进而解决环境问题。人与自然关系的变化经历了人与自然从和谐统一到征服对抗，再到自觉调整的过程，这是经济发展与环境保护在矛盾中发展、在对立中统一的反映。环境保护与经济发展存在着既矛盾又统一的关系：盲目追求经济增长，将会严重破坏环境和资源，从而影响经济发展本身，而合理地利用自然资源，以及在环境可承载的限度内发展经济，又可以积累资金、提高技术从而促进环境保护。对于发展中国家而言，不能片面地强调任何一方，两者必须协调起来，才能实现持久的经济发展和保持良好的生态环境，即实现可持续发展。水资源治理同样面临着如何处理二者关系的挑战。水资源对于经济社会发挥着至关重要的支撑作用。但是，经济社会发展所带来的水资源污染和破坏则影响了生态环境的健康，并破坏了经济社会可持续发展的基础。传统的管理理念侧重于强制性地、自上而下地处理二者的关系，但是决策失误往往破坏经济社会发展的可持续性，尤其是在经济发展的驱动之下，环境保护往往被置于次要地位，而这种管理方式已经造成了严重的生态环境问题。治理则重视协调经济发展与环境保护的关系，并且从代际公平和可持续发展的角度，对于环境保护给予更多的强调和关注。因而，治理将摒弃狭隘的人类中心主义，尊重自然规律，以人与自然和谐相处的理念为指导，实现经济社会发展与环境保护的统一。对生态环境脆弱且具有重要地位的西北内陆河而言，要将生态环境保护问题置于更加优先的战略位置，以环境的可持续性为重要的发展目标，使经济社会发展始终处于生态环境的承载力范围之内，并逐步改善生态环境质量。

（3）治理主体。治理的主体主要涉及不同行政区域、不同行政部门以及政府与公众的关系。现代化的社会治理应该是全社会的共同行为，而与社会公共事务利益相关的主体都应是社会治理的主体。社会治理主体分为政府主体、市场主体和社会主体。政府主体包括各级党委和政府机关，它是社会治理的领导者和指导性力量。市场主体包括企业、消费者和各类行业组织，它是社会治理最主要的资源配置者。社会主体包括社会组织、公众和公民等各种形式的自组织，其既是社会治理的对象，也是社会治理的主要参与者。相比市场和社会组织，政府对公平的追求远胜于效率。政府垄断供给作为传统的服务供给模式，由政府部门自身、国有企业或事业单位直接生产公共服务。政府管理的效率低、成本高的原因主要是因为没有产权约束和竞争压力。其次，自发的市场供给一般适用于具有排他性和竞争性的准公共物品，即使在公共服务的市场配置模式下，资源配置的效率也只能得到有限的缓解。对于水资源而言仅仅依靠市场自发调节并不能保障有效服务于公共利益。增强社会治理主体的协调性，关键在于促进各治理主体间的协调配合、紧密衔接。公众的广泛参与和社会团体的真正介入是实现可持续发展的重要条件之一。对于资源问题而言，仅仅有市场调节和政府干预是完全不够的。当今社会，政府单纯的强制管理的作用是非常有限的。公众的参与一定程度上能够弥补市场失灵与政府失灵。公众的参与权与知情权如果没有得到应有的体现，这样的管理体制将难以适应水资源管理日趋复杂的状况，难以适应社会公众对水资源管理的要求。尽管《水法》的修订实施解决了长期以来困扰流域管理的法律地位和法律授权问题，但是，实现水资源善治，不仅需要政府自身的积极努力，还需要全社会的共同参与；不仅需要法律法规的细化和有机衔接，还需要强有力的执法手段和灵活高效的执法协调机制。

（4）治理方式。治理的方式则包括政府行政调控与市场机制运作以及强制性措施与激励或补偿性措施的使用。党的十八届三中全会提出："经济体制改革是全面深化改革的重点，核心问题是处理好政府和市场的关系，使市场在资源配置中起决定性作用和更好地发挥政府作用。"政府宏观调控和管制是现代政府的重要治理职能，是政府对市场失灵、社会问题等采取的一种回应措施和机制，它既可以有效地弥补市场不足，维护市场经济的健康发展，又能够保障公民和消费者的合法权益，为社会提供所需的公共服务。

政府与市场的关系，始终是我国经济发展中需要考虑的重要问题，而且随着市场经济的不断深入，人们对市场经济认识的不断深化，我国政府与市场的关系从最初的将市场作为经济管理方法，到随后的经济调节手段，最后将市场经济作为一种制度。市场经济的作用也从"基础性"向"决定性"转变。政府管制可分为法规性管制、社会性管制和经济性管制。法规性管制主要是指执法和司法机构通过执法和适用法律，对不正当竞争行为和垄断行为进行的管制。社会性管制是指对企业的外部性经济问题由政府及其社会中间机构通过许可、价格和标准等方式对企业的市场行为进行管制。经济性管制是指由政府的相关机构对特殊行业如自然垄断行业和金融业对企业市场行为进行管制。在资源治理领域中，政府宏观调控和管制具有重要作用，但是，无论是政府还是市场，它们在对资源开发利用行为进行调节时都有其固有的局限性。水资源善治的实现要求充分发挥二者优势，扬长避短，相辅相成，而不是单纯依靠某一种手段。

在治理方式中，除了政府与市场两种不同调节手段以外，如何实现强制性措施与激励性措施的有机结合也是实现善治目标需要考虑的重要事项。在传统的行政管理模式下，依靠强制性的命令手段来实现管理目标是较为普遍的做法。但是，仅依靠强制性措施和手段并不能有效应对水资源领域的挑战。水资源是涉及社会公众的关键问题，属于公共物品的治理的问题。强制性措施的实施及其效果的发挥需要付出较大的行政成本，而且对于违反行为的制裁或惩罚同样需要成本。因而，这种管理方式并不能发挥最佳的管理效果。在水资源治理中，相关机构要把规制的对象作为具有主观动机的且具有一定自利性的主体，通过一定的措施调动其参与水资源保护、遵守水资源政策法律的积极性。激励是指对人的心理过程进行激奋的一种行为，它是让人们朝着自己所期望的目标积极行动的一种心理过程。从管理的角度来讲，激励主要是指管理者充分了解被管理者的需要以及现实需求，通过管理手段调动其创造性与积极性，从而使其向既定目标努力。因此，水资源善治目标的实现需要合理设计相关激励性制度措施，提高水资源治理效率和效果。

（5）治理责任。治理责任是指对于治理目标的实现，应该明确相关主体尤其是行政主体的职责，并对其履职状况进行监督，对未能有效治理的责任主体进行追责，从而确保治理主体的责任落实。[①]责任性是善治的重要要求之一。在资源治理中，由于行政部门在资源开发利用的许可和监管中具有重要权力，其决策和行为对于资源治理的效果至关重要。治理责任包括职责划分和责任追究两个方面。职责划分是明确不同的主体承担的具体责任，使得行为主体明晰自身职责，并使得社会公众了解相应的职责划分情况，从而进行监督。责任追究是指在承担责任的主体怠于履行、拒绝履行、不当履行、未能有效履行其职责的情况下，对相关责任主体追究具体责任，从而对其失职失责行为进行制裁。目前，我国水资源管理中法律责任追究机制有待完善，缺乏针对政府在水资源保护中违法行为的责任追究机制。目前的水资源保护法律责任制度主要针对行政相对人，当政府本身成为水资源保护的违法主体时，只能通过行政诉讼追究其责任，但由于《行政诉讼法》和《环境保护法》等在行政公益诉讼制度的规定方面还存在诸多不足，针对政府违法责任的追究就受到了一定限制。我国目前水行政执法存在着许多问题，主要是因为有关法律对于政府及其相关部门在水资源管理中的职责未划分明确而导致的。因此，可以通过行政立法，主要是通过出台行政法规或是相关的规范性法律文件，明确政府及相关部门的职责，尤其是要明确国务院水行政主管部门与国务院环境保护行政主管部门之间在水资源管理中的各项职责，以及要明确各级人民政府与其相应的水行政主管部门、环境保护主管部门之间的关系与职责划分，同时对于政府在水资源治理中的失职失责行为构建有效的追究机制。

从水资源治理制度基本框架的角度看，西北内陆河流域水资源管理制度存在的问题集中体现于下述5个方面：（1）在治理层次上，鉴于流域的整体性，流域一体化管理成为水资源善治的重要要求，但是当前塔里木河流域、疏勒河流域、黑河流域和石羊河流域的流域水资源管理机构与区域水务管理机构在管理职责分工上并不明确，存在职责重叠和空白，以致在其水资源利用管理过程中，不能促进水资源的可持续利用。

---

① RBA Centre Delft University of Technology, *Recommendations and Guidelines on Sustainable River Basin Management*, The Hague：RBA Centre, 1999.

西北内陆河水资源决策、执行和监督之间以及各内部之间的职责不平衡、不清晰，对促进水资源可持续利用依然存在不利影响。（2）在治理目标上，受短期经济利益的驱动，西北内陆河流域地方政府在水资源管理上倾向于保护个别行业或企业的用水需求，未能有效控制水资源的过度开发利用，水资源可再生能力遭到破坏，生态环境日益退化。（3）在治理主体上，西北内陆河流域水资源利用是个复杂的多层次的制度问题，相关主体对河流的利益协调往往是复杂的。目前西北内陆河水资源管理主要以政府为主导，公众在水行政许可、水权交易等过程中的参与并不充分，政府与公众未能形成良好的互动关系。（4）在治理方式上，一方面，水权交易以及排污权交易制度并不完善，尚不能充分发挥保护水资源、促进节约用水的作用；另一方面，生态补偿机制以及水资源保护行政奖励制度依然有待完善。（5）在治理责任上，水资源管理责任考核与追究缺乏具有可操作性的规定，水资源管理中不当甚至违法行为未能通过有效的追责机制予以追究和惩罚，相关部门对实现水资源可持续利用的履职动力不足。结合法治条件下的水资源善治要求以及国外内陆河水资源管理的有益经验，我国西北内陆河流域水资源可持续利用治理制度的构建需要着重从经济发展与环境保护的关系、流域与区域管理的关系、政府与市场的关系、政府与公众的关系、规制与激励措施的选择、责任追究与考核制度这6个方面着手。

第一节　经济发展与环境保护：迈向生态化发展之路

著名的生态经济学家伊格纳奇·萨克斯（Ignacy Sachs）认为生态化发展是这样一种发展形式，即根据特定生态区域的文化、生态状况以及长期和当前需求，实施特定措施以解决该区域的特殊问题。生态化发展的实现需要在人与自然之间维持持久的平衡。[①] 生态化发展基于这样一种前提，即无论是城市还是农村的环境，其对发展都有承载力的上限。超

---

① Egunjobi L., "Issues in Environmental Management for Sustainable Development in Nigeria", *Environment Systems and Decisions*, Vol. 13, No. 1, 1993, pp. 33–40.

出这一限度，环境的平衡就会被打破，而这又反过来对人类本身构成威胁。①"生态化"以"生态学"为基础，是"生态学"在具体领域的具体运用。但同时需要指出的是，"生态化"不仅具有"生态学"这一自然科学基础，它更强调从自然科学领域抽象出哲学意蕴，运用哲学识别并化解人与自然，以及最为根本的人与人之间的矛盾，人类社会实现可持续发展意味着要实现人与自然以及人与人之间的和谐，最终才能实现可持续。"生态化"这一概念的提出，标志着人类在发展过程中对人与自然的关系有了进一步的认识，摆脱了纯粹的"人类中心主义"和纯粹的"生态中心主义"的片面认识，为正确处理人与自然以及人与人之间的关系提供了新的思路和新的视角。"生态化"所倡导的动态平衡观，已成为一种理念、思维方式和方法论体系。② 生态化发展模式是在工业发展模式的基础上发展起来的，是对工业化发展模式的辩证否定，它扬弃了只注重经济效益不顾人类福利和生态后果的唯经济的工业化发展模式，转向兼顾人口、社会、经济、环境和资源可持续发展的，注重复合生态整体效益的发展模式。③ 谢高地等认为我国的发展之路应该是经济与生态相结合的复合发展道路，即经济发展生态化与生态资源经济化相结合的道路。具体而言，在我国经济发达但生态资源稀缺的地区推行经济生态化，在我国生态环境良好但经济发展欠发达地区推行生态经济化，在充分保护生态环境质量的前提下，充分利用当地生态资源发展经济。④

　　西北内陆河流域属于生态脆弱地区，应该更加注重经济社会发展的生态化问题，促进人与自然的和谐发展，尤其注意保护本就十分紧缺的水资源。水资源的可持续利用与经济社会的发展相互促进、相辅相成。在西北内陆河地区实施生态化发展，一方面要注意水资源环境保护，强

---

① 张学中、何汉霞：《中国化马克思主义生态化发展再审视》，载《甘肃社会科学》2012年第6期。

② 李建民：《城市生态化发展及其对策》，载《兰州石化职业技术学院学报》2003年第2期。

③ 王淑新、胡仪元、唐萍萍：《生态文明视角下的旅游产业生态化发展——以秦巴汉水生态旅游圈为例》，载《生态经济》（中文版）2015年第8期。

④ 谢高地、曹淑艳：《发展转型的生态经济化和经济生态化过程》，载《资源科学》2010年第4期。

化水污染控制，尽量控制因污染引起水资源紧缺加剧；另一方面需要调整产业结构，限制耗水型产业的发展，提高水资源利用效率。

一　强化水污染防治法律制度

作为基础性自然资源和战略性经济资源，重点流域与国家的水环境安全以及经济、社会可持续发展等重大民生问题密切相关，流域污染防治形势不容乐观，其中一个重要原因就是重点流域污染防治法律体系不完善，有效法律规范缺失。[①] 随着经济的发展，西北地区尤其是西北内陆河流域越发凸显出其在全国经济发展中的重要作用，所以，健全完善西北内陆河流域水污染防治法律制度，实现水资源可持续利用尤其重要。西北内陆河水资源的水环境封闭，自净能力差，一旦被污染恢复起来需要很长的周期，可通过法律的完善保护西北内陆河水资源。在立法中规定鼓励性的优惠政策，鼓励相关单位采取节水、循环利用水措施。不断完善节水及污水再生利用规划制度，在《水污染防治法》修订中明确规定"县级以上人民政府应当根据本行政区域水污染防治规划与经济和社会发展规划，组织制定本行政区域的节水及水再生利用规划"。可以通过立法的完善，为环境行政主管部门设定有法可依的具体法律条文，增强法律的执行力。目前，我国水污染防治法远远不能满足控制西北内陆河水污染的需要，因此应根据西北地区的情况和河流的特殊性质制定一部专门用于西北内陆河水污染防治的法律。目的是明确整个西北内陆河水污染的治理与地方行政区治污的关系。《水法》规定我国实行流域管理和行政区域管理相结合的原则，但在具体管理过程中两者的具体职责和管理权规定不是很明确，给治理水污染带来一定的难度。两个管理主体可能会出现相互推卸责任、不能齐心协力治理水污染的现象。制定西北内陆河水污染防治法可以从整体上对西北内陆河实行全面保护，可成为国家和地方治理完美结合的纽带，使西北内陆河流域水资源得到统一管理。该法的制定应明确西北内陆河水污染的管辖区域和职责权限。为了实现西北内陆河水资源的有效保护和国家对水污染统一有序的管理，避免管

---

① 齐晔：《中国环境监管体制研究》，上海三联书店 2008 年版，第 236 页。

理秩序混乱，西北内陆河水污染防治法应明确规定"国家对西北内陆河水污染治理实行统一管理，地方政府起到补充和协助作用"。避免多个法律法规针对治理水污染进行规定而没有实际的操作性和统一性。西北内陆河水污染防治法应该提高其法律位阶，让它具有较高的法律地位，起到"总则"的作用，和治理水污染的相关制度形成相互补充、相互协调的法律体系，对控制西北内陆河水污染和实现水资源的保护发挥其独特的作用。[①]

（一）建立跨行政区的环境治理合作机制

在流域和地方层面，鼓励地区之间探索建立各种跨区域府际环境协同治理机制，为地区合作搭建平台，在生态补偿方面建立跨区域联合补偿机制。具体而言，在资金来源方面，实行中央财政转移支付、流域开发建设基金相结合，通过流域上下游之间协商确立补偿。在补偿原因方面，根据补偿资金流动的方向作进一步区分，将生态补偿区分为因跨行政区域污染实施补偿和因保护流域环境而限制经济开发的补偿，推动流域上下游的发展与流域整体生态环境保护与优化的有机结合。在纠纷解决机制方面，建立跨行政区域监督机制、协商机制和诉讼机制相结合的多层次、立体式架构。在全流域中以省（跨省河流）或市（位于一省之内的跨市河流）为单位布设流域水质监测断面并与流域管理机构和流域各省级或市级水行政主管部门联网，一旦断面水质超标，首先由流域管理机构行使监督职权，向污染源所在省或市提出污染治理意见，并派员监督执法；如果污染源所在省或市治污不力，则由流域管理机构向上一级人民政府报告，由上级人民政府追究治污不力的下级政府的行政责任。[②] 此外，没有建立流域管理的跨省或跨市内陆河流域上下游政府之间因水量调配、河流污染等原因引起纠纷时，首先启动跨行政区域水事纠纷协商机制，由被污染区域的政府与污染源所在地政府进行协商，联合进行污染治理。如经协商无法就污染治理、补偿等事项达成一致意见，

---

① 刘志仁、袁笑瑞：《西北内陆河水污染控制法律制度研究》，载《西藏大学学报》（社会科学版）2012 年第 4 期。

② 胡德胜：《水人权：人权法上的水权》，载《河北法学》2006 年第 5 期。

则由双方将争议提交共同上级政府进行协调。如果一方不接受上级政府的协调结果，那么其可向法院提起诉讼请求，由法院对纠纷事项进行裁决。

（二）实行分阶段排污总量控制方案

水污染防治一直是许多国家备受关注的问题，国家在治理水污染方面实行严格的总量控制制度，根据河流的最大纳污能力来确定排放标准，任何时间的排污量都不能超过这个范围。以色列将大量资金投入污水治理和污水循环利用之中，从近期利益来看属于资金的过度投入，但从长远利益来看属于可持续发展的发展模式，因为好的生态环境可以为以色列带来更多的环境价值，比走先污染后治理的道路要划算得多。以色列法律规定要严格控制水功能区的污水排放，将水质的健康标准用 36 项技术标准来衡量，每一项指标都由专门的机构来测量，对于超标排放的单位要以强硬的态度去处罚。在澳大利亚，工厂向河流排放污水之前必须经过消毒、消除水中营养物质，不断提高处理污水的技术水平。积极对污染处理的初级阶段和最终阶段进行监督和管理，在初级阶段要严格控制污染的首次排放，对没有严格按照排放标准排放的予以制止，在最终阶段要明确经过净化处理的污水检测是否符合河流纳污的标准范围。①

为了遏制西北内陆河流域水污染不断严重的态势，加快水功能区水质的好转和达标速度，建议实施"标准 + 红线"联动方案。要严格执行国家水污染物排放标准，参考国家重点流域水污染防治"十四五"规划，由西北各省制定更为严格的西北内陆河流域水污染物排放标准，并在全流域实施。

第一，解决水功能区限制纳污的法律空白。在采用禁止性条文来限制纳污的基础上，要求排污超标主体在限定时间内治理其造成的水污染，对排污处理设施不达标的主体采取强制措施，而不是只进行简单的财产处罚后即可继续生产。成立专门机构负责管理处罚款，保证罚款专款专用，完全用于治理水污染的基础建设。要拓宽政府的责任范围，在法律

---

① 袁笑瑞：《西北内陆河最严格水资源管理法律制度践行研究》，硕士学位论文，长安大学，2014 年。

中增加政府责任，明确政府主体的责任承担方式，发生水污染事件时，不仅要追究排污主体的责任，还要追查行政主体的责任。此外，还应明确水污染评价标准及评定机构，并将具体评定标准予以公示，避免排污口管理混乱的现象。[①]

第二，加强点源、面源污染综合治理。西北内陆河流域内点源污染多产生于工业生产，因此对点源污染的治理应当加强对工厂企业对污水处理或再利用的监管，严格控制工业污水排放量。针对企业产生的工业污染，要实现法律责任高效益化就是要实现提高违法成本，降低守法成本，通过较重的违法责任承担阻却企业或个人在追求利益最大化的过程中，选择破坏环境的违法行为。一方面应当增加对环境违法的直接负责人采取行政拘留处罚。提高环境违法成本不仅要对单位进行罚款，并且要扩宽对负责人的处罚，对违法单位的意思主体起到震慑作用，从根本上杜绝环境违法。同时由环境保护机关作出行政拘留决定，由公安机关配合执行。另一方面改变罚款起算标准，取消罚款上限。应当改变目前不合理的以造成直接损害比例或者绝对区间额的罚款标准，应当确立罚款数额与企业所造成的经济损失相当原则，不设上限，同时对于一个持续性的环境违法行为严格执行按日计罚制，增加企业的违法成本。西北内陆河流域面源污染主要由农业灌溉导致。此类污染源头密集，治理难度大，如不及时进行治理会引发更加严重的水资源污染问题，因此在西北内陆河流域水资源管理法中更应当将该类问题予以具体化规定。针对西北内陆河流域农业污染，应该采取高效的低耗灌溉技术，减少农业灌溉用水回归河流，解决农田灌溉用水的排出路径，控制饮用水水质盐化程度。面源污染的治理应当与发展生态种植产业和生态农村建设相结合，要通过对化肥、农药等农业用药市场监管和质量检测，控制化肥、农药中所含水污染物质比例，逐步淘汰高毒化、高残留农药的生产和使用。同时要利用奖励和处罚机制，促进循环利用农业生产、农村生活产生的废水和废弃物，减少水资源污染，实现循环利用。美国在农业污染的治理方面积累了一些有益的经验，其中最突出的是针对农业污染控制制定

[①]　胡德胜：《水人权：人权法上的水权》，载《河北法学》2006 年第 5 期。

了完善的法律规范，并由美国环保局、农业部等行政部门发布相互协调、相互补充的行政命令，如乡村清洁水计划、农业水土保持计划等，这些行政命令在对农业农村面源污染的控制方面起到了很大作用。结合我国西北内陆湖流域农业面源污染的特点，再借鉴美国的成功经验，认为应对西北内陆湖流域农业污染问题应该从如下 4 个方面着手：其一，应当明确对于有利于农业污染控制的科研技术研发或生产方式变革给予环境行政奖励，激发群众智慧，在生产过程中改善生产方式，减少农业生产带来的水资源污染；其二，应当明确农业化肥的使用标准，减少农业用肥过程中对土壤、水资源的深层破坏；其三，应当对家禽养殖的粪便排放进行规模化处理，一方面通过政策支持鼓励化粪池等基础设备的建造，另一方面对排放至户外的粪便数量进行严格控制，并由基层行政组织或环保部门进行监管，对污染超标排放的个体予以相应的处罚；其四，加强社会舆论宣传，由地方基层行政组织会同流域管理机构有对策地进行环保常识的宣传，在地方内树立典型并予以适度行政奖励，激发社会公众的积极参与，同时应加大对农民科学化、环保化农业技术的普及，引用新技术减少因务农造成的资源浪费和环境污染问题。

　　第三，明确施行以流域为整体单元的流域污染物排放总量控制制度。正如水资源开采红线制度，西北内陆河流域管理中也应结合社会经济发展、拟实现的环境目标和水资源自净能力确定该流域内年度可容纳的污染物总量。综合运用行政手段和市场手段确保流域内整体排污总量不超过可容纳的污染物总量。① 在污染物总量控制制度中可借鉴美国的做法，引入"水体每日纳污最大负荷总量"的概念，将每日排入水体的污染物总量予以限制，使污染物含量始终处于水体的自净能力内。借鉴美国和澳大利亚对污水处理的做法，对我国污水处理的技术和标准加以细化。目前我国水资源管理法律和政策中关于污水处理的技术和标准规定较为模糊，应由法律或政策对污水处理的标准和适用的技术加以规定，在全

---

① 严乐：《西北内陆河流域水资源管理法立法探析》，硕士学位论文，长安大学，2013 年。

国范围内予以实施。①

　　第四，严格贯彻最严格水资源管理制度，建立西北内陆河流域水功能区限制纳污红线和水质达标考核制度。以西北内陆河流域的实际情况为基础，由内陆河流域沿岸各行政区域的水行政主管部门以及流域管理机构进行协商后确定分阶段排污总量控制方案，参考 2013 年《实行最严格水资源管理制度考核办法》中关于考核责任的规定，制定限制纳污红线考核制度，明确责任分工。最严格水资源管理制度是解决西北内陆河流域人口、水资源与发展的矛盾的战略举措和重大法律制度，"三条红线"和"四项制度"是核心，而"四项制度"中水资源管理的责任和考核制度既是最严格水资源管理制度的主要制度之一，又是其他制度落实的关键保障。"三条红线"着眼于水资源管理中配置、节约和保护三个关键环节。其中，水功能区限制纳污红线是从水质、生态环境的角度保护用水过程中的水资源，其既可以作为宏观指标，通过水功能区一级区管理考核跨行政区之间水资源保护效果，也可以作为微观指标，通过水功能区二级区的管理考核同一水域水质状况，考核同一地区不同用水部门减排情况。②近年来，西北内陆河流域已经开始重视生态环境治理，取得了不少成绩，但是在实际中目标不够清晰、方法不够灵活，水资源的过度使用和严重的污染现象仍然存在，需要进行高度重视。有必要将最严格水资源管理制度中的责任与考核制度引入西北内陆河流域的水质达标考核工作中，促使地方政府采取灵活多样的方式促进提高水质。最严格水资源管理制度的提出为水资源的保护和管理提供了强有力的国家制度支持，我国西北地区应以此项制度的提出为契机，结合本地区的实际情况，及时制定可行性的法律规范，为西北内陆河水污染防治提供法律依据。③

---

　　① 胡德胜、王涛：《中美澳水资源管理责任考核制度的比较研究》，载《中国地质大学学报》（社会科学版）2013 年第 3 期。

　　② 曹永潇、方国华：《黄河流域水权分配体系研究》，载《人民黄河》2008 年第 5 期。

　　③ 袁笑瑞：《西北内陆河最严格水资源管理法律制度践行研究》，硕士学位论文，长安大学，2014 年。

（三）积极引入和利用经济手段

完善排污收费制度以及排污权交易制度，公平分配初始排污权，充分优化配置资源。加快城市公共事业改革，通过特许经营，开放水务市场。完善公共资金投入机制，鼓励社会资金、外资参与环境基础设施建设，特别是污水处理设施。进一步加强环境公共财政、绿色资本市场、环境税收、排污交易、生态补偿等政策。我国西北地区在河流排污权管理方面存在管理不利的问题，水污染防治法中对排污权的限制有一定的滞后性，在水污染产生后大部分只是采取处罚的方法来解决问题。环境行政主管部门没有实际的强制权力治理水污染单位，很多水污染单位交了罚款以后还继续进行生产，对污水治理未采取任何措施，他们认为交罚款后仍能继续生产，比治理污水成本低得多。因此必须加强管理排污权，对企业排污权实行量化管理。在西北内陆河流域沿岸的新建企业注册登记时，根据企业的规模、性质以及企业自身排污量的大小购买定量的排污权，限制各个企业和工厂只能在排污量范围内排污。如果出现超量排污的单位，强令其停止生产。国家要细化防治水污染的法律，针对不同性质的企业，明确水污染的防治标准细则，在执法过程中有明确的依据，避免水污染管理的混乱。加强排污权的管理能使效益好、污染小的优秀企业得到更好、更快的发展，也能在一定程度上抑制效益差、污染大的落后企业。通过排污权的管理可以通过企业"优胜劣汰"，使西北内陆河的水污染得以控制。[1]

"排污权交易制度，又被称为排污指标交易制度，对该概念的理解应从排污权和指标交易两个角度进行，一方面我国明确限定了一定区域内环境保护指标下对污染物的排放总量，再由地方环保机构对行政区域内污染物排放总量细分至各个产生污染的社会个体，单个社会个体在一定时期内的污染物排放不能超过所享有的许可量；另一方面，该排污指标可以作为一种可置换物品，在排污市场进行交易，由排污未超标或未造

---

① 刘志仁、袁笑瑞：《西北内陆河水污染控制法律制度研究》，载《西藏大学学报》（社会科学版）2012 年第 4 期。

成排污的企业向排污超标企业进行流转。"① 继财政部、原环保部和国家发改委批复了天津、河北、山西、内蒙古、江苏、浙江、河南、湖北、湖南、重庆和陕西 11 个省市开展排污权交易试点后，2014 年 12 月，又将青岛市纳入试点范围。除了这 12 个政府批复的试点外，其他不少省份也自行开展了交易工作。根据财政部 2019 年 1 月发布的数据，截至 2018 年 8 月，我国排污权一级市场征收有偿使用费累计 117.7 亿元，在二级市场累计交易金额 72.3 亿元，但各省份的具体数据没有披露。虽然全国大多数省份均开展了排污权交易，但交易信息的透明度较差。② 排污权交易制度将市场调节机制引入污染控制领域，体现了创新性和可持续发展的环保新路径。西北内陆河流域内的污染物排放治理应当积极推行排污权交易制度，鉴于我国目前尚未形成非常健全的排污权交易制度法律体系，因此西北内陆河流域水资源管理法应当对此作出相应规定，以促进排污权交易有序进行。但应当明确的是，无论排污权的交易量如何，固定期间内的排污许可量应当是固定的，即排污的总量应当是固定不变的，同时应当加强政府对排污权交易制度的监管，明确排污权的兑换值，避免市场调节手段盲目性的弊端带来流域污染的不可控。③

二　确保生态环境用水优先的法律地位

国内外的自然科学成果和应用实践表明，确保生态环境获得最低数量和适当质量的用水，具有多重价值和作用。它可以维护和改善生态平衡，能够保护人类赖以生存的生态系统，非常有利于确保和维护水资源的可再生能力，同时有助于维护与提升环境和风景的美学价值，推动旅游经济和生态经济的发展。离开了水，人类无法生存，因此水人权是一项基本人权，这一理念已被国际法所承认。每一项人权都是普遍存在的，非经严格之司法审判而不可被剥夺，水人权同样如此。保护人们的水人

①　俞树毅、柴晓宇：《西部内陆河流域管理法律制度研究》，科学出版社 2012 年版，第 221 页。

②　财政部：《排污权有偿使用和交易试点工作取得阶段性成效》，http：//jjs.mof.gov.cn/gongzuodongtai/201901/t20190118_3125090.htm，2021 年 1 月 1 日。

③　严乐：《西北内陆河流域水资源管理法立法探析》，硕士学位论文，长安大学，2013 年。

权，必然是法律存在合理性的内在含义。① 鉴于水资源对于经济社会可持续发展的重要性，在水资源稀缺的地方，首先优先满足生活用水的需要，然后再满足生态环境用水，最后是满足农业、工业以及航运用水。这是由可持续发展理念所决定的，这一理念要求我们在考虑问题、作出决定时，不能只看眼前利益，还应该考虑未来的可持续发展，在水资源的配置中确定生态环境用水的优先地位。

生态环境用水为某一重要生态系统维持其基本需求所需要的最低数量和适当质量的用水，其在水资源分配中的优先顺位应该通过法律的形式予以明确规定。目前的法律法规中只有《水法》第 21 条规定了要首先满足城乡居民生活用水，而生态环境用水是与农业、工业以及航运处在平行位置，当这四者发生冲突时，应该先满足哪一方并没有具体规定。对于西北内陆流域所处的干旱、半干旱地区，该条仅是规定了"在干旱和半干旱地区开发、利用水资源，应当充分考虑生态环境用水需要"，但同样未指出生态环境用水应该具有怎样的优先地位。实际上在西北内陆河流域，生态环境用水并未获得足够重视。以石羊河流域为例，根据流域治理规划，除了人工绿洲的生态环境用水被置于工业和农业用水需求之上以外，内陆河的一般生态用水或生态流量并不具有优先性②，而且对于当地经济具有重要影响的企业的用水还得到了优先保障。③

从西北内陆河流域生态环境用水保障情况来看，对于生态环境用水

---

① 邓廷涛：《西北地区生态环境治理中的政府职能》，载《兰州学刊》2008 年第 S2 期。

② 2007 年《石羊河流域重点治理规划》规定了水量分配遵循的四条基本原则：（1）体现水资源国家所有的原则；（2）基本用水优先、公平与效率兼顾原则；（3）尊重历史、立足现状、兼顾未来的原则；（4）民主协商与集中决策相结合的原则。针对石羊河流域自然环境特点和经济生活发展状况，依《水法》确定流域的水资源配置优先顺序为：充分满足城乡生活用水、保障稳定人工绿洲的基本生态用水、基本满足工业用水、公平保障农业基本用水、协调分配其他生态用水等。

③ 2007 年《石羊河流域重点治理规划》指出：金川公司作为国家和甘肃省重点工业企业，用水量大、用水效率高。本着尊重历史，立足现状，对重点工业企业用水予以优先保证和适当留有余地的原则，根据东大河皇城滩水库初步设计报告（1972 年 7 月 1 日）、金昌市人民政府与金川有色金属公司用水协议书（1986 年 2 月 18 日）等历史文件，结合金川公司现状扩大再生产建设规模和节水与发展规划，对金川公司提出的 8800 万立方米水量指标（不含引流济金水量），扣除其中包含的生活用水指标后，予以确认。

数量的确定程序、规则或者方法，取水许可制度关于生态环境用水的条件，生态环境用水水质保护机制，流域、区域或者重要生态系统的生态环境用水，生态环境用水供应的激励，以及紧急情况下生态环境用水供应，都缺乏有效的机制和措施。有效保障措施的缺乏，导致生态系统整体上严重退化、水资源可再生能力持续下降，从而危及生态安全。所以，建立科学上合理、实践上可行的生态环境用水保障机制，必须包括生态环境用水数量上的确定程序、规则或者方法，取水许可条件中有关生态环境用水的条件，生态环境用水水质的保护，流域、区域或者重要生态系统的生态环境用水规定，生态环境用水供应的鼓励措施以及生态环境用水供应应急方案。[①]

首先，在法律法规中明确界定生态环境用水的概念。生态环境用水的伦理基础为可持续发展理念。[②] 而在目前有关生态环境用水的法律法规中，我们只能看到对生态环境用水的简单提及，例如在《水污染防治法》中只是提到要维护水体的生态功能，而没有具体对生态环境用水的概念进行界定。由此，建议在制定和完善西北内陆河流域水资源保护相关法律时，明确界定生态环境用水为某一重要生态系统维持其基本需求所需要的最低数量和适当质量的用水。其次，在法律中明确规定生态环境用水的管理权限。我国现阶段在水资源管理体制上仍然存在很多问题，主要原因在于我国目前对于行政机关的设立以及其各自的职权规定不是非常明确，而且监督机制不健全，各部门在制定各自的工作规划时往往都是从自身利益出发，这样就容易出现职权上的交叉重叠。为了保证各流域的地方行政区以及水资源相关职能部门在合理范围内行使各自职权，可以考虑在中央一级设置一个专门的水资源流域管理机构来对全国水资源进行统筹兼顾，然后实行垂直领导，在其下再设多个一级区的流域管理机构，这些一级区的流域管理机构再下设各自分区的流域管理机构，

---

① 胡德胜：《最严格水资源管理的政府管理和法律保障关键措施刍议》，《最严格水资源管理制度理论与实践——中国水利学会水资源专业委员会 2012 年年会暨学术研讨会论文》，黄河水利出版社 2012 年版，第 165—169 页。

② 侯晓梅：《生态环境用水与水资源管理变革》，水资源、水环境与水法制建设问题研究——2003 年中国环境资源法学研讨会（年会）论文。

然后由这些各级流域管理机构具体负责生态环境用水管理和监督。最后，确定维持和保护生态环境用水的公众参与制度。在关于生态环境用水的相关法律法规中，基本都只对县级以上人民政府水行政主管部门、流域管理机构以及其他有关部门如何保护生态环境用水做了规定，而没有提到公众在维持和保护生态环境用水方面应该如何参与。因此，在制定有关维持和保护生态环境用水法律法规的过程中增加决策的公开性、透明度，使决策和管理更加合理，减少政府与公众的摩擦，加强公众对政府的信任。而且要在法律中明确规定公众参与保护生态环境用水的义务，以实现在生活中处处都能看到对生态环境用水的保护。此外，在具体的保护过程中，加强公众对相关部门执法的监督，以确保其真正履行职责，促进生态系统的可持续发展，进而实现社会的可持续发展。①

第二节　流域与区域：实施流域一体化管理

1992 年联合国环境与发展会议上，全世界 102 个国家元首和政府首脑通过并签署了《二十一世纪议程》，该议程明确了流域水资源管理的目标和任务，要求对水资源按照流域一级，采取适当的管理体制对流域进行综合管理。我国《水法》中明确规定国家对水资源实行流域管理与行政区域管理相结合的综合管理体制，并对流域机构和水行政管理机构的职责进行了规定，《水污染防治法》也规定了防治水污染应当按流域或者按区域进行统一规划。但是就目前情况来看，仍未形成有效的流域一体化管理制度，流域管理立法、机构设置、职能划分以及公众参与等方面都存在不少问题。尽管相关法律法规对流域综合规划管理、水资源有偿使用、流域管理的原则作了规定，但是涉及流域管理如何有效落实的规定并不多，即使是我国新修订的七大江河流域的综合规划中也缺乏关于流域管理机构设立的相关条款。② 流域管理机构的地位、流域公众参与机

---

① 刘志仁、汪妍村：《生态环境用水法律制度问题与对策探析》，载《环境保护》2014 年第 16 期。
② 艾峰：《我国流域水资源管理法律制度研究》，硕士学位论文，长安大学，2013 年。

制、流域管理机构与行政区域管理之间的协调机制都没有具体的规定，以及缺乏流域管理的基本法律制度和运行机制的相关配套立法，使得流域管理的功能难以实现。① 对于水资源极为脆弱的西北内陆河流域而言，实施一体化流域管理对于保护该地区的生态环境和经济社会的可持续发展具有重要的意义。

有研究认为，实施流域一体化管理可以采取以下措施：（1）流域统一规划。流域统一规划不论在现在还是将来，都应该在所有用水者之间对水资源进行合理分配，重要的人类和生态系统的需求必须给予特别的关注。（2）参与决策。地方政府、社会公众和利益相关者都参与到决策过程中将会提高流域管理的水平。（3）需求管理。需求管理是可持续水资源管理不可分割的一部分。管理用水需求比不断扩张供水更易于实现水资源的可持续利用。（4）遵守。需要制定针对各方是否遵守流域协议或安排的监测机制和遵守情况评估机制。（5）人力和财力。一体化流域管理是一个长期过程，需要投入必要的人力和财力支持。② 结合西北内陆河流域的具体情况，本书认为，在西北内陆河流域实施流域实施一体化管理应主要从明确流域管理机构地位、健全流域法律法规、加强部门协调三个方面着手。

一　明确流域管理机构的地位

从整个流域生态环境出发，全局把握流域内水资源的开发、利用与保护是流域管理机构最为重要的功能之一，而在流域一体化管理中，权威、高效的流域管理机构是事关全局的关键性因素。从全球范围来看，保持流域管理机构的良好治理能力，是实施一体化流域管理的关键。

（一）树立流域管理的理念

基于流域管理体制的要求，西北内陆河流域行政主体应当转变传统区域划分的观念，树立大流域管理理念，就是以流域整体性为基础，突

---

① 路伟伟：《论我国流域水资源管理法律的完善——以淮河流域为例》，硕士学位论文，西北农林科技大学，2011 年。

② 刘志仁、朱艳丽：《西北内陆河流域水行政许可法律制度的缺陷及完善》，载《甘肃社会科学》2012 年第 5 期。

出流域生态利益的关键性作用和地位，在行政许可的申请、听证、执法等工作中做到全流域统一管理，而不是各行政区之间就同一个行政审批事项的审批权相互争夺。只有将流域视为整体，各区域视为部分，区域利益服从整体利益，才能在行政许可、行政执法等工作中形成高效率、常态化的工作机制。在西北内陆河流域环境保护行政管理中，树立流域管理的理念，提升流域管理机构的地位，提高已设立的流域管理委员会的法律位阶，将流域管委会作为该内陆河流域统一的环境保护部门，行使统一的水资源行政执法权力。对行政执法中不作为、不严格依法作为甚至滥用环境行政执法权的执法主体及其责任人员，应根据统一的管理条例明确责任，有效阻断其他利益相关部门对环境行政执法的干预，保障环境行政执法严肃、公正和有效。①

（二）明确流域管理机构的职权原则

流域管理机构的合理运行应该坚持权责明确原则、行政高效原则、公正透明原则。

首先，权责明确，突出主导作用。政府在环境用水中的义务、责任尤其应当明确，不能只赋予政府职权而忽视其义务与责任，不能只强调公民和企事业单位的民事、行政和刑事责任，而有意回避政府责任。权责明确是指在西北内陆河流域管理过程中综合流域管理机构行使的职权和承担的责任应当进一步详细化、明确化、合理化，避免因行政机关之间的职权交叉和错位而导致行政机关内部的权力争夺（通常发生在可带来实际经济效益的职权中）和权力拖沓（通常发生在无法带来直接经济效益的行政职权中）。突出主导作用的主要目的在于确保区域行政管理能够服从流域整体管理，保证流域综合管理机构在西北内陆河水资源的开发、利用、保护等方面享有主导职权，推动流域内的统一规划落到实处。同时，对政府管理机构的职权予以明确，更需要对政府主要负责人和各级人民政府首长的责任予以明确，由政府机构负责人作为权责执行的主要负责人对此进行责任承担。

---

① 刘志仁、严乐：《当前西北内陆河流域农民用水者协会健全法制路径探析》，载《宁夏社会科学》2013年第1期。

其次，行政高效，引入绩效制度。行政高效是指在综合流域管理机构内，对组织机构的设置和人员的配置应做到精简高效，通过机构内部完整的、相互衔接、相互监督的机制建设，保证流域管理在一个权责透明、运行平稳的平台上高效运转。引入绩效制度的目的在于激励西北内陆河综合流域管理机构内部行政人员的高效行政，明确的赏罚制度能够改善行政能力低下的现状，提升机构内行政人员的整体执法素质。

最后，公正透明，平衡各方利益。公正透明是指在西北内陆河流域综合管理机构的决策、行政过程中，通过政务公开、民主协商的途径，保证其行政执法接受公众的监督，充分体现流域管理的民主。平衡各方利益是指西北内陆河流域管理机构应引入组织机构内外的协商机制，贯彻西北内陆河流域水资源管理法中确定的公众参与制度，促使流域内不同主体、不同行业的公众共同参与西北内陆河流域管理，尽可能保证各方利益在保护西北内陆河流域生态环境的前提下得以平衡。

（三）完善流域管理机构的内部组织模式

孟德斯鸠所言："绝对的权力导致绝对的腐败。"任何不受监督和制约的权力，都终将走向腐败。西北内陆河流域管理机构的模式要求在机构内部组建相互制约的权力制衡机制，这种权力的制衡表现为内部职权部门之间在西北内陆河流域管理决策、执行和监督方面的相互分离和制约。世界许多国家都是通过立法或协议授权成立流域管理机构，比如澳大利亚《墨累—达令流域协议》授权部级理事会、负责执行的流域管理委员会以及负责咨询的社区咨询委员会，三方分工合作，实现该流域水资源的可持续利用。建议在西北内陆河流域建立由流域管理委员会、流域管理局、流域协调监督委员会组成的流域管理机构组织模式。流域管理委员会是流域管理的最高权力机构，流域管理局是流域内各项具体事务的执行机构，流域协调监督委员会是流域管理机构中的监督协调机构。

一方面，三个内部机构的职责范围需要明确规定。流域管理委员会的主要职责是制定全流域的指导性政策方针；制定流域综合治理的中长期发展计划和专业规划；将全国的水量分配和用水计划结合西北内陆河流域实际发展情况进行中长期的规划；直接对流域管理机构的执行情况进行监督检查；制定流域内生态补偿标准等。流域管理局的主要职责是贯彻执行涉及流域综合管理的相关法律法规及政策方针，参与流域综合规划和专业规划的编制；监督、检查、处理水事纠纷和违法行为，根据法律法规的授权行使流域管理过程中相关的行政许可权、行政处罚权和行政征收权；养护和整改流域内河道，管理流域内水利工程设施建设等。流域协调监督委员会的主要职责在于广泛收集基层各方就流域管理的意见建议，进行真实性和客观性分析，及时将信息传达至流域管理委员会，以便流域管理委员会在决策过程中掌握基层意见，充分实现流域管理的民主性；对流域管理局的具体行政执法行为进行及时监督和矫正，接受民众对流域管理局行政行为的投诉，保证流域管理公开、公正的状态下协调运行。

　　另一方面，三个内部机构之间相互监督和相互制约。流域管理委员会和流域管理局之间属于决策和执行关系，流域管理委员会和流域协调监督委员会之间是决策和监督的关系，流域协调监督委员会与流域管理局之间是执行与监督的关系。流域管理局直接对流域管理委员会负责，贯彻执行流域管理委员会的决策，流域管理委员会指导和监督流域管理局的具体行政行为；流域协调委员会有权对流域管理委员会决策及流域管理局管理行为的作出进行监督及协调。该种机构组建模式类似于西方国家权力设置中的三权分立思想，充分体现了决策、执行、监督相互分离，相互制约的思想，能够保证在西北内陆河流域管理过程中的功能性职权系统化、管理体系分权制衡化、管理方式多样化、管理路径公开化、管理理念民主化，有利于充分保护流域内的生态环境，促进流域内经济与环境的共同发展，推动西北内陆河综合管理机构人员配置民主化、科学化。

　　流域管理委员会、流域管理局及流域协调监督委员会三个机构因各自职责划分不同而需要不同类型的人员配置。流域管理委员会作为流域管理的最高权力机构，应当设置在流域流经省份的省级人民政府内，该委员会的成员应当包括省（自治区）人民政府各行政职能部门的负责人（如水利、生态环境、林业、国土等），一定比例、由选举产生的农业用水户代表、各工业用水行业代表，以及一批来自高校、科研部门的相关专业专家。行政职能部门负责人的参与能够保证委员会作出的决议在省区内各相关职能部门得到贯彻和协调，各用水户代表的参与能够保证基层用水个人及企业的利益得到充分的保护，来自不同单位的专家有助于流域管理实践能够与先进的理论技术相结合，达到理论和实践的相互指导促进的作用。这样的机构人员构成能保证所制定的政策方针更具有代表性，降低政策在执行阶段的阻力，减少决策失误，并充分地体现了流域管理的综合性、民主性和科学性。流域管理局作为流域内具体的政策执行机构，应当由具有较高专业技术技能和行政管理实践的人员组成，并应敢于吸纳各高校相关专业毕业生进入管理局，通过实践能力的培训锻炼一批拥有高效执行能力、掌握先进管理技术、具有创新思维的年轻管理人员。流域协调监督委员会作为内陆河流经地区政府和相关部门的协调机构，同时也是流域管理机构中的监督组织，应当由省级主要负责人作为主要发起人，由社会性的非营利环保组织作为主导力量，协同地方各大媒体共同组成；行政人员的发起有助于监督权得以具体保障实施，非盈利环保组织的带动有助于对西北内陆河流域管理过程中存在的具体问题及时发现，地方各大媒体的参与有助于促进公众参与权利的落实，强化流域协调监督委员会监督权力的社会效应。一个完善科学的西北内陆河流域综合管理机构设置，有助于切实落实西北内陆河流域水资源管理法的执行，对于西北内陆河的综合管理理念的更新也具有积极作用，更是推动西北内陆河流域各项管理制度发挥社会实效的核心动力。[①]

（四）赋予流域管理机构独立的执法权、财政权和人事权

流域管理机构的设立是以流域为整体对水资源进行综合管理的体现，是以全面承认流域作为水资源和水循环的物质载体为基础，以充分尊重水生态的自然规律为前提，以深度考量水资源的自然属性为核心的产物，这就要求流域管理机构需要有独立于传统水行政主管部门的执法权。此外，流域管理机构对全流域的监督和管理能力必须建立在坚实的物质和人力资源基础之上，缺乏必要的物质载体和人力资源支撑，流域管理机构难以担负起流域管理的重任，尤其是在审核许可、召开听证会、现场执法等方面，必须具有足够的资金支持和相应数量的适格技术人员的支

[①]　严乐：《西北内陆河流域水资源管理法立法探析》，硕士学位论文，长安大学，2013 年。

持。所以，赋予流域管理机构独立的财政权和人事权是现实的需要。我国《水法》中对流域管理机构的职能作出了规定，但现实中流域管理机构的设立主体往往不明确，这势必造成被设立的流域管理机构的法律地位模糊，从而使流域管理机构在执法权、财政权和人事权等方面处于"法无明文授权"的困境。因此，需要赋予流域管理机构独立的执法权、财政权和人事权。

首先，流域管理机构具有独立的执法权。独立的执法权是行政机关有效执法的前提，缺乏独立的执法权往往造成相关执法部门难以名正言顺地行使行政管理权、在执法过程中饱受质疑、陷入被执法对象不愿配合的"执法困境"，执法部门的权威性备受挑战。实地调研的结果显示，包括黑河、疏勒河和塔里木河在内的西北地区的多个内陆河在水资源管理方面存在的诸多问题和乱象的重要原因之一是流域管理机构缺乏独立的执法权，其在水权初始分配、水权交易审核、水事纠纷处理等方面无法发挥应有的作用。因此，要充分认同流域的整体性和组成区域的多元性这一客观事实，赋予流域管理机构独立的行政管理职权，不再完全受制于地方政府的干预，能够独立解决各类水污染、水量超标等情形，不再需要经过上级政府单位的批准。在行政许可方面，能够独立审批、监督和撤销行政许可，对水资源管理中的行政许可进行事前、事中和事后的全方位监管。避免出现责任推诿，在出现水污染情形时，直接能追责到具体的责任单位，① 充分发挥流域管理机构在跨行政区域水资源管理中的全流域监督管理功能。

其次，流域管理机构要具有相对独立的财政权。行政机关履行行政管理职能的重要条件之一就是具有充分的财政保障，尤其是对于负有监督职责的行政机关而言，如果财政资金依附于其他行政机关或完全依赖于其上级机关，则会使其监督职责难以充分发挥。对于流域管理机构而言，其行政管理职能的重要组成之一是对全流域的水资源保护、利用及进行全面监督和管理。西北内陆河流域多个水资源管理机构的实践经验

① 袁笑瑞：《西北内陆河最严格水资源管理法律制度践行研究》，硕士学位论文，长安大学，2014 年。

表明，尤其是在流域基础设施建设、水权交易审核、听证会的召开、现场执法检查等方面，只有保证流域管理机构拥有充足且相对独立于其设立机构的财政权，才能使其排除不必要的行政干扰，具备全流域水资源管理和监督所必需的物质支持。

最后，流域管理机构需要具有充足的人员编制。从法律上而言，行政机构是履行行政管理职责的主体，但是这一职责的履行实际上是由具体的自然人完成的，拥有充足的人力资源是包括流域管理机构在内的行政机关能够维持正常运转以及充分履行行政职责的必要条件和基础保障。水资源管理是以水资源科学知识为基础的资源管理行为，这决定了流域管理机构必须拥有足够数量且具备专业知识的适格工作人员。目前，西北内陆河地区的多个流域管理机构所面临的共同问题是缺乏足够的、适格的工作人员，从而导致执法质量难以得到保障。为了确保西北内陆河流域的良好管理，应当适当扩大流域管理机构的规模，增加流域管理机构的专业人员数量。

二　健全流域性法律法规

流域管理机构的设立需要根据相关立法授权而建立，比如，美国田纳西流域管理局是世界上最早的流域管理机构，它是依照国会通过的开发田纳西流域水资源的立法而成立的，是直属联邦政府的机构，拥有相当大的权力。[①] 为了进一步具体落实好最严格水资源管理制度，促进一体化流域管理，西北内陆河流域管理需要通过地方性立法，健全流域性法律法规。明确流域管理机构的地位，不能将流域管理机构仅仅认定为上级行政机构设立的派出机构，而要将其认定为对流域水资源拥有相对独立地位的综合管理实体。[②]

（一）制定专门的流域管理法

解决我国日益复杂的水资源问题，实现水资源高效利用和有效保护，

---

① 艾峰：《我国流域水资源管理法律制度研究》，硕士学位论文，长安大学，2013 年。

② 张云燕：《浅析水权交易的法律问题》，载《安徽农业大学学报》（社会科学版）2007年第 3 期。

根本上要靠法律制度、靠政策、靠改革。① 流域管理专项基本法的空位导致流域性管理法律规范的制定在一定程度上受限于区域性管理法律规范，难以在具体的流域管理中发挥其规范实效。② 因此，为了切实发挥流域管理机构的重要作用，实现对水资源的优化配置，有必要对西北内陆河流域管理作出专门的法律规定，制定专门的流域管理法。

《水法》规定："国家对水资源实行流域管理与行政区域管理相结合的管理体制。"其余再没有具体的关于流域水资源管理体制方面的内容，即使是流域规划的相关规定也比较零散，对流域管理的规定显然欠缺。比如：我国第一部流域综合性行政法规——《太湖流域管理条例》于2011年11月1日起施行，这标志着太湖流域管理进入了依法治水的新阶段。但是，通过仔细研究其中条款，发现该条例并不完善。第四条规定："太湖流域实行流域管理与行政区域管理相结合的管理体制。国家建立健全太湖流域管理协调机制，统筹协调太湖流域管理中的重大事项。"第五条规定："国务院水行政、环境保护等部门依照法律、行政法规规定和国务院确定的职责分工，负责太湖流域管理的有关工作。"此外，长江、辽河、黄河、淮河、海河、珠江、松花江、太湖流域综合规划规定了流域防洪减灾、水资源综合利用、水资源与水生态环境保护、流域综合管理四大体系的目标和任务，并确定了流域用水总量控制、用水效率控制、水功能区限制纳污红线规划意见。③ 从以上条例和流域综合性规划可以看出，流域管理立法的主要内容涉及的还是不全。我国地域辽阔，七大江河流域情况各不相同，因此，仅仅制定全国性的法律法规根本不能解决七大河流具体的问题。在这种情况下，还要分别针对不同流域制定专门的流域法。流域管理法应该对流域管理机构的法律地位、流域管理机构的职权、协调机制、公众参与方式等作出规定。而且，我们还应明白，流域管理与行政区域管理相结合的模式也需要地方性流域管理法规同步，必须要结合

---

① 《国务院关于实行最严格水资源管理制度的意见》出台背景和主要内容新闻发布会 http://www.gov.cn/wszb/zhibo502/，2021年1月15日。
② 严乐：《西北内陆河流域水资源管理法立法探析》，硕士学位论文，长安大学，2013年。
③ 《七大流域综合规划获批将实行最严水资源管理制度》，载《光明日报》2013年3月15日第11版。

地方实际，及时制定和修改细则，确保流域法的有效实施。

(二) 加强流域管理机构能力建设

流域管理机构的能力建设，最突出的体现在其与行政管理机构之间关系的正确处理，即厘清流域管理机构与地方水行政主管部门之间的职责。明确水资源管理主体的责任，是落实最严格水资源管理制度中管理责任考核的基本前提。国务院《关于实行最严格水资源管理制度的意见》对于各流域内水资源管理制度中的责任分工表现出宏观性，对具体的职责划分并没有作出相关规定。在水资源管理体制方面，流域管理与区域管理相结合的管理体制远未真正建立，更没有发挥其应有的作用，在二者的关系上，既有职能相互交叉又有职能相互脱节的现象。① 因此，要加强流域管理机构能力建设，在水权分配、节约用水、污染控制、水域执法、基础设施管理、水土流失防治、水事纠纷调处、水资源信息管理等方面，明确流域管理机构与地方水行政主管部门的职权范围，并将确定后的内容写入流域综合规划和专业规划，既使各机构明确自己的职责范围，又将抽象的法律语言转换成具体的流域规划，增强了流域立法的可实施性。

此外，还需要明确同一行政区内不同层级的水行政主管部门、同级人民政府的水行政主管部门之间的职责划分，将其在流域立法中予以明确，写入流域综合规划和专业规划。

三　促进不同部门决策协调

实施流域一体化管理，还需要在流域立法和流域规划中建立各部门之间的协调协同机制，由流域管理机构负责牵头，水行政主管部门配合，形成流域管理协调机制。西北内陆河流域水资源由各部门管理，职能交叉问题比较突出，所以流域一体化管理更需要强调不同部门之间的协调。跨部门的一体化决策需要考虑下述基本原则：(1) 经济规划者在批准水行业的大规模基础建设投资项目前必须对支付平衡、通货膨胀和对宏观经济增长的影响进行仔细评估。(2) 土地利用的决策者必须对土地利用

---

① 刘志仁：《最严格水资源管理制度在西北内陆河流域的践行研究——水资源管理责任和考核制度的视角》，载《西安交通大学学报》（社会科学版）2013 年第 5 期。

会对下游用水有无影响以及影响的大小等问题有清楚的认识，而且要了解对整个水系统造成的外部效益和成本。土地利用难免会产生外部成本，但是政策制定者应当将外部性与所实施行为的效益进行综合对比和权衡。（3）应根据所涉及的所有增量成本制定用于增加水需求的政策，包括清除废料的用水需求。（4）不同用水功能之间的高效配置政策应当考虑利用的比较价值，这种价值以经济和社会效益来衡量。（5）政策制定者要了解短期利益和长期费用间的权衡情况，了解采用预防原则降低长期总成本的情况。（6）政策制定者应当明白在水资源管理中必须有辅佐者，这样不同的任务可由最适合的层面承担。[1]

尽管在水资源管理方面有必要进行适当分工，但是由于水资源的自然特征和流域的整体性，必须在不同的管理部门之间建立适当的协调机制，并突出流域一体化管理的指导思想和制度设计。在我国流域管理与区域管理相结合的管理体制中，不同部门之间管理层次的协调机制远未真正建立，更没有发挥其应有的作用，在二者的关系上，既有职能相互交叉又有职能相互脱节的现象。[2] 对于西北内陆河流域而言，为了确保水资源保护和可持续利用在经济社会发展中的关键地位，有必要在流域管理与区域管理之间明确流域管理的优先性，并通过适当的机制安排协调与水资源相关的不同部门之间的关系，防止政策目标和措施相互冲突，确保水资源可持续利用目标的真正落实。

第三节 政府与市场：合理利用市场机制进行水资源治理

一 完善排污权交易法律制度

（一）完善水资源排污权交易相关立法

面对法律的滞后和缺失，要根据西北地区的具体情况，借鉴国内外

---

[1] Sachs I. , "Environment and Styles of Development", *Economic & Political Weekly*, 1974, pp. 828 – 837.

[2] 胡德胜、潘怀平、许胜晴：《创新流域治理机制应以流域管理政务平台为抓手》，载《环境保护》2012 年第 13 期。

的相关成功经验，制定和实施新的环境法律法规。在我国目前的环境保护法律法规中，对"水资源排污权交易制度"都没有明确的规定。因此，有必要考虑在试点成功的基础上，制定有效可行的水资源排污权交易法律制度，使其在法律层面得以确定，从而规范我国目前的排污权交易程序，统一全国的执行标准，消除跨地区的水资源排污权交易之间的壁垒。另外，在排污收费方面仍有一些未涉及的领域有待进一步深化。目前法律规定主要包括超标排污收费、排污权交易、污染的集中控制等方面，然而这些规定相对粗略，都需要制定一些具体的措施。法律的缺位和模糊容易造成流域水资源排污权管理的混乱，西北内陆河流域内要实施排污权交易制度，必须有法可依。

（二）健全水资源排污权交易管理执法

流域内水资源排污执法的优劣是衡量流域内水资源排污权法律制度的重要环节。因此，需要不断解决排污过程中的执法问题。例如：收费标准不统一、征收方式不科学、排污收费标准太低、排污收费的征收对象不全面等问题。首先，在整个西北内陆河流域内执行统一的水资源排污收费标准，不再执行先前流域内各个省市自己的水资源排污收费标准。合理考虑整个流域内的经济基础和环境基础，实施新的水资源排污收费标准。其次，确立科学的征收方式，在执法中应当充分考虑现代经济的发展状况，以及水资源污染物排放的种类这一现实。对水资源污染物的排放种类和总量进行全面考虑，不能只对一种污染物征费，其余种类免征。应当按照排污总量进行排污费的征收，因为水资源排污权的实行目的就是控制水资源污染物的总量。这样的征收方式是合理合法的。再次，随着流域内经济的不断发展，各类企业数量不断增加，有必要提高水资源排污收费标准。不能让污染企业有侥幸心理和逃避心理，在追求利益最大化的同时，放弃自己承担的环境责任。一方面，要提高水资源排污收费标准，在法律层面对企业行为进行规范。另一方面，要通过法律进行引导和支持，对那些自愿改进排污设施的企业给予政策支持和资金投入，共同实现水资源排污量的减少。最后，水资源排污收费制度不仅适用于较大的企业，而且要适用于小企业和小的生产工厂。凡是排污者皆应当承担责任，控制排污总量，保护水环境的良好发展。西北内陆河流域内的乡镇企业要积极转型，改变自身的生产方式或改造升级自身的生产设备，由原来的粗放型生产变为节约型或环保型生产，减少水资源污染物的排放。

（三）建立健全水资源排污权交易市场管理机制

排污权交易是环境资源商品化的体现。[①] 排污权的设置是对纳污容量这种具有经济价值的自然资源的配置，需要符合市场机制的基本规律。排污权交易机制的建立，可以提高纳污容量的配置效率、充分发挥可以流通部分的排污权的经济价值，引导企业约束排污行为、减少污染物排放量，形成减少排污的内在激励机制，促进经济增长方式的转变，保护水生态环境。从资源的角度来看，纳污容量无疑同样是一种自然资源。有权实施排污行为的排污者，因对其所排污染物无须进行处理而能够节省生产成本，从而导致排污权具有经济价值，纳污容量这一自然资源也就具有了经济价值。但是，对于影响企业生产或者服务成本的纳污容量，目前却没有市场化的取得机制，主要是通过政府低价格的、基于申请的行政许可的路径获得。[②] 要建立健全水资源排污权交易市场管理机制。这种交易市场管理机制可以考虑利用环境与资源保护法进行立法规制，增加相关方面的法律条款和内容。对交易主体、交易平台和交易管理者进行立法，明确交易双方的权利与义务，建立水资源排污权交易市场管理机制，是以市场机制为核心的，因此在法律规范方面只作一般性规定，进行宏观调控和指导。要发挥市场主体的重要作用，充分调动各方主体的积极性。水资源是十分稀缺和有限的自然资源，因此在整个流域范围内应高效利用水资源，进而实现社会经济可持续发展。排污权交易是现代市场经济发展到一定阶段的产物，在实现排污权交易的过程中，应当遵循平等、自愿、互惠和等价有偿的交换原则。排污权交易这种市场交易行为，是获得水资源排污许可交易资格的双方当事人基于意思自治的前提下实施的，水资源排污权可以看成一种自身享有的权利，出卖方在

---

① 孟子龙：《浅议黑河中游地区水权制度的建立》，载《甘肃科技》2004 年第 11 期。

② 胡德胜：《最严格水资源管理的政府管理和法律保障关键措施刍议》，《最严格水资源管理制度理论与实践——中国水利学会水资源专业委员会 2012 年年会暨学术研讨会论文》，黄河水利出版社 2012 年版，第 165—169 页。

交易市场上进行排污权交易时，享有获得报酬的权利。通过市场交易使得水资源排污指标得到合理配置，水资源排污者达到清洁生产、合法使用、提高生产效率的目的。建立健全水资源排污权市场机制这一新的制度，需要大力宣传，让更多的人能够了解排污权交易这一概念，在全国范围内推广赢得相应交易主体和社会的支持。同时加强西北流域内水资源统一管理工作，为水资源排污权交易市场的顺利建设奠定基础。

（四）加强水资源排污权交易法律制度的技术支持

加强水资源排污权交易法律制度的技术支持，是解决我们当前面临问题的重要举措。在整个西北内陆河流域内科学合理地计算流域内水资源污染物排放总量、流域内水环境总承载量、流域水环境价值、各行业污染指数、水资源污染物的排放量等，基于这些科学数据，为立法活动做支撑。对流域内水功能区、河段数、用水区、排污控制区等区域做合理划分。排污权交易是以总量控制为前提，水资源排污权交易在国家生态环境部门和西北内陆河流域水资源管理机构规定的排污总量的范围内进行。各个单位水污染物的排放总量必须低于流域水环境总量控制目标，确保水环境达到法律规定的质量标准，从而实现整个流域社会经济效益与环境效益的统一。另外，在西北内陆河流域内进行的水资源排污权交易中各企业必须严格遵守交易规则，对流域内各个排污企业排污控制总量进行监测监控。现代科技监测技术是保证交易顺利实施的必要手段，能够及时准确地反映真实的污染状况，对水资源利用和水环境保护都是非常重要的。

二 完善水权交易法律制度

水权的稳定性是水事法律的一个重要原则，稳定的水权制度能够有效地促进水资源的保护和发展。[①] 在水资源危机出现的地方，尤其是在缺水区域，应该迅速建立或大力加强水权法律机制，以确保能够以一种可

---

① Solanes, M. and Gonzalez Villarreal, F., *The Dublin Principles for Water as Reflected in a Compara – tive Assessment of Institutional and Legal Arrangements for Integrated Water Resources Management.* Global Water Partnership, Stockholm, 1999, p. 29.

持续的、合理的、公平的和有效的方式利用水资源。[①] 水权交易的实现过程就是水资源在不同主体之间的流转，是水资源空间位置的转移，遵循水资源的自然流向和水资源本身的蒸发下渗规律，也是生态规律的内在要求。

（一）确立水权交易相关立法重点

首先，扩大交易主体的范围。《石羊河流域水资源管理条例》和《黑河流域水资源管理条例》都只是规定了个人和单位作为水权交易的主体，没有关于政府作为水权交易主体的规定，所以要在流域立法中重新审视和界定交易主体的范围，防止将政府排除在水权交易之外，导致水资源分配的不公平。无论是政府、单位，还是个人，既然成为水权交易的一方主体，就应该在地位上平等，唯有平等才能保证交易结果的公平。对于效率，要求水权交易的程序、方式等体现较高的水资源利用效率，防止造成水资源浪费。所以，要从公平出发，维护西北内陆河流域水资源的可持续利用和生态环境的平衡，最终实现社会效率、经济效率和生态效率的协调统一。

其次，确立水权交易的激励机制。西北内陆河流域的水资源法律没有平衡对奖励和惩罚的规定，相对来说，对于惩罚的规定较多，而且惩罚的力度太大，缺乏实现的可能性。如《石羊河流域水资源管理条例》第40条规定：对于违反条例的行为最高可罚款2万元，这对于企业可以执行，但是对一般的个人用水户就过于严厉。所以要适当降低惩罚的额度，或者针对不同类型的用水主体适用不同的条款。关于水权交易的奖励条款要予以细化，增加可操作性。

最后，明确水权交易的法定程序。针对水权交易的申请、交易价格和交易用途的确定、主管机构的审批、双方权利义务的转让以及环境影响评估和补偿等，作出全面详细的规定，这样一方面可以节约交易双方的交易成本，另一方面也可以促进节约用水行为，提高水资源利用

[①] 胡德胜、王涛：《中美澳水资源管理责任考核制度的比较研究》，载《中国地质大学学报》（社会科学版）2013年第3期。

效率。①

（二）完善初始水权配置法律制度

初始水权配置是以法律为依据，按照事先拟定的水权配置方案和审批的用水配额，在特定的区域之间或用水户之间分配用水配额。② 要进行水权交易，实现水资源的市场化配置，首先要使可交易水权从水资源的所有权中分离出来，成为一项具有独立价值的法律权利，从而使水权交易主体能够通过法律程序获得预期的水资源使用权。③ 这就充分说明，水权交易必须以水资源初始分配为前提。初始水权分配是指在国家宏观调控下，有关水行政主管部门或流域机构通过规定的程序初次向各级行政区域、用水户逐级分配流域和区域可利用水资源使用权的过程。④ 水权交易体系的构建必须是水权的"一级市场"和"二级市场"的完美结合，而初始水权分配就是一级水权市场的主要任务。这样的制度安排一方面有利于维护国家对水资源的所有权，进行宏观调控，明晰水资源的初始配置，减少或预防水资源纠纷和冲突，另一方面也创造了水权交易的客体，成为水权交易法律关系的核心要素。水权初始分配涉及水量、经济、社会和环境等各方面因素，所以是一项复杂的系统工程。我国尚处于市场经济体制的初级发展阶段，而且水资源关系到社会公共利益，关系到人的生命健康问题，所以不能完全由市场按照其内在规律进行基础配置。因此，为了避免市场在资源配置中的盲目性、自发性和滞后性，初始水权配置的权力必须由代表国家行使水资源所有权的行政机关行使，也就是说在初始水权配置这一阶段，国家占有主导性的地位。初始水权配置能够有效地减少水权交易的不确定性因素以及机会主义行为，关系到整

---

① 朱艳丽：《西北内陆河流域水权交易法律制度研究》，硕士学位论文，长安大学，2012年。

② 孙同鹏：《经济立法问题研究：制度变迁与公共选择的视角》，中国人民大学出版社2004年版，第25页。

③ 许林华、杨林芹：《水权交易及其政府管制》，载《水资源研究》2008年第6期。

④ 杨永生、张戴军：《抚河流域水量分配原则及方法解析》，载《江西水利科技》2006年第3期。

个水权理论和制度的完善。由此可见，水权初始配置是水权交易的前提。[①] 西北内陆河流域水权交易发展缓慢，很大程度上是因为初始水权配置不合理，对其完善要从水权分配的前提、分配的原则、分配的程序 3个方面着手。

1. 分配的前提

流域范围内水权分配的重要依据是流域水资源综合规划。我国水资源总量有限而且区域之间、流域之间的分布严重失衡，要使水资源得到可持续利用，就必须对水资源进行科学规划、统筹配比，所以从这层意义上来讲，水资源规划也是水权交易的基础条件。水资源规划是指在整体和全局视野下，对水量和水质进行全面的调查研究，从而全面掌握水资源状况，制定出符合历史传统、符合现实状况、符合未来发展的水资源利用方案。水资源规划是在总量控制与定额管理的前提下进行，当水资源预测需求量大于流域可利用水资源量时，采用流域可利用水资源量作为水量分配总量；当水资源预测需求量小于流域可利用水资源量时，则以预测需求量作为水资源分配总量，结余之水作为预留。[②] 因此，水资源规划一方面可以提供水资源配置的方案，在此基础上进行水权的初始配置和水权交易，另一方面也可以协调和缓和各用水区域或用水流域的冲突，对因水资源分配产生的纠纷能够起到有效地预防作用。

水资源规划作为水权交易的基础，以流域水资源可利用量作为水资源的承载能力，从而确定水资源在宏观控制体系下和微观控制体系下的规划标准。此种规划体系的划分是原水利部长汪恕诚在《水权管理与节水社会》一文中提出的。其中宏观控制体系包括：（1）科学确定流域水资源的上下游分配量，以协调全流域用水效益，达到公平合理；（2）坚持水资源的优先性理念，合理划分生活用水、农业用水、工业用水和商业用水的比例，在统筹兼顾的原则下保障生态用水比例；（3）合理使用地表水和地下水，防止地下水超采和地表水污染。微观体系主要是用来

① 朱艳丽：《西北内陆河流域水权交易法律制度研究》，硕士学位论文，长安大学，2012年。

② 陈洁、许长新：《水权定价指标体系研究》，载《辽宁师范大学学报》（自然科学版）2006年第3期。

规定社会的每一项产品或工作的具体用水量标准。① 在不突破流域水资源总量的前提下，充分考虑经济社会指标、各行业用水定额、河道内外需水、流域可供水量、实现流域水资源供需平衡的各种工程与非工程措施，并进而提出水权配置方案。西北内陆河流域具有水资源总量小、各利用主体之间利益复杂的特点，水权分配工作必须以流域水资源综合规划为依据，充分考虑各种用水需求的重要性，制定科学、严谨、周详、充分考虑各方利益和用水需求的水权分配方案。

目前，在西北内陆诸河中，只有黑河流域于 1993 年和 1997 年两次制定了水量分配方案，并分别得到国务院的批复。西北地区其他重要内陆河流，诸如疏勒河、石羊河、塔里木河则由当地省级和市级水行政主管部门根据本地区实际情况参照黑河流域分水方案制定。相关水行政主管部门在制定水权分配方案时，需要充分考虑流域内各行政区域产业布局的情况和各种用水之间的优先关系。正如时任国务院总理温家宝在甘肃视察时所指出的，生产、生活和生态用水之间密不可分，要彼此兼顾。生态用水应居于优先地位，只有良好的生态环境，才能带来良好的生活条件以及为生产提供充足的物质支持。② 因此，在确保居民生活用水和生态环境用水的前提下，在农业用水、工业用水和商业用水之间实现均衡分配，促进不同产业和行业之间相互带动、彼此推动的效果。此外，在制定流域水资源综合规划以及流域水资源分配方案时必须合理兼顾上、中、下游的用水量，在合理协调不同行政区域之间的利益的基础上分配水权。

2. 分配的原则

首先，坚持环境与发展一体化发展原则。环境与发展一体化是指保护环境与经济、社会以及其他领域的发展必须协调统一，有机结合。西北内陆河流域碍于地理和环境因素的影响，经济发展起步较晚，速度较慢，所以经济的增长仍然是该地区不断提高人们生活水平的最有效途径。

---

① 朱艳丽：《西北内陆河流域水权交易法律制度研究》，硕士学位论文，长安大学，2012年。

② 国务院办公厅：《温家宝考察纪实：决不能让民勤成为第二个罗布泊》（http://www.gov.cn/ldhd/2007 – 10/02/content_ 767479. htm）。

但是由于水资源严重短缺，生态环境在近年来还呈现不断恶化的趋势，这就说明，该地区经济发展绝不能以牺牲环境为代价，当然迫于发展压力，也不能为了保护水资源而限制经济的发展。因此，如何正确处理两者的关系将是该地区能否实现可持续发展的关键。西北内陆河流域经济发展不平衡，尤其是农业用水所占比例相当大，所以为了实现流域内经济发展稳定协调，就要全面统筹各产业的发展状况、用水状况。《武威市人民政府关于 2007 年水权制度改革的实施方案》中就提到，必须按照《石羊河流域水资源分配方案》中关于各县区用水总量和武威市行业用水定额配置水资源，坚持水资源的可持续利用原则。这就表明西北内陆河流域在水权配置方面已经在践行可持续发展原则。今后的水权交易中，依然要全面协调农业用水、工业用水和商业用水的比例，实现各行业之间用水比例合理，而且要在流域上、中、下游注重水量的分配与再分配公平，最终实现水资源的代内可持续。西北内陆河流域水资源严重短缺，水资源问题已成为制约该地区经济社会发展的瓶颈，所以尤其要在可持续发展原则下合理分配和高效利用水资源，保证每一代人之间在开发、利用和保护水资源方面享有平等的权利，代际公平也是西北内陆河流域经济发展与水资源保护中长远利益与短期利益的完美结合。西北内陆河流域水权交易要在水资源极其有限的前提下进行，交易的方式、交易的时间、交易的范围以及交易的对象上都必须用可持续的观点予以约束，避免水权交易引起水资源的污染和浪费。而且该地区生态环境脆弱，一旦遭到破坏，要想恢复到原来的状态几乎是不可能的，所以一切利用水资源的行为都必须在水资源的承载能力范围内进行，保证其更新能力和更新速度，并为人们永续利用。①

其次，充分尊重历史和用水传统原则。要客观面对西北内陆河流域在水资源利用方面已有的利益格局，以水资源综合规划和用水分配方案为抓手对未来水权分配进行科学谋划。西北内陆河流域不同的用水主体在历史上已经形成了自身固有的水资源分配权重、水资源利用习惯，这

---

① 朱艳丽：《西北内陆河流域水权交易法律制度研究》，硕士学位论文，长安大学，2012年。

些对流域内的用水户在用水的意识和思维方面已经产生了长期的影响，在水权分配方案中应当尽量尊重流域内在历史上形成的用水习惯，以便有利于维护社会秩序。流域内历史上形成的用水传统影响着当前的水资源开发利用格局，各用水主体在客观上存在水资源利用条件、工具和经济实力方面的差异，难免会在实质公平上有所欠缺。在维持历史上形成的用水习惯的基础上，应当通过政策法律工具，对处于用水弱势的一方予以扶持，通过形式公平推动实质公平的实现。此外，在尊重历史和正视现状的基础上，还需要科学有效地谋划西北内陆河流域水权配置的未来发展。综合考虑流域内各用水户、各地区、各行业的用水需求、区域水资源供给量，以实现流域内水资源供需平衡为目标，制定未来西北内陆河流域水权分配方案，实现流域内水资源可持续利用。

最后，要坚持流域内用水总量控制与水资源利用定额管理相结合的原则。基于西北地区在地理、气候、水文等方面自然因素的影响，西北内陆河流域的水资源总量较小，在进行水权分配时，应当以流域用水总量为约束，将流域用水总量严格设定在流域可用水资源总量内。在设定流域用水总量的前提下，为了实现这一目标，需要将用水总量控制指标经过层层分解，落实到单位产品用水量、人畜用水量等方面，通过对用水的微观控制实现总量控制。此外，考虑到西北内陆河流域基于自然地理条件而具有降水量、来水量年际变化和年内变化较中部和东部地区河流变化幅度更大，以及水资源分配在时间和空间上分布高度不均衡的特点，需要对各流域单独制定用水总量和用水定额，并且要根据不同年份可用水量的变化而适时调整总量控制和用水定额指标。动态的调整将确保用水总量控制和用水定额控制在西北内陆河流域落到实处。

3. 分配的程序

以西北内陆河流域所在的省、市政府批准的该流域的水权分配方案为基础，以中共中央和国务院提出的用水总量控制、用水效率控制和水功能区限制纳污这"三条红线"为前提，将水权分配层层落实到各县、乡、灌溉区、用水者协会，最终按照定额标准分配到每个用水户。这样就构成了从省、市到县、乡和灌区，最终到用水户的水权三级配置体系。除此之外，水行政主管部门通过初始水权登记，向用水户发放水权证书，在水权配置的顺利进行之后提供了事后调整、救济以及监督的渠道。同时，水权的登记及确权，还有利于在用水户之间进行水权交易。

（三）水权交易价格法律制度

在市场经济中，商品交易价格的构成及变化决定并反映于市场规律。水权作为一种财产权，可以作为一种商品在不同用水户之间进行交易和转让，水权交易应当通过交易价格反映出水资源作为自然资源的价值和稀缺性，并且通过价格的设定和变化推动水资源由低价值向高价值用途集中。然而，在水资源稀缺的干旱、半干旱地区的西北内陆河流域，水权交易的价格受到"资源无价"这一传统思维的影响和束缚，并未真正将水资源作为稀缺性资源看待，交易实践中水权价格偏低。构建水权交易法律制度，必须正视水资源的资源属性、商品价值和稀缺程度，形成科学的水价形成机制和调节机制：

1. 明晰水价的构成要素

水价的构成较为复杂，完整的水价包括工程水价、资源水价和环境水价。工程水价是指在人类劳动的作用下，将水由水资源变为水产品所形成的成本价格。例如，修建水利工程从江河湖泊中取水灌溉或经过过滤、消毒、输送转变为自来水。工程水价是由工程建设成本、合理利润、所需缴纳的各种税费组成。工程水价的高低受水资源加工条件的影响。资源水价是用水户取得水资源使用权时支付给水资源所有者的对价。在我国现行法律政策体系下，水资源所有权归国家所有，用水户取得水资源的使用权就必须向国家支付一定的对价，用水许可证就是国家对用水户取得水资源使用权的确认。在法律上，这种对价就是国家规定的水资源的使用费，它体现了资源的价值。此外，用水户在取得用水权利对水资源加以利用的过程中往往会对环境产生种种影响，其中就包括对环境产生负外部性的影响，例如，排放生活污水和工业污水。因此，必须在水价的构成中包括环境治理和水资源保护的成本价格，这部分价格被称为环境水价。目前西北内陆河流域存在的问题是，当地的水价并未按照"工程＋资源＋环境"的构成模式计算，仅仅是以工程水价单独作为水价构成要素。例如，在农业灌溉领域，其灌溉用水价仅仅是工程水价。[①] 资源水价和环境水价在水价构成中的缺失，一方面反映出传统的"资源无价"思维的深刻影响，另一方面也凸显了在当地厘清水价构成要素、构建科学合理的水价形成机制的重要性。

考虑到西北内陆河流域水资源的时空分布高度不均，流域上中下游的不同行政区之间、不同行业之间对用水习惯、条件、需求、时间以及经济发展水平不尽相同的客观现实，在确定不同地区的水权交易价格时，建议采取"3 + X"定价模式。具体而言，一方面要坚持"工程 + 资源 + 环境"的构成模式计算水价，反映出水资源的资源属性、商品价值和稀缺程度；另一方面，在坚持水价构成的三要素的基础上，在不同行政区域、行业的适用中对三个要素在水价中所占比例进行适当差别化。在这一定价模式下，政府只是确定了水价的构成要素以及基准水价，水权交易的具体价格则完全在市场交易中由供求关系决定。因此，这一定价模式不仅体现了国家对事关国计民生的战略性资源的适当行政管理，又表现出政府没有完全依靠行政力量对资源进行管制，而是充分尊重了市场规律，利用市场经济法则实现资源利用的优化配置，这正是市场经济的精神所在。

2. 调整水价的计价方式

西北内陆河流域地处干旱、半干旱地区，就自然地理条件而言，与中东地区的以色列较为相似，在水价的计价方式上可以参考以色列模式。目前，以色列实施的是总量控制与定额管理的分水制度，以这一制度为基础建立起了超定额用水累进加价的计价方式。根据这一计价方式，用水户在用水定额内缴纳政府核定的正常水价，超过用水定额之后的用水量按照逐渐升高的"累进加价"模式。地处西北地区的甘肃省武威市在灌溉用水水价计价方式改革中采纳了这一思路并进行了探索。实践经验表明，这一计价方式的作用在于，价格工具充分发挥了对水资源需求的有效抑制作用，用水户在"累进加价"的水价计价模式的激励下不断探

[①]　胡德胜：《论我国环境违法行为责任追究机制的完善——基于涉水违法行为"违法成本 > 守法成本"的考察》，载《甘肃政法学院学报》2016 年第 2 期。

索节水措施，推动了西北内陆河流域水资源保护工作的开展。目前，在西北内陆河管理法律制度中未涉及水价制定问题，最严格水资源管理制度要求建立健全水权制度，积极培育水市场，鼓励开展水权交易，运用市场机制合理配置水资源。建立健全水市场制度，必须要进行水价制度改革。西北地区水价格偏低，每万立方米生产的价值远远落后于我国平均水平，过低的水价不能促使用水单位以提高水的利用率来节约生产成本，所以在法律制度中应增加水价改革的规定，工业用水应逐年合理提高价格，对于用水大户实行梯级水价制度，超过一定额度要成倍增加水价格，对于用水效率高、产能高的企业给予一定的税收等方面的政策优惠和奖励。① 另外，在实施水价改革时，应充分考虑水价的各项成本。针对目前水价较低、难以体现资源稀缺性和提高用水效率的问题，可以借鉴澳大利亚的做法将污水处理费用、政府管理费用等成本计算在水价成本之内。② 通过水价改革提高生产单位用水效率的积极性，高昂的水价必然会促使他们考虑用水成本，生产单位会逐渐淘汰落后的生产设备，积极采用新的设备来提高水的利用率，真正实现用水效率的提高。

（四）水权交易市场监管制度

水资源是事关国家整体安全、经济安全、生态安全以及维系人们日常生活的重要战略性资源。一方面，水资源作为自然资源，其商品属性决定了水权交易必须充分尊重市场经济法则；另一方面，水资源还具有公共物品属性，如果认为水权交易完全由供求关系和竞争关系进行自发调整，这无疑是幼稚的。水资源的公共物品属性意味着作为资源配置的手段之一，市场难以对具有非竞争性和非排他性的水资源实现效率最大化的配置，单纯依靠市场力量的结果往往会造成市场失灵。为了确保水资源配置的高效率，避免水权交易领域出现资源配置扭曲的问题，必须借助于政府的干预，对水权市场进行必要的政府监管。此外，还要借助社会中介组织、用水户的广泛参与和监督。国外水权交易市场成熟的实

---

① 袁笑瑞：《西北内陆河最严格水资源管理法律制度践行研究》，硕士学位论文，长安大学，2014 年。

② 胡德胜、王涛：《中美澳水资源管理责任考核制度的比较研究》，载《中国地质大学学报》（社会科学版）2013 年第 3 期。

践也表明，积极的、功能完备的水权市场的培育必然是建立在最广泛监管体系下的结果。①

　　水行政主管部门对水权交易进行监管的核心内容是，以国家水资源法律、法规和政策为依据，以矫正、改善市场机制内在问题为目的，政府干预水权交易主体活动，纠正水权交易领域中的市场失灵、破坏市场交易秩序的行为。需要明确的是，水行政主管部门对水权交易行为进行的监管并非是束缚正常的水权交易，而是通过常态化的政府监管行为建立和维护公平的市场秩序和交易环境。目前，在西北内陆河流域水权交易的政府监管实践中，政府对于监管程度和范围缺乏清醒认识，导致水权交易面临时间有限和空间有限的双重困难。为了解决这一问题，必须从改变政府发挥职能的角度入手，从依法行政和信息保障两个方面改善政府监管。

　　1. 水权交易监管必须坚持依法行政

　　2021 年 8 月，中共中央、国务院印发了《法治政府建设实施纲要（2021—2025 年）》，明确要求完善权责清晰、运转顺畅、保障有力、廉洁高效的行政执法体制机制，大力提高执法执行力和公信力。因此，水行政主管部门对水权交易的监管必须在法治的环境下进行，政策制定、行政执法和行政决定的作出必须以宪法和法律为依据，决策和执法的依据和过程必须公开透明，不得对水行政主管部门工作人员在履行职责中的违法行为姑息迁就。一方面，严格的监管可以为水权交易提供良好的市场秩序保障，预防和纠正市场失灵问题，保护水权交易各方的合法利益，推动水权交易能够持续地开展；另一方面，政府监管的依法进行有利于维护水行政主管部门的良好形象，有利于当地社会秩序的稳定。政府作为行政管理者，对水权交易市场的监管是其本身职能的内在要求。但是这并不是说政府要在水权交易市场上进行严格的控制，束缚交易的正常进行，而是要在监管的基础上，为水权交易提供更为自由、公平的交易环境和秩序。

---

　　① 朱艳丽：《西北内陆河流域水权交易法律制度研究》，硕士学位论文，长安大学，2012年。

　　西北内陆河流域的水权交易，政府在监管时容易力度把握不准确，这就要求政府转变传统形象，改变职能发挥的方式。首先，政府自身应该遵守法律法规，在法制的环境下约束其在水权交易中的行为，最大限度地发挥政府行政的有效职能。对于行政执法人员的违法行为，坚决按照相关规定予以处理。其次，政府对水权交易的监管应该逐渐延伸至交易行为的完成之后，换言之，要发挥政府对水权交易的后续保障作用，建立水权交易信息登记制度，并定时或不定时地将交易信息以合理方式公布，最大限度地实现交易的透明化、科学化。使得交易的双方主体以及受交易行为直接或间接影响的第三人都能够了解水权交易的具体情况，从而开展有针对性的工作，保证交易行为在时间和空间上免受不合理限制。最后，要建立多样化的水权交易形式。美国多样化的水权交易形式使其水权交易的内容十分丰富，尤其是"水银行"体系的交易方式值得我们学习和借鉴。西北内陆河流域在自然条件和水权特征上同美国西部具有一定的相似性，所以可以借鉴美国政府在市场监管中实行"水银行"体系，创新水权交易形式，也是对政府市场监管形式的变通。西北内陆河流域以水资源为中心形成不同的发展格局，围绕主要的几条内陆河，如塔里木河、黑河、石羊河、疏勒河，形成主要的经济带，这种由中心向外扩散的模式正是"水银行"体系建立的客观基础。目前，西北内陆河流域虽已出现水权交易的实践，但是相比较外国来讲，交易的形式不够灵活，尤其是交易的价格偏低，这与政府参与定价密不可分。因此，要充分发挥市场的基础配置作用，利用市场的内在机制规范水权交易的运行过程，在一定限度内限制政府的不当干预，才能实现政府与市场的完美结合。①

　　2. 水权交易监管需要提供信息保障

　　市场失灵的一个重要原因在于交易双方所持有的信息不对称，一方持有的交易信息不充分。对于市场秩序的维护和对市场失灵的纠正，必须建立在信息充分和对称的基础之上。具体而言，在水权交易中，政府

———————

　　① 朱艳丽：《西北内陆河流域水权交易法律制度研究》，硕士学位论文，长安大学，2012年。

应当充分收集水权交易者的相关交易信息，利用政府网站或由政府搭建水权交易信息平台，将包括交易双方的基本信息以及水源、水量、水质、时间期限、用途等信息发布于交易平台之上，使交易双方对与交易相关的信息能够充分掌握，达到信息对称。不仅降低了交易成本，更有利于防止由于信息不对称而引发的逆向选择和道德风险问题的出现，有利于维护良好的市场秩序和社会秩序，同时又能彰显政府依法行政以及决策的公开透明。

第四节　政府与公众：保障水资源治理中的公众参与

公众参与是一项政治原则或者实践，也被视为一项权利，即公众参与权，是民主政治不可或缺的组成部分。由于环境与资源保护关系到每个人的利益，是一项公共事业，所以在环境与资源法的发展中，公众参与成为应对环境与自然资源问题和实现可持续发展的重要组成部分，并逐渐成为环境与资源保护法的一项基本原则，贯穿于程序法和实体法之中。[①] 在生态环境保护领域建立公众参与制度，是"参与式民主"在生态环境法律制度领域的体现，促使公众参与一切与自身环境利益或者社会公共环境利益相关的决策活动，从而保证决策符合公众切身利益。[②] 公众参与作为"善治"理念的核心要求之一，在全球范围内得到了广泛认可，并在部分国家的法律中得到体现。例如，芬兰《2004 年水资源管理法》第 15 条就明确规定了在水资源管理中对规划文件和背景材料要对公众公示，政府水资源管理部门要征求公众意见，切实确保公众参与水资源管理的权利。法国的"协商机制"就体现了公众参与，流域水管局成员、用水户和国家行政代表可以就流域政策的制定、水利建设规划等进行协商对话，向公众公布信息，使各项法规公开、透明，反映公众的意愿。法国的流域委员会代表，三分之一来自用水户，三分之一来自地方政府，还有三分之一来自有关部门，通过这样的"三三制"协调和咨询方式来

---

① 胡德胜：《环境与资源保护法学》，郑州大学出版社 2010 年版，第 107 页。
② 张锋：《生态补偿法律保障机制研究》，中国环境科学出版社 2010 年版，第 140 页。

激发公民参与的积极性，并在很大程度上提高了水资源管理的效率和效果。① 我国2012年发布的《关于实行最严格水资源管理制度的意见》中也明确要求通过政策措施公开、公正和公平地确保公众切实参与到水资源管理工作中来。②

　　在西北内陆河流域水资源管理中完善公众参与制度，不仅可以监督政府环境行为，还可以调动公众保护环境的积极性，弥补政府行为的不足，保护内陆河水资源生态补偿所取得的生态成果。③ 西北内陆河流域水资源管理工作涉及多条河流的水资源开发、保护、利用，水利基础设施建设、河道养护、河沙抽取、堤坝建设和维护、水量调配、水污染防治、河岸景观建设、水土保持等工作，对沿岸居民的生活都会产生较大影响，需要确保水资源管理中公众参与的真实、充分和有效。本书一方面认为通过流域立法突出公众参与，以及强化水行政管理机构对公众参与的尊重和对公众参与理念的培养，另一方面从水权交易和水行政许可两个特定领域如何加强公众参与提出了一些较为具体的建议。

一　突出公众参与在流域立法中的体现

　　发挥流域立法的稳定性和示范性功能，对公众参与的内容、方式、频率、条件和程序等事项进行规定，从而引导、鼓励公众参与西北内陆河流域水资源管理。在制定水资源法律法规的过程中，建立科学、合理的公众意见征求制度，广泛征求群众的意见，使法律法规和水环境的重大决策能够尽可能地反映公众的利益和愿望，从而更好地获得公众对于立法的理解，提高全民环境保护的意识。所以，要对公众参与的途径、形式、基本权利和义务等作出全面的、系统的、详细的规定，建立健全公众参与的机制与程序，逐渐形成以群众举报制度、信访制度、听证制

---

　　① 艾峰：《我国流域水资源管理法律制度研究》，硕士学位论文，长安大学，2013年；胡德胜：《生态环境用水法理创新和应用研究》，西安交通大学出版社2010年版，第11页。

　　② 王明远、曹炜：《新〈大气污染防治法〉与环境行政的新发展》，载《环境保护》2015年第18期。

　　③ 《七大流域综合规划获批将实行最严水资源管理制度》，载《光明日报》2013年3月15日第11版。

度、环境影响评价制度为基础的公众参与制度，使公众能够通过法定的渠道来表达自己对水资源管理的意见与建议，将公众的利益与愿望真正渗透到环境保护中。①

制定西北内陆河水资源保护法过程中可单设章节，着力规范西北内陆河水资源保护公众参与制度，明确制度的整体运行，对公众参与的启动、实施途径、程序、责任保障、效果评估等环节予以规范，切实保证公众参与西北内陆河水资源保护的现实效果。具体来说：

第一，扩大环境侵权案件原告与被告的范围。根据我国《行政诉讼法》第 2 条的规定："公民、法人或者其他组织认为行政机关和行政机关工作人员的行政行为侵犯其合法权益，有权依照本法向人民法院提起诉讼。"如行政机关剥夺公众参与权，公众能否以此作为诉讼事由启动诉讼，在我国现行法律中并没有规定。另外《环境保护法》第 57 条规定："公民、法人和其他组织发现任何单位和个人有污染环境和破坏生态行为的，有权向环境保护主管部门或者其他负有环境保护监督管理职责的部门举报。公民、法人和其他组织发现地方各级人民政府、县级以上人民政府环境保护主管部门和其他负有环境保护监督管理职责的部门不依法履行职责的，有权向其上级机关或者监察机关举报。"该规定对于原告诉讼主体资格和被告受诉范围是一种隐性的缩小。不难发现，环境侵权诉讼的被告受诉范围取决于是否具有污染的加害行为与损害事实，但环境侵权存在众多复杂情况，如单个污染加害行为并不一定引发损害事实，但是若干行为共同作用则可以导致损害事实的发生；再比如环境污染具有长期性和持续性，一个污染加害行为也许在短期内无法造成环境损害事实的发生，但长期以后可能发生严重的污染损害事实。该规定对于被告的涉诉范围进行了限制，忽视了环境污染的连续性和隐蔽性。因此明确环境侵害类纠纷中原告的主体资格，扩大被告受诉范围，对于西北内陆河流域水资源管理过程中出现的纠纷化解具有重要意义，更是保证公众参与制度的基础。由此我国可以对此规定作出如下修改："任何单位和个人有权对国家机关及其工作人员就本法规定事项提起

---

① 杨柳青：《关于完善"公众参与制度"的思考》，载《环境法制与建设》2009 年。

诉讼。"

第二，完善公众参与相关法律制度。其一，完善环境公益诉讼制度。西北内陆河流域经济发展较为落后，法制化程度不高，公众法制意识淡薄，个体为了公众环境启动诉讼的动力不足。因此成立民间社团组织显得至关重要。通过组建民间环保社团组织，对行政机关的行政行为能起到较大的监管作用，更为公益诉讼提供了有力的诉讼主体，通过民间环保社团组织能大幅提高流域内公众参与保护公共利益的积极性，完善公众参与制度的保障机制。① 其二，完善环境信息公开制度，公开有关政策制定和实施的过程。通过制定专门的实施细则以保障公众的监督权、决策权、知情权，提高水资源管理的效率。② 建立覆盖西北内陆河水资源保护各领域、各层次的信息披露体系，用更加具体可行的制度来保证公众对西北内陆河水资源事务的有效参与。如，通过听证制度、协商谈判、公布草案、征求意见等多种形式，拓宽公众参与的范围和途径，完善和保障公众参与水资源立法决策程序，并使之具体化和制度化，实现政府和公众之间的良性互动。此外，可以借鉴加拿大环境保护的做法，在公众参与环境法律规范的制定方面，设立网上环境登记处，方便群众对与环境有关的法律文件从起草到最终通过进行全过程监督。③ 其三，确立完善的社会申诉制度，建立健全意见申诉系统，在公民对西北内陆河水资源保护相关制度存在异议时，通过审核答复机制，保障公民的申诉权，保证公众的知情权和参与权。

二　强化对公众参与理念的培养

第一，水行政主管部门和流域管理机构应当树立正确的观念，尊重公众参与。受中国传统"官本位"行政文化以及计划经济时期"全能政府"这一观念的影响，流域水资源管理长期以来强调政府"管制"一切。在建设法治政府背景下，西北内陆河流域水资源管理必须从"管制水"

---

① 严乐：《西北内陆河流域水资源管理法立法探析》，硕士学位论文，长安大学，2013 年。
② 艾峰：《我国流域水资源管理法律制度研究》，硕士学位论文，长安大学，2013 年。
③ 刘志仁：《西北内陆河流域水资源保护立法研究》，载《兰州大学学报》（社会科学版）2013 年第 5 期。

走向"水善治"。实现"水善治"的一个核心标准是具有完善的公众参与制度，公众能够充分有效地参与到政府的行政决策和执法工作中。① 具体的工作中，一方面要加大宣传，采取积极措施培养公众的参与意识。公众参与的程度如何、效果如何，完全取决于公民对公众参与的认识程度，要提高西北内陆河流域水资源治理中公众参与力度，需要政府转变观念，将公民作为治理不可或缺的主体之一，进而通过法律等措施，保障公民的主体地位，规定公众参与的相关问题。② 流域管理机构应当在全流域各行政区域进行相关部署，由当地水行政主管部门通过电视、报纸、街头和小区宣传栏、政务微博和手机 App 等工具进行流域基本水情、水资源管理的内容、流程、最严格水资源管理的含义、考核标准等内容的宣传，培养公众关心水资源管理以及参与水资源管理的愿望。另一方面，运用行政奖励推动公众参与。水行政主管部门和流域管理机构可以通过行政奖励制度调动公众参与的积极性。例如，通过物质奖励的方式，使参与水资源管理的群众能够免除上个月的水费、赠送具有纪念意义的物品、加大媒体对公众参与水资源管理的报道，树立公众参与水资源管理的荣誉感和主人翁意识。

第二，公众参与的充分、真实和有效还需要公众切实转变观念。公众参与是公众维护自身权益的一种权利，尤其是水资源管理中的重大行政决策涉及自身利益时，公众参与是利益相关者表达自己诉求的最为直接有效的渠道；另外，随着生活水平的提高以及全球化进程的不断深入，公民的权利意识逐渐觉醒，对参与国家管理的愿望日渐浓厚，在西北内陆河流域水资源管理中积极推行公众参与，对于当地群众而言，不仅是维护自身利益，而且是参与国家管理的良好机会。③

① Weinthal E., Troell J., Nakayama M., *Water and Post - Conflict Peacebuilding*: *Introduction*, London: Earthscan, 2011.
② 史俊涛：《完善我国水权法律制度的对策研究》，载《北方经贸》2010 年第 6 期。
③ 孙雪涛：《贯彻落实中央一号文件实行最严格水资源管理制度》，载《河南水利与南水北调》2011 年第 15 期。

三　发挥用水者协会的协调功能

在科层制政府层级制度下，政府水行政主管部门与水权交易主体之间往往存在诸多隔阂，容易产生沟通方面的障碍与误解。发达国家水权交易的经验表明，以用水者协会为代表的社会中介组织在政府主管部门与水权交易主体之间往往能够发挥桥梁和纽带作用，推动双方之间的沟通，成为水权交易中不可或缺的"催化剂"。自20世纪90年代初，我国在世界银行资助的长江水资源流域项目中开始探索、推行农民用水者协会，至今已有30个省（自治区、直辖市）开展了规模不一的用水户参与灌区灌溉管理的实践改革。截至2019年，全国成立的农民用水户协会累计达到5万多家，其中位于大型灌区范围内的有1.7万多家。在全国大型灌区中，由协会管理的田间工程控制面积占有效灌溉面积的40%以上。我国第一个农民用水者协会是1995年6月在湖北省漳河灌区正式诞生并开始运行的，此后两年成为农民用水者协会的探索期，形成了"灌区管理单位+用水者协会"的新型灌溉模式。1998—2002年，在国家加大大型灌区节水改造和续建配套的契机下，通过工程的建设推广了一批农民用水者协会的建立，这成为农民用水者协会发展的第二个阶段。2003年至今，随着灌区改革的不断深入，"灌区管理单位+农民用水者协会+农民"这一新型灌溉管理模式得到政府和广大农民的支持拥护，农民用水者协会步入第三个发展阶段。

西北内陆河流域处于地广人稀的地区，仅仅依靠环境行政执法人员来防治环境违法行为显然是不够的，这就需要运用公众的力量保护河流流域生态环境，组建民间环保组织，弥补政府行政行为所触及不到的盲点。通过确认和保障公众知情权和参与权，明确农民用水者协会的合法权益，扩大农民用水者协会的环境行政事务的参与范围，最大限度地调动民众的力量，保障西北内陆河流域生态环境与经济社会和谐发展。①

---

① 刘志仁、吴虹：《如何完善西北内陆河流域环境行政执法》，载《环境保护》2012年第5期。

（一）现有农民用水者协会的作用

目前，在西北内陆河流域已经成立了一些农民用水者协会，并在张掖、武威、金昌等局部地区粗具规模。这些农民用水者协会在政府的指导下，主要从事协助政府水行政主管部门对水权交易进行监督和管理工作。作为非政府非营利性质的基层社团，在内陆河水资源调配、用水纠纷协调、政策制定宣传、公众参与等方面起到重要的桥梁作用。从性质上来讲，西北内陆河流域农民用水者协会属于基层民间自治组织，从学理的角度属于市民社会的组成部分，应当是群众自发建立，存在于政府与公民个人之间独立的组织。但在现实社会中，政府部门干预产生的社团组织，并非真正意义上的市民社会形式，更多地成为一种行政部门的下设机构，使得西北内陆河流域农民用水者协会的作用非常有限，并主要局限在如下几个方面：

第一，相对的责任分工，有助于末级渠系水利工程的运行。西北内陆河流域农民用水者协会的建立，明确了流域内政府、水管单位和用水户的责权利，基本实现了斗农渠由用水户自己使用、自己管理以及乡村监督协调、水管单位延伸服务的目标，使管理责任进一步落实，改变了过去的"户户包段，包而不管"的现象。通过分级负责制管理，灌溉工程真正成为用水户自己的工程，用水户主动参与管理的责任明显增强，有利于末级渠系工程的良性运行。

第二，在一定程度上减轻了流域管理局的工作负担。西北内陆河各流域均有分管该河流流域的管理局，流域管理局一方面协调所在省水利部门进行流域水资源规划与配置，另一方面整体管理流域内重要的水利工程建设、维修、监察等，同时作为流域内用水调度的核心机构，流域内水事纠纷协调、流域水资源管理办法制定、生态环境保护等具体工作均在其职能范围内。相对于流域的流经面积以及流域的整体工作量而言，各流域管理局凸显出其规模较小、在编人员较少、财政支持较低的困境。如甘肃的石羊河流域管理局对于石羊河流域人口、灌溉面积总基数而言（流域总人口 227 万人，灌溉面积 476.44 万亩），石羊河流域管理局若要单靠自身的力量进行流域水资源的管理，存在很大的困难，其他的西北内陆河流域，如疏勒河、黑河等，情况也并不乐观。基层农民用水协会依据各自灌区的具体情况建立，贯彻实施流域管理局的用水规划及水量分配方案，极大地减少了内陆河流域管理局以及各级水利水务部门的工作负担。

第三，一定程度上减轻了农民用水负担，提高用水利用率。西北内陆河流域内农民用水者协会按照水利、物价部门核定的水费标准进行收缴水费，形成了统一收费标准，实行一站式透明水价，从价格机制上避免了多头收费的弊端①，改变了过去用水户—村民小组—村委会—乡（镇）—县—水管单位的水费缴纳模式，协会定期公开水费收支情况，便于会员对水费缴纳情况的监督，也提高了用水者缴纳水费的积极性。用水协会成立后使之具有独立的法律主体，能够与供水单位签订供水合同。根据协会申报的计划制定和下达某个时期的用水计划，倘若实际总用水量少于计划用水量，则所节约的水的效益归用水协会所有。倘若协会的实际用水量超出计划用水量，则计划外额外的用水量由协会自行负担解决②。在市场经济的运性模式下，能有效激励农民节约用水，提高对水资源的利用率。

（二）健全农民用水者协会的法制路径

在法制化进程中，学者一般按法制化推动力量将其分为政府推进型与自然演进型两种。政府推进型能够最大化地整合社会法制资源，有效地加快法制化进程，但政府推进型有着无法克服的矛盾："导致国家权力的必然膨胀……对权力外部监督乏力，政府自身不合理的价值偏好对法制化进程和方向可能产生不良的印象。"中华人民共和国成立后应经济发展的急迫需求，选择了政府推进型的法制道路，这促进了我国法制的发展。但目前我国法律体系基本健全，应当着手实现由政府推进型向自然演进型转换。自然演进型的法制化发展道路正是以市民社会（例如：农民用水者协会、民间环保组织等）的存在和发展为基础。但当前西北内陆河流域水利行政部门对群众性、基层性、民主性的社会团体进行强制

---

① 虎海燕：《疏勒河灌区农民用水者协会运作模式调查与思考》，载《水利发展研究》2010 年第 7 期。

② 张晓清：《农民用水者协会在灌区农村发展中的作用分析——以河套灌区农民用水者协会为例》，硕士学位论文，东北财经大学，2010 年。

领导或组建，与此类社会团体组织的设立初衷相悖，其实质的职能意义也无法实现。

关于西北内陆河流域内农民用水者协会性质，各流域内村落的协会章程都有所规定，如《民勤县农民用水者协会章程（草案）》中规定该协会的性质是："由全体用水户通过民主选举的方式产生，不以营利为目的，实行民主化决策、民主化管理、民主化监督，属于社会管理团体。"根据水利部出版的《节水型社会建设科普知识读物——节水知识问答》中规定：农民用水户协会是经过民主协商、经大多数用水户同意并组建的不以营利为目的的社会团体，是农民自己的组织，其主体是受益农户，其理念是"用水户参与灌溉管理"，在协会内成员地位平等，享有共同权利、责任和义务。农民用水户协会的宗旨是互助合作、自主管理、自我服务。可见，农民用水者协会的性质属于基层社会团体，以基层性、群众性、自治性和独立性为特征，但是却表现出行政指令设立的特点，其运行表现出基层行政事务的处理，其性质与职能划分与村民委员会存在重合，在人员构成、管理模式和运作资金方面存在现实困境。在现阶段的法制化进程中，对政府的引导性不可一概否定，也不可否认农民用水者协会在西北内陆河流域存在的必要性，但随着法制化进程的不断推进，西北内陆河流域农民用水者协会的产生、性质、职能等需要逐步正规化。

鉴于此，应对西北内陆河流域农民用水者协会当前的构建形式予以法定化。农民用水者协会的职能由村委会接任，主要包括灌区内用水户水量报送、配置以及水利设施的修建、维护等；设立单个流域的农民用水者协会，协会成员由各个灌区村委会组织村民大会选举村民（除村委会成员外的村民）构成；流域农民用水者协会会员要对全体村民负责，配合、监督村委会对灌区内农业灌溉用水相关事宜的执行；协会由政府引导、支持、鼓励设立，但非强制干预，由省级相关部门予以注册登记；协会应有一定比例的高等院校的学者及高新技术人才；协会需由会员共同制定具体的章程，定期召开协会大会，积极参与流域内相关水资源的保护及管理等政府听证会议，监督政府及相关部门的流域水资源保护管理工作；协会理事会应扩大协会运作拓宽资金来源，多渠道解决协会的资金问题。

通过采取以上法治化措施，有望促进用水者协会在如下方面发挥更加全面、有效的作用：（1）对流域内水资源环境保护行政部门的监督，促进全流域水资源的节约、利用和管理，强化公众参与的效果。（2）协会吸纳相关领域的专家参与，增强协会整体管理的素质，提高社会关注度，加强农民与外界的联系，更是将理论与实践相结合，有利于市民社会的推进和公众参与的实现。（3）在全流域范围内实现农民用水者协会规模更大和组成成员更广泛，容易引起政府及社会关注，方便参与政府工作并进行监督。

四　调动水权交易主体参与监督的积极性

水权交易主体比水权的其他参与者更具有监督的动力。用水户是水权交易的参与者，由于用水户从政府的初始水权分配中取得水权需要支付一定的对价，对基于交易而使水权的经济价值增加具有迫切的愿望，这种愿望会促使用水户通过信息公开渠道获知自己的水权使用情况以及与自己交易的主体的信息，澳大利亚水权交易中的用水者就采取这种做法。这在实际中形成了除政府监管之外的水权交易监督，有利于水权市场秩序的维护。

目前我国西北内陆河流域水权交易尚处于初级阶段，交易双方缺乏对水权交易的监督意识，水行政主管部门对交易双方相关信息的披露也存在不足，导致交易双方除了进行交易行为之外，对交易对象的其他信息关注不够。在今后水权交易制度的完善过程中，一方面要加强政府主管部门履行必要信息披露的职能，为交易主体对水权监督提供外在条件保障；另一方面，需要通过流域立法，赋予水权交易双方在交易之后的特定时期基于法定理由对水权交易提出异议，在客观上就是对水权交易的监督，通过提出异议培养水权交易主体的监督意识和维权意识。①

五　加强水行政许可中的公众参与

听证会制度是我国目前通行的一种公众参与方式，听证会制度主要

---

① 孙同鹏：《经济立法问题研究：制度变迁与公共选择的视角》，中国人民大学出版社2004年版，第114页。

集中在三个领域内——行政处罚听证、价格听证、立法听证，在环境法领域内对听证会制度作出集中规定的法律为《环境保护行政许可听证暂行办法》，其他环境保护领域中的听证内容多由单个条文作出简单规定。在西北内陆河流域水资源管理法中应当明确公众参与制度形式的具体程序，明确制度的整体运行，对公众参与的启动、实施途径、程序、责任保障、效果评估等内容予以规范，切实保证公众参与西北内陆河环境保护的现实效果。

当然，虽然听证是一种通行的公众参与方式，可以最大限度地使社会公众参与到西北内陆河流域管理中，使得信息得以自下而上地直接交流，但该制度耗时长、成本巨大，有时参与主体的文化程度、利益取向等也会影响公众参与制度的成效。因此，对听证制度的推行也应当体现出慎重原则，对需要听证的项目作出明确界定，不仅要有健全的听证程序保障公众参与制度的实效，而且要降低管理成本，实现环境保护和经济效益的结合。① 现有规定中存在一些缺陷（例如，举行听证的有关公告期限过短，没有规定听证代表人参加听证而合理支出的差旅费用的承担问题，没有就水行政许可实施机关如何认定利害关系人作出规定，特别是，在听证代表人不参加听证、因被利益相对方收买而不按时参加听证，或者未经听证主持人允许中途退场的情形下，被代表人的利益缺乏保障），而且实施最严格水资源管理制度难免需要更有力的社会公众和利益相关者。② 在确保公众参与的过程中，听证会是对全局具有决定性的环节，西北内陆河流域水资源管理的立法中必须注重这个环节。尽管我国《行政许可法》中对听证制度事项作出了规定，但是由于这部法律是全国层面上的，其规定较为原则和笼统，无法考虑到各个区域的具体情况，缺乏反映地方实际情况的详细规定，因此，需要建立反映西北内陆河流域具体情况的听证制度。这一听证制度必须以《行政许可法》中对听证制度的规定为基础，结合西北内陆地区的

---

① 郭普东：《论我国水环境与水资源行政管理体制的改革》，水资源可持续利用与水生态环境保护的法律问题研究——2008 年全国环境资源法学研讨会（年会）论文。

② 胡德胜：《最严格水资源管理的政府管理和法律保障关键措施刍议》，《最严格水资源管理制度理论与实践——中国水利学会水资源专业委员会 2012 年年会暨学术研讨会论文集》，黄河水利出版社 2012 年版，第 165—169 页。

自然地理情况，扩大听证事项和利害关系人的范围，丰富听证的方式，采取更加便民的方法，确保听证合理有效。

针对西北内陆河流域水行政许可在设定方面存在的问题，需要从立法层面行政许可的设定和执法层面执法主体权限划分两个方面进行完善。

第一，在水行政许可设定上，坚持以法律和行政法规设定许可为基础，西北内陆河流域地方性法规和地方政府规章应该在不与上位法相抵触的情况下作出具体规定。具体来讲：其一，限定行政许可数量。自然资源具有有限性、时空分布不均性，有些还具有不可再生性，尤其在西北内陆河流域，水资源缺乏导致生态环境十分脆弱，所以一定要在总量控制的基础上限定水行政许可事项的范围，避免只要申请就能得到批准的情形出现，从根本上限制水资源滥取滥用，保护该地区生态环境。其二，改变列举式规定许可事项的单一型方式，代之以列举式与概括式相结合的复合型方式。西北内陆河流域水行政许可在许可事项的设定范围上，用列举的方式规定水行政许可的情形，这样容易产生遗漏，甚至造成避重就轻的情况出现，所以要消除这种状况，就应该首先用列举的方式明确基本情形，其不能穷尽之处，用概括的方式予以整合归纳，做到系统全面、科学合理。其三，要对可以取得水行政许可情形的条件作出明确具体的规定，以免使条件流于形式，不能发挥其应有的作用。环境行政许可设定了一系列的强制性公法要求，只有符合这些要求方能获得许可①，所以要严格限定适用条件，完全满足条件的申请者才能获得许可。

第二，在执法层面上，要坚持提高执法者素质、坚持合理的行政程序、加强对行政主体的监督。（1）就提高执法者素质而言，要明确行政许可的重要性和对行政相对人的特殊意义，使其遵循许可法律，执行许可标准。另外，必须采取一定的刚性手段和强制措施，严格学习培训纪律，实行学习培训正规化、制度化②，加强执法者对专业知识的学习和贯通，提高行政执法者的专业技能，让其深入认识西北地区水资源短缺的残酷现实，使其真正体会"有权必有责、用权受监督、侵权要赔偿"的

---

① 徐以祥：《论环境行政许可制度的改革》，载《生态环境》2009 年第 11 期。

② 朱文玉：《我国环境行政许可制度的缺陷及其完善》，载《学术交流》2006 年第 1 期。

行政许可精神，正确发挥水行政许可制度，合理配置水资源，实现水资源价值最大化。（2）就坚持合理的行政程序而言，其不仅是规范行政的准则，也是民主法治国家的具体体现。① 行政许可程序是一系列环节的协调整合，应该按照效能与便民的原则设计，西北内陆河流域行政许可制度的程序无疑也要秉承程序规则、体现程序正义。首先在公告程序上，要做到将许可事项、许可范围、许可条件等通过合理的方式予以公布②，特殊事项或者因出现特定情形，公告方式必须保证公众能够获悉。其次在审批程序上，具有许可权限的机关一定要采取科学有效、公平合理的论证方式，使最符合条件、能够以最小的成本使有限的水资源发挥最大效益的申请者获得许可权利，同时要给予其他申请者同等的陈述、说明和补充材料的机会，体现法律面前人人平等。再次是决定程序，水行政许可是否已经经过听证程序，对于申请者获得许可或者申请被拒绝的结果，水行政许可主体有义务按照合理的方式告知并且要确保行政行为的合法性。最后是许可救济程序，对于行政主体违法行使权力或行政相对人滥用许可权利等行为，都应该有一套完整的解决办法，以此维护水行政许可的确定性。（3）就行政主体的监督而言，正如詹姆斯·麦迪逊曾在美国宪政通过时说过，如果人是天使，那么就不需要政府，如果统治人类的是天使，那么，就无须对政府实行内外部监督。所以，政治舞台上的政治人和市场中的经济人是同一个人。③ 在我国西北内陆河流域水资源管理中，也必须加强对流域管理机构和水行政主管部门的监督，在水行政许可阶段就开始进行严格监督。上级水行政主管部门可以对下级水行政主管部门、上级水行政主管部门可以对其设立的流域管理机构的行政许可事项进行严格审查，发现违法、违规许可的事项，可以责令其撤销许可或重新许可。流域水资源管理所涉及的同级其他政府部门可以对水行政主管部门的行政许可予以监督，流域内不同行政区域内的水行政

---

① 王云飞、李婉婉：《论环境行政程序》，载《大连海事大学学报》（社会科学版）2008年第6期。

② 齐晔：《中国环境监管体制研究》，上海三联书店2008年版，第301页。

③ 韩利琳：《中国实施排污权交易制度的若干法律问题思考》，载《中国环境管理》2002年S1期。

主管机关和同级政府中其他相关部门可以对流域管理机构的行为予以监督。此外，曼瑟尔·奥尔森指出，在利己主义和"搭便车"心理的作用下，个人行为难以对固有模式下的集体行为产生影响，仅仅依靠个人理性难以确保公共利益的实现。① 因此，应当适当延长水行政主管部门和流域管理机构的责任期限，以中央提出的《党政领导干部生态环境损害责任追究办法（试行）》的实施为契机和推动力，督促水行政主管部门和流域管理机构对行政相对人的监督从许可前的监督扩展到被许可人用水全过程，避免行政许可主体重审批轻监督的发生，这在客观上也是对行政主体的一种监督。

第五节　规制与激励：促进水资源保护政策法律的有效落实

根据"人对激励作出回应"这一经济学中核心思想的五大概念之一和十大原理之一，"激励对经济人的行为以及对整个社会经济活动都有巨大影响"。② 因此，在市场经济条件下，"明智而理性的做法是正视并接受人的自利性，并通过设立必要的制度来引导、规范和激发人的行为"。③ 鉴于此，本书认为西北内陆河水资源的可持续利用不仅需要强制性法律规范的制约，更需要激励性法律制度的引导，并重点阐述生态补偿制度和环境行政奖励制度完善。④

一　健全生态补偿制度

随着工业化进程的不断推进，经济发展与环境保护的平衡协调问题已成为社会进一步发展的瓶颈。而进行生态补偿，是有效解决这一问题

---

① 韩利琳：《中国实施排污权交易制度的若干法律问题思考》，载《中国环境管理》2002年 S1 期。
② 汪劲：《生态补偿研究》，载《南京工业大学学报》（社会科学版）2015 年第 1 期。
③ 张梓太、吴卫星：《环境与资源法学》，科学出版社 2002 年版，第 150 页。
④ 刘志仁、严乐：《西北内陆河水资源保护行政奖励法律制度研究》，载《青海社会科学》2012 年第 3 期。

的措施之一。《环境科学大辞典》将自然生态补偿定义为：生物有机体、种群、群落或生态系统受到干扰时，所表现出来的缓和干扰、调节自身状态、使生存得以维持的能力；或者可以看成生态负荷的还原能力。生态补偿制度是生态环境、经济发展和法律制约的综合体。[①] 国际层面上，生态补偿代表生态服务付费或是生态效益付费，其主要包括 4 个类型：直接公共补偿、限额交易计划、私人直接补偿和生态产品认证计划。[②] 这与中国生态补偿的内涵大相径庭，其核心和目标是生态服务，付费只是使用手段，调整对象是保护者与受益者之间的环境利益和经济利益关系。世界许多国家对生态补偿相关制度进行了探索，形成了不同流域的水资源生态补偿的模式。国外对生态补偿的研究，主要针对生态补偿的运行、开发资源过程中受损环境及合法利益受损主体的经济补偿、评估环境生态效益的经济价值、生态补偿的实施标准、通过何种渠道进行补偿、如何进行生态补偿经济核算等。生态补偿立法、温室气体排放补偿及国家间生态损害和受益的补偿等内容，还有待进一步研究。

　　生态补偿分为广义和狭义两种。狭义的生态补偿是指对破坏了的自然生态环境本身的补偿，而"广义的生态补偿还包括对因环境保护丧失发展机会的区域内的居民进行的资金、技术、实物上的补偿和政策上的优惠，以及为增进环境保护意识，提高环境保护水平而进行的科研、教育费用的支出"。[③] 根据我国环境保护法中"谁破坏，谁补偿"、"谁受益，谁补偿"的原则，生态补偿的调整手段应以政策手段为主，市场和经济手段相结合，促成环境破坏者赔偿、资源使用者补偿、环境保护者得到补偿的生态补偿的局面。中国环境与发展国际合作委员会生态补偿机制课题组发表的《中国生态补偿机制与政策研究》报告指出："生态补偿是以保护和可持续利用生态系统服务为目的，以经济手段为主调节相

---

　　① 环境科学大辞典编委会：《环境科学大辞典》，中国环境科学出版社 1991 年版，第 326 页。

　　② Michael T. , Bennett, Loughney M. , et al, *Developing Future Ecosystem Service Payment in China：Lessons Learned from International Experience*, Washington D. C.：Forest Trends, 2006.

　　③ 吕忠梅：《超越与保守——可持续发展视野下的环境法创新》，法律出版社 2003 年版，第 355 页。

关者利益关系的制度安排。"① 该定义将侧重点放在了保护相关者的利益关系上，对于环境本身所受的损害，就不能通过生态补偿手段进行解决。综合上述观点，本书认为应将生态补偿定义为：以保护生态环境的可持续发展、自然资源的可持续利用的生态服务系统为目的，运用政策协调与市场经济手段相结合的调整方式，修复受损的自然环境，维持生态系统的相对平衡状态；并对因保护环境而使自身利益受损的主体给予适当补偿的制度体系。该体系中，政府协调手段主要有：政府财政转移支付、实施大型跨流域调水工程、对自然环境脆弱且恶化严重地区实行生态移民、对保持或提高生态环境服务功能的主体给予政策倾斜和货币补助。市场经济手段则主要是依托市场的灵活运行机制，将有限自然资源的使用权，通过政府行政许可等措施，纳入市场交易机制中，受价格规律的影响，从而使自然资源的使用价值实现最大化利用。根据不同的标准和尺度，根据各部门、各地区不同的实际情况，可以将生态补偿划分为不同的类型。宏观上可以分为国际补偿和国内补偿；微观上可以分为生态系统补偿和资源开发补偿（表5—1）。

表5—1   生态补偿总体框架

地区范围	补偿类型	补偿内容	补偿方式
国际补偿	国家之间和国家内部区域之间的生态和环境问题	全球森林和生物多样性保护、污染转移、温室气体排放、跨界河流等	多边协议下的全球购买；区域或双边协议下的补偿；国际惯例下的市场交易
国内补偿	生态系统补偿	森林、草地、湿地、海洋、农田、水源等生态系统提供的服务	国家（公共）补偿财政转移支付；生态补偿基金；市场交易；企业与个人参与
		流域生态系统功能性补偿	
	资源开发补偿	可再生型资源修复（土地、水利用）	受益者付费；破坏者负担；开发者负担
		不可再生型资源修复（矿产、物种开发）	

---

① 中国生态补偿机制与政策研究课题组：《中国生态补偿机制与政策研究》，科学出版社2007年版，第2页。

　　生态补偿制度意味着，通过对生产者和受益者所收获的额外利益进行二次分配，将生态系统的外部性内部化，提高保护者的积极性，补偿因保护环境而受到的损失。通过设计和安排合理的利益协调制度，使经济主体基于环境资源的消耗所产生的经济收益或社会成本，转为环境保护者所应得的环保成本或收益。国家加大生态税收和资金补贴，并明晰利用环境资源的产权制度，综合比较环境管理成本和产生效益，对环境资源实现优化配置，提高资源利用率，从而实现经济效益、社会效益和环境效益的协调统一。生态补偿是重新将各相关利益主体的权利、义务和责任进行协调分配的过程，用以平衡各主体对公共产品的利益要求，并且生态补偿机制不排除市场机制的作用，是解决"公地悲剧"和"搭便车"等环境问题的有效手段。建立生态补偿制度，要明确利益主体间的地位，以及相应的权利、义务和责任内容，给予为建立生态补偿制度而牺牲个人利益的主体一定的补偿，能够最终保证全体成员的利益不受损失，有利于调动生态保护者的积极性。生态补偿实质上是一种利益协调机制，是对不同主体的环境利益冲突和利益诉求进行动态协调，通过多次博弈，双方确认各自的合法利益，达成有效的合作协议。制定抑制环境冲突、协调环境利益分配的规则，可以形成"经济发展—生态补偿—环境保护"的合作均衡模式，最大限度地保持生态环境利益和整个社会的稳定。[①] 作为自然资源有偿使用制度的重要表现，生态补偿的存在基于两个方面的原因，一是表明了自然资源是一种资源性资产，二是基于公平合理的理念对生态环境保护作出贡献的主体给予经济性补偿，表明了生态功能的价值性。[②]

　　水资源生态补偿是对水资源以及水源涵养区的生态环境进行补偿，不仅保持水资源的可持续供给，还关注水资源涵养区生态系统的可持续发展。由于生态补偿具有公益性特征，水又是生产生活所必备的要素，所以水资源生态补偿的主体就不能限于政府，还包括水生态产品或服务

[①]　吴虹：《西北内陆河水资源生态补偿法律制度研究》，硕士学位论文，长安大学，2012年。

[②]　[英] 罗杰·科特威尔：《法律社会学导论》，彭小龙译，中国政法大学出版社2015年版。

的使用者、受益者和破坏者。对于水资源生态补偿来说，补偿的客体就是水资源利用所产生的生态效益、公共利益和个人利益，而水资源生态补偿的对象，则是主体利益关系具体指向的对象，是水资源以及水资源涵养区的生态系统。水资源生态补偿，是为了保护或者增强水资源生态效益和水资源涵养区生态系统的服务功能，对具体的水资源生态产品的购买和对维护水涵养区生态系统的支付对价，协调人水矛盾，促进水资源的可持续利用和水源涵养区环境的和谐良性发展。

（一）明确西北内陆河水资源生态补偿法律制度基本原则

生态文明建设是我国社会主义现代化建设中最重要的内容之一，要建立系统完善的生态文明制度体系，做到用制度保护生态文明建设的成果，生态补偿无疑是其中最能体现"制度自信"和我国国情的生态文明制度。① 基本原则是制度最核心、最根本和最重要的坚持，贯穿并体现于制度的制定、实施的全过程，对制度具有导向性作用，制度的制定、实施是对基本原则的传达与丰富，基本原则是制度的"灵魂"。威廉·M.埃文提出，法律的制定应当遵循下列原则：制定机构拥有足够的权威，新法的基本原则与本国已形成的法律文化相容，从立法到生效之间的时间间隔应当尽可能缩短，政府执法必须受法律的约束，激励与处罚在立法中应当并重，应当采取有效措施保护因他人规避法律或违法而受害的人的权利。② 以此为借鉴，在立法中应该注重法律基本原则的重要性，为立法提供可以遵循的准绳和可以支撑的精神品格。③ 汪劲教授认为，从我国生态补偿的现实情况来看，生态补偿需要充分考虑生态保护成本、生态服务价值以及发展机会这三项因素，进而通过经济手段和行政手段，综合平衡补偿主体与受偿主体之间的利益关系。④

我国在《水法》中确立了水资源有偿使用制度和由于开采矿藏或兴

① 曹明德、王凤远：《跨流域调水生态补偿法律问题分析——以南水北调中线库区水源区（河南部分）为例》，载《中国社会科学院研究生院学报》2009年第2期。
② 汪劲：《让"谁受益，谁补偿"真正落地》，载《人民日报》2016年5月16日。
③ 戚晓明、张可芝、金菊良等：《新常态下落实最严格水资源管理制度考核研究——以蚌埠市为例》，载《华北水利水电大学学报》（自然科学版）2016年第4期。
④ 闫伟：《区域生态补偿体系研究》，经济科学出版社2008年版，第294页。

建地下工程而导致生态环境问题的补偿制度。原国家环保总局 2007 年发布的《关于开展生态补偿试点工作的指导意见》提出了生态补偿的原则：谁开发、谁保护，谁破坏、谁恢复，谁污染、谁付费。[①] 2010 年修订的《水土保持法》明确规定，将水土保持生态效益补偿纳入国家建立的生态效益补偿制度，以及 2011 年国务院出台的《太湖流域管理条例》也明确规定了流域上下游污染物排放控制补偿原则，对损害水体功能的要采取补救措施，流域生态补偿应该将流域进行统一规划，进行合理布局。流域规划应根据流域自然、社会、经济状况，在流域资源、环境容量范围内统一规划流域资源环境的开发、利用，从而实现流域经济、社会、生态的和谐发展。[②] 基于全国生态补偿相关法律法规的要求，西北内陆河流域水生态补偿立法除了符合全国环境保护立法和生态补偿相关法律中的立法原则外，更需要结合西北内陆河流域的实际情况，突出西北内陆河流域生态亟须修复的急迫性，以承认水资源的自然科学规律为基础，结合法律发展规律，对西北内陆河流域水生态补偿制度进行完善，为西北内陆河流域水资源利用过程中存在的诸多利益矛盾提供可行的利益协调机制，实现利益协调长效化和常态化。具体而言，西北内陆河流域水生态补偿立法中应当遵守的原则包括：生态效益与经济利益并重原则；保护者受益，破坏者赔偿，受益者补偿原则；政府补偿手段与市场补偿手段相结合原则；区域治理服从流域治理原则。

1. 生态效益与经济利益并重原则

国务院《关于落实科学发展观加强环境保护的决定》中要求各地方政府要以区域经济发展与环境保护相互协调为基本目标，实现两者的有机结合。对于生态脆弱的地区和具有重要生态功能的保护区，要实行限制开发、禁止开发和重点保护。生态补偿关系得以产生、变动的主要诱因在于生态系统所具有的生态价值，这些生态价值是生态补偿关系的核

---

① 张韬：《对构建流域水资源生态补偿机制的思考》，http://roll.sohu.com/20110802/n315211340.shtml，2021 年 2 月 20 日。

② Comair G. F., Gupta P., Ingenloff C., et al, "Water Resources Management in the Jordan River Basin", *Water & Environment Journal*, Vol. 27, No. 4, 2013, pp. 495 - 504.

心部分。[1] 为了平衡用水者之间以及他们与社会公共利益之间的冲突与矛盾，凸显并保护内陆河流域的生态价值与功能，推动内陆河流域生态功能的恢复，亟须建立西北内陆河流域水资源生态补偿法律制度，为西北地区经济社会发展突破"生态瓶颈"提供制度上的保障。[2]

通过立法手段保障西北内陆河流域的水生态补偿与西北内陆河流域水资源的经济效益提高并不矛盾，两者之间是相互补充、协调推进的关系。西北内陆河流域的水资源是整个西北地区经济发展、人民生活改善、社会稳定的重要物质支撑，是维系西北地区国家安全、经济安全、生态安全的重要保障和命脉所在，当地的经济发展离不开西北内陆河的支持，对西北内陆河流域实施水生态补偿有利于为经济发展提供充足的动力和支持。同时，也应该看到，水环境保护也需要当地经济活动的支持，将西北内陆河流域的环境保护工作融入当地经济发展将有利于增强对环境保护的积极性，强调水资源的经济效益与生态效益并重，实现经济发展与水生态补偿的良性结合，并作为西北内陆河流域水生态补偿的基本原则。

2. 保护者受益、破坏者赔偿、受益者补偿原则

保护者受益是环境保护的一项基本原则，是指为保护生态环境资源而付出的主体应该得到其应有的补偿。基于正外部性行为能够为其他主体带来利益的特点，实施正外部性行为的主体则不可避免地要承受一定的损失，因此正外部性虽然为社会所提倡，但如果缺乏必要的补偿机制，则很难予以广泛推行。对生态环境资源的保护行为是一种具有很强正外部性的行为，实施生态环境保护必然会使行为人受到一定的利益损失，而西北地区脆弱的生态环境亟须实施保护行为，如对生态环境保护者不加以合理的补偿，则这种对于西北地区生态环境质量得到改善的重要行为将难以得到延续，人民群众保护环境的积极性将会难以持续，最终将会严重影响整个西北地区的生态安全、经济安全。因此，必须在流域立

---

① 王金南、庄国泰：《生态补偿机制与政策设计国际研讨会论文集》，中国环境科学出版社 2006 年版，第 95 页。

② 李文华、刘某承：《关于中国生态补偿机制建设的几点思考》，载《资源科学》2010 年第 5 期。

法中对保护者受益予以确认。

破坏者赔偿是指破坏者实施了具有负外部性的行为，造成生态环境的破坏或退化，从而应当基于其破坏的生态环境进行赔偿，赔偿的款项用于恢复被其破坏的生态环境，消除破坏行为带来的不良影响。① 2003年《甘肃省实施水土保持法办法》第 3 条规定了造成水土流失的主体要承担治理责任，即承担赔偿其行为导致的水土流失这一环境损害后果。表明该地区的生态补偿坚持了破坏者赔偿的原则，但还需要进一步予以落实。坚持破坏者赔偿这一原则，有利于在破坏结果出现之前，潜在的破坏者通过识别行为与赔偿责任之间的关系，在进行成本效益分析的基础上避免破坏环境行为的发生，利用法律的预测性增强主体行为的合理性。

受益者补偿主要是针对因生态恢复而享受到由此带来的生态利益的主体，对保护生态环境并为此付出成本的主体负有合理补偿的义务。流域是水资源的物质承载者，整个流域是一个完整的生态系统，具有高度的生态完整性。基于此，西北内陆河流域上游地区的生态环境保护活动对整个流域的水质改善、水土治理、生态修复具有举足轻重的作用。上游地区的生态环境保护对下游而言会带来巨大的利益，但这种利益的产生和传递会导致上游地区不可避免地受到利益损害。因此，受益的下游对保护环境而受到损失的上游地区进行适当的生态补偿，不仅是基于公平性考虑，更是有利于对整个流域生态环境保护的激励。通常情况下，西北内陆河流域生态补偿多采用政府直接承担的模式，大部分的生态建设项目均由政府财政转移支付，容易造成补偿资金短缺、力度不足的局面。因此可以积极推行下游受益地区承担补偿义务，通过流域环境协议、区域水权交易等手段，充分发挥市场调节作用实现流域生态补偿，减少政府财政负担。当然对于大型跨省的内陆河流域，由于流经范围广，受益群体广泛，市场手段的调节有限，也需要有政府直接负担补偿义务，推动流域生态补偿制度在实践中的积极作用。②

① 郑少华：《生态主义法哲学》，法律出版社 2002 年版，第 151 页。
② 严乐：《西北内陆河流域水资源管理法立法探析》，硕士学位论文，长安大学，2013 年。

3. 政府补偿与市场补偿相结合原则

生态补偿具有高度的公共服务属性，无法由市场自发完成，需要政府介入推动生态补偿的进行。然而，政府环境保护工作也会出现管理成本与经济效率成反比这一问题，因此需要适度引入市场化机制。在生态补偿工作中引入市场化机制并非是实施私有化，而是在政府宏观管理的前提下尊重市场经济的基本规律，运用经济手段推动生态补偿工作的开展。① 具体而言，在西北内陆河流域实施水生态补偿，应当以政府补偿和市场补偿相结合，其中政府补偿为主、市场补偿作为合理补充。政府补偿主要从财政转移支付、生态补偿税收、生态移民、替代能源、绿色GDP、生态税费等方面入手；市场补偿主要是运用市场规律推动生态补偿资金流转，充分利用市场的灵活性和高效性特点推动生态补偿在西北内陆河流域的可持续发展。

4. 区域治理服从流域治理原则

澳大利亚政府在墨累—达令河流域生态环境治理中积累了丰富的理论与实践经验，其中最重要的一点就是墨累—达令河流域各州政府与联邦政府达成流域管理协议，建立完善的流域一体化管理法律制度。所以，要改变我国西北内陆河水资源管理中地区分割与部门分割治理冲突的状况，也需要重视流域一体化管理的作用，并通过建立统一的、专门的管理机构，统一协调解决内陆河流域内水资源以及水资源环境问题。2016年《水法》规定了我国实行流域管理与区域管理相结合的水资源管理体制。这一管理体制并未明确规定流域管理与区域管理的优先地位问题，目的在于允许各地根据水资源实际情况灵活安排管理方案。甘肃省2007年《石羊河流域水资源管理条例》对《水法》中"流域管理与区域管理相结合"的管理体制进行了灵活阐释，根据西北内陆河流域水资源有限的客观事实，以及考虑到行政区域的划分与流域生态整体性特点不相符，作出了行政区域管理服从于流域管理的规定，一定程度上体现了西北地区水资源管理中重视"流域整体性"但是在现实中并没有得到有效落实

---

① 刘燕：《西部地区生态建设补偿机制及配套政策研究》，科学出版社2010年版，第114页。

的现状。因此，基于流域生态整体性特点，西北内陆河流域管理部门应当充分发挥全流域水资源管理工作的监督和协调作用，以流域生态整体性为基础实施流域地表水调度和分配中央政府拨付的生态补偿专项资金，坚持全流域资源统一管理、部门统一协调、资金统一使用。西北内陆河流域实行流域统一化管理，该原则并不意味着只能由一个部门对流域进行管理，而是由一个专业的职能部门作为主要管理部门，其他相关部门配合管理的模式，这说明用法律将各个部门的职责范围作出明确界定极为重要。西北地区大部分内陆河流域跨越两个以上省区，对此应当由专门的流域管理机构作为主要管理主体，由较高位阶的法律明确其行政调配权，充分保证其有跨省的协调能力，这样才能保证其对整个流域水资源进行开发、管理、保护，更有利于流域生态补偿的开展。①

（二）健全西北内陆河水资源生态补偿立法体系

西北内陆河地区水资源匮乏，利用率低，开发过度。有限的水资源不仅要支撑经济社会发展，还必须保证一定的生态用水量来维持脆弱的生态环境。甘肃省 2019 年水资源开发利用率高达 33.7%，是同年全国水资源开发利用率的 1.63 倍，内陆河水资源利用已经超过环境承载能力，生态水量被大量挤占，水环境状况日益恶化。建立生态补偿制度，可以通过国家强制力促进水生态环境补偿，保证水资源涵养区生态环境良性发展；运用国家财政转移支付和政策倾斜等手段，协调群众用水矛盾，解决水资源利用率低等问题，使得西北内陆河水资源可持续利用，并且通过法律的协调，可以有效降低经济手段以及政策协调的主观臆动性，缓解经济社会发展与生态环境发展的矛盾，最大限度地维持西北地区经济社会的可持续发展。因此，建立西北内陆河水资源生态补偿制度并纳入法律规程，是西北地区水资源可持续利用的要求。

国家层面上生态补偿还没有专项立法，今后的立法需要明确流域生态补偿的对象、补偿的方式，以及流域生态补偿的资金来源，建立健全相关法律法规，加强流域生态保护立法和规划管理。② 西北内陆地区在水

---

① 严乐：《西北内陆河流域水资源管理法立法探析》，硕士学位论文，长安大学，2013 年。
② 艾峰：《我国流域水资源管理法律制度研究》，硕士学位论文，长安大学，2013 年。

资源时空分布严重不均的情况下，生态环境异常脆弱，生态系统修复和建设工作难度较高，实行生态补偿是实现西北地区水资源可持续发展的关键性环节，而生态补偿必然离不开良好和完善的法律提供坚实的制度保障和支持。基于西北地区关于内陆河水资源管理法律制度仍不健全的现状，建议以我国 2016 年《水法》、国务院和国家部委有关生态补偿的相关文件为依据，完善西北内陆河水资源生态补偿立法体系。

1. 在相关法律中明确生态补偿法律制度的地位

首先，在宪法中明确生态补偿制度的地位。宪法是国家的根本大法，将生态补偿制度列入宪法，能够提升生态补偿的法律地位，为生态补偿在地处干旱、半干旱地区的西北地区顺利实施提供最为根本的法律保障。然而，将生态补偿写入宪法的前提条件是将环境权在宪法中予以明确规定。进行生态补偿的基础在于必须承认进行生态补偿是为了使人们能够享有良好环境，环境权是生态补偿的内在价值取向，是宪法中规定的人权的细化、丰富与延伸，将环境权写入宪法，明确生态环境作为社会全体成员共有财产的性质[1]。牺牲一部分社会成员的经济利益换取另一部分社会成员能够享受到良好生态环境，对作出牺牲的这部分社会成员进行补偿在宪法上就具有合理性，在理论上能够为生态补偿的开展提供必要的理论依据和法律依据。其次，健全和完善环境保护法律体系中生态补偿的制度规定。在宪法中明确生态补偿制度的地位有助于生态补偿制度的顺利开展，提高了生态补偿的法律地位。然而，考虑到宪法具有的原则性和模糊性特点，生态补偿制度的顺利实施需要部门法律和政策对此进行更为具体的规定，形成以宪法规定为统领，部门法、国务院行政法规、地方性法规为主体，部门规章、政府规范性文件为配套，共同组成的环境保护法律体系。将生态补偿制度纳入我国环境保护基本制度，为生态补偿工作的开展提供更为优化的制度保障，为通过法制化实现生态补偿工作的常态化开辟道路，在理论上和实践上都具有重大的意义[2]。再次，以生态补偿制度为基础，构建生态补偿等环境资源治理综合决策机

---

[1] 尤晓娜、刘广明：《建立生态环境补偿法律机制》，载《经济论坛》2004 年第 21 期。

[2] 王灿发：《论我国环境法中的环境保护奖励制度》，载《环境保护》1994 年第 2 期。

制，在明确环境保护各相关部门职责的基础上，突出环境保护主管部门在包括生态补偿在内的环境保护事项上的综合管理职能。

2. 制定西北内陆河流域生态补偿专门法律

将生态补偿纳入我国环境保护法律体系，作为我国环境保护基本制度，有利于生态补偿工作的顺利开展，然而这一做法也具有亟待解决的缺陷。作为我国环境保护的基本制度，生态补偿并没有集中立法，而是散见于水污染防治、水土保持等环境保护立法中，且多为原则性规定。在解决西北内陆河流域生态补偿问题时，只能套用这些原则性规定，而忽视了西北内陆河流域独特的自然生态条件和环境问题的特殊性，法律政策实施的效果大打折扣。面对这一问题，应当根据我国的国情、西北地区各省省情，认识到西北内陆地区是我国水资源保有量最少的地区之一，也是生态环境最为脆弱的地区之一，如果不单独针对生态补偿问题进行规定，西北地区的生态环境保护必然会慢于其他地区，生态环境的问题必然会影响国家整体生态安全。因此，需要对现行环境保护法律体系进行适当调整，以生态文明建设为指导思想，通过国务院制定行政法规，西北各省制定地方性法律，西北各省人民政府水行政主管部门和环境保护行政主管部门制定水生态补偿办法、指导意见，形成自上而下统一的水资源生态补偿法律制度。建议制定《西北内陆河水资源生态补偿实施条例》，在国务院行政法规层面，对西北内陆河流域的水生态补偿的基本原则、实施的主体、权利义务指向的对象、补偿的对象、违反法律应当承担的民事、行政和刑事责任等作出规定。在省级层面，由地方人大或省级水行政主管部门和环境保护行政主管部门以流域为单位制定水生态补偿的地方性法规、政府规范性文件，规定水生态补偿的方式、程序、标准等问题。

3. 完善西北内陆河水资源生态补偿配套法律制度

第一，建立生态补偿基金制度。建立生态补偿基金制度，是运用生态补偿基金手段在西北内陆河水资源矛盾产生地区实施货币补偿的直接公共补偿制度，并将这项制度纳入法律体系，运用法律手段调节水资源矛盾。生态补偿基金从法理上分析，主要是基金的组织形式和是否具有独立的法律人格。我国现行的法律法规中，基金主要有非独立人格的政府会计基金和有独立法人人格的财团法人基金。有独立人格的财团法人基金又可以从公法和私法上分别研究。国内现行生态补偿资金主要分为政府补偿和市场补偿，政府补偿包括国家财政转移支付、发行国债、对生态脆弱区域实施财政政策倾斜等；市场补偿则主要包括受益者承担的补偿费（破坏者往往受到环境行政处罚，所以破坏者的赔偿费就纳入政府手段中）、接受社会捐助以及进行生态融资等。生态资金分别由各主管部门使用，资金分散，无法统一实施。根据我国现行法律制度、环保基金的运行实践以及西北内陆河流域水资源的现实状况，建议将西北内陆河流域水资源生态补偿基金定性为环境公益财团法人。将西北内陆河水资源生态补偿基金定性为公法上的公益财团法人，就是为了对生态环境的保护者给予货币补偿，鼓励进行生态环境保护行为。西北内陆河水资源生态补偿法律制度应对生态补偿基金进行专门规定，建议由国家财政转移支付以及内陆河地区各地方财政出资成立基金，并将基金内的生态资金转移给西北内陆河水资源生态补偿管理部门，建立内部职能机关，并制定基金章程，负责基金的使用，以实现基金设立的目的。[1]

持续稳定的生态补偿资金来源，能够有效推动生态补偿制度的顺利实施。目前在我国西北内陆河流域内，大部分生态补偿资金由中央政府和地方各级政府的财政负担，另有部分来自征收的水资源费用，资金来源较为单一，应该积极采取措施实现生态补偿基金来源的多样化。一是继续推进国家纵向财政转移支付和地方政府专项资金的投入，作为生态补偿自给的有力保障。二是借鉴德国易北河流域治理中政府横向转移支付的生态补偿手段，在西北内陆河水资源生态补偿过程中，吸取横向财政转移支付手段，减轻国家财政的沉重压力，扩大西北内陆河生态补偿基金的资金来源[2]。三是设置水资源生态税费，主要针对受益者实施，对直接开发、利用、使用水资源的单位或个人收取一定比例的生态补偿费（生态补偿税），作为生态补偿金的另一大来源。与之相对应的，应当明

---

[1] 竺效：《我国生态补偿基金的法律性质研究——兼论〈中华人民共和国生态补偿条例〉相关框架设计》，载《北京林业大学学报》（社会科学版）2011 年第 3 期。

[2] 吴虹：《西北内陆河水资源生态补偿法律制度研究》，硕士学位论文，长安大学，2012 年。

确生态补偿费的征收标准，可以根据实际开发或使用的水量、水质以及由此所获利益作为标准，权衡当地经济发展水平等综合因素，确定相应比例。四是将环境违法行为实施者受到的罚款和破坏者的赔偿费作为生态补偿资金，无疑可以促进生态补偿，以及促进专款专用。五是地方行政部门应当积极推动社会捐款和生态融资，主动争取国际社会补偿金等拓宽生态补偿金的来源渠道。六是发行生态彩票，募集生态资金。通过这些手段，弥补西北内陆河水资源生态补偿资金的不足。在设立西北内陆河水资源生态补偿基金制度的同时，还要建立审计监督管理制度。《审计法》第2条规定："国务院各部门和地方各级人民政府及其各部门的财政收支，国有金融机构和企业事业组织的财政收支，以及其他依照本法规定应当接受审计的财政收支、财务收支，依照本法规定接受审计监督。"审计监督范围主要是国家财政收支和与国有资产有关的财务收支。西北内陆河水资源生态补偿基金，是公法上的具有独立人格的环境公益基金，其资金来源也主要是由国家资金组成、由法律法规明确规定实施的，所以，西北内陆河水资源生态补偿基金受国家审计部门的监督。建立西北内陆河水资源生态补偿基金审计监督制度，有效监督内陆河水资源生态补偿基金的筹集、管理、运营和支付状况，防止资金的流失和滥用，为内陆河水资源生态补偿基金提供安全的使用环境，保证生态资金及时到位，更好地治理和恢复内陆河生态环境，使水资源生态保护者的利益获得有保障。①

　　第二，建立生态补偿专业化促进制度。在具体实践中，区域之间的生态补偿协议、一对一交易已经成为解决流域内生态补偿的一种重要途径，促成生态补偿协议的达成或是一对一交易实现的关键在于交易信息的共享，此时一个具有桥梁作用的中介机构便能够起到重要作用。西北内陆河流域内应当设立一批具有专业背景，在水质标准、水量规划政策、补偿估算等方面具有专业技术水平的中介机构，以提供专业的服务，沟通交易双方的意思表示，促成协议达成或交易实现。因此在西北内陆河

---

① 吴虹：《西北内陆河水资源生态补偿法律制度研究》，硕士学位论文，长安大学，2012年。

流域水资源管理法中应当对生态补偿中介机构的相关要求及准入资格作出明确规定，并配套制定一批行业规范及监管体制，以监管市场主体的方式推动西北内陆河流域内生态补偿制度的贯行。① 另外，西北内陆河水资源生态补偿法律制度还可以建立有效的区域协调机制。西北内陆河水资源生态补偿目前还处于地方性、部门性的治理模式，缺乏地区之间、跨流域之间的区域协调制度，可以利用长效的利益协调机制，通过双边谈判促进水生态补偿制度有效发挥作用。

二 完善水资源保护行政奖励制度

（一）完善与之对应的法律规范体系

西北地区内陆河大多流经多个行政辖区，因此需要行政机关会同相应的流域管理机关完善行政奖励制度，保证行政奖励机制运行有法可依。第一，完善环境行政奖励制度实体性法律规范。完善环境行政奖励制度实体性法律规范可以从主体规范、标准规范、形式规范、相对人环境权规范四个方面着手。主体规范：由于内陆河多流经不同的省市县辖区，因此由哪一级的政府机关启动行政奖励需要法律明确予以规范。各级立法机关应当会同流域管理机关，在既要照顾到全部内陆河流域的生态影响，又要考虑到辖区内的社会效果的前提下，对行政奖励予以明确的规定。标准规范：奖励的条件和标准应结合具体行为的现实影响以及对流域环境的作用，由相关的法律、法规等作具体规定，在立法中明确规定奖励的具体条件和标准，从而减少奖励中的自由裁量行为。形式规范：传统意义上的奖励主要分为物质奖励和精神奖励，此外还有一些新型的奖励形式，如优惠政策、特别许可等等，但是无论采取何种形式，在行政奖励制度的立法过程中都应该予以明确的确认，避免行政机关乱设奖励。相对人环境权规范：在立法规范中应当明确表示行政相对人所享有的环境实体权利与环境程序权利，以及行政奖励制度相应的权利，并对环境权利行使的方式、权利受侵害的救济等予以明确地规范。

第二，完善环境行政奖励制度程序性法律规范。程序正义是实体正

---

① 严乐：《西北内陆河流域水资源管理法立法探析》，硕士学位论文，长安大学，2010 年。

义的保障，完善关于行政奖励制度程序性规范对于保证行政奖励制度至
关重要。因此西北内陆河水资源保护行政奖励制度的启动程序、审批程
序、监督程序、执行程序、异议救济程序等在法律中应当有具体的规
范。① 正如学者所指出的那样："通过对行政行为的过程来控制行政权力
在当代已成为行政法的一大趋势。"② 因此明确环境行政奖励制度中的程
序性法律规范，对于行政奖励制度实体性法律规范的实施具有保障和促
进的作用。③ 关于环境行政奖励的程序，国家目前尚无统一的规定，只是
对环境保护科技进步奖的程序作了比较具体的规定。科技进步奖的实施
程序，分为申报、初审、预审、审定、批准、公布、异议裁定、发奖共8
个阶段。综合我国环境领域行政奖励的实践，批准环境行政奖励的实施
程序大致可以分为提出、审查批准、公布评议、授予和补救等几个阶
段。④ 在西北内陆河水资源保护环境行政奖励规范中对于一般性程序可参
照这几个阶段予以规范。同时，建立以听证制度为核心的一系列监控环
境行政权力的程序制度，包括奖励公开、专家论证、评审、回避、说明
理由、异议处理等相关制度，发挥社会公众对环境行政奖励的程序制约
作用是必要的。⑤

（二）转变政府部门环境行政理念

对西北内陆河流域环境行政奖励制度监督体系的完善，是对行政奖
励制度最后的保障体系。监督体系可以分为司法机关的监督、行政机关
的监督、社会公众的监督三大部分。司法机关监督手段的贯行应以完善
环境公益诉讼制度为前提，行政机关的监督可以通过行政机关内部上下
级之间的行政复议进行监督，以及同级之间的行政监察、审计监督等方

① 刘志仁：《西北内陆河流域水资源保护立法研究》，载《兰州大学学报》（社会科学版）
2013年第5期。
② 姚国刚：《塔里木河流域落实最严格水资源管理制度的思考》，载《黑龙江水利科技》
2013年第5期。
③ 严乐：《西北内陆河流域水资源管理法立法探析》，硕士学位论文，长安大学，2013年。
④ Condappa D. D., Chaponnière A., Lemoalle J., "A decision – support tool for water allocation
in the Volta Basin", *Water International*, Vol. 34, No. 1, 2009, pp. 71 – 87.
⑤ 王淑新、胡仪元、唐萍萍：《生态文明视角下的旅游产业生态化发展——以秦巴汉水生
态旅游圈为例》，载《生态经济》（中文版）2015年第8期。

式进行；社会公众的监督应当借助网络、报纸等社会舆论方式，对行政奖励不公开、不公正的现象进行揭露，以达到行政奖励的公开化、公平化。一方面注重由传统的强制行政理念向非强制行政理念的转换，强调服务型政府的塑造，提高西北内陆河环境行政人员的综合行政能力和服务人民的意识；另一方面要在相关政府部门以及官员的政绩考核中加入环境保护的评价标准，这一点可以借鉴我国《水污染防治法》中第 5 条的规定"国家实施水环境保护目标责任制和考核评价制度，将水环境保护目标完成情况作为对地方人民政府及其负责人考核评价的标准"。通过法律明确将环境保护作为政绩考核指标予以明确化、正式化。

（三）深入普法，强化公民行政奖励资格意识

首先，普法的主体可以由政府牵头，社会各界共同完成。真正将普法工作做到实处，将法制的精神送到公民脑中，而不是手中。其次，在普法的过程中，特别是在行政奖励制度中，应当强调公民所享有的权利，增强其权利意识，调动公民参与西北内陆河环境行政执法的热情和积极性。最后，应当做好相应的宣传工作，提高政府公信力，加深公民对行政奖励制度的认知，增强对行政奖励制度的信任度。

（四）加强监督

司法机关对环境行政奖励主要可以通过行政诉讼、国家赔偿诉讼等来进行监督；行政机关内部可以通过上级对下级环境行政奖励的监督、同级之间的监督、行政监察、审计监督等方式进行监督；同时健全、完善政务信息公开制度、听证制度等行政程序制度，以及举报、信访、申诉等救济制度，确保社会公众的监督；最后社会公众通过大众媒体对环境行政奖励不合法、不公平现象进行揭露、批评、曝光，通过舆论工具表达公意，对环境行政奖励实行道义上、舆论上的监察和督促。

第六节　权利与责任：完善水资源治理中
政府责任的考核与追究

"善治"的一项重要标准是责任性，即治理主体对治理目标的实现所承担的责任，一旦其行为有损于治理目标的实现或者未能履行相关政策

法律所要求的义务，那么其就应当承担相应的责任。尽管在治理体系中包含政府、公众、企业、非政府组织等多种主体，但政府因其所享有的行政权力而需对治理承担重要的责任。政府责任的考核与追究成为有效的治理体系的构建所不可或缺的关键机制。对于水资源治理而言，政府责任尤为重要，因为在短期经济利益面前，地方政府往往选择经济增长而牺牲资源环境。一套完备和严格的水资源管理责任和考核制度是提高管理工作效率的重要依据，应该明确西北内陆河水资源管理责任与考核制度，为严格执法和科学执法提供法律依据。

我国现行环境法律主体强调对政府权力的授予而缺乏对权力行使的监管和追责，也就是说更多的是注重政府第一性环境责任——政府在环境保护过程中所应履行的职责，相反对于政府第二性环境责任（即政府违反第一性政府环境责任，如行政不作为、行政权滥用等）并未作出详细规定。纵观我国环境资源保护法律规范，大多条款显示了对其政府职权的极大肯定，却忽视了对政府责任的追究。根据当代法治理论和行政法学理论，政府职权和政府职责应当是对等的、协调的、平衡的，然而我国立法中却使政府环境职责往往处于被忽视、淡化、边缘化的地位。法条设计中往往表述出"政府应当……"或者"政府有权/可以……"却没有明确在这个前提下的后果性条款，如"否则……"洛克语："绝对的权力导致绝对的腐败。"任何没有法律监管和问责的政府权力都将导致政府职权滥用或不作为，没有政府问责制度的政府环境责任体系在环境保护工作实践中不具有实效性。[1] 稍具法律常识的人都知道："可以"是赋予法律主体以选择权；法律主体既可以作为，也可以不作为；"有权"意味着人民政府环境保护行政主管部门可以行使权力，也可以不行使权力。这无疑成为政府及其工作人员放纵环境污染行为的借口，故而"可以"或者"有权"的措辞是在弱化而不是强化政府责任。可以考虑通过逐一甄别，将"可以""有权"或者类似表述修改为"应当"，从而将政府的责任确定为一种法律义务、一种"应当"履行的义务，而不是一种可为

---

① 郭普东：《论我国水环境与水资源行政管理体制的改革》，水资源可持续利用与水生态环境保护的法律问题研究——2008 年全国环境资源法学研讨会（年会）论文。

可不为之事。①

在西北内陆河地区实行最严格水资源管理制度，就要落实"三条红线"控制管理联动机制，构建政府负总责、多方协同参与的工作体系。按照国务院提出的具体指标，统筹分解用水总量、效率和纳污能力指标，严格控制"三条红线"都要在最高值范围之内。② 结合西北内陆河流域政府水行政责任方面存在的问题，以水资源善治和可持续利用为目标，本书认为需要从下述方面完善水治理中的政府责任的考核与追究。

一 逐级具体化政府责任考核标准

科学的制度需要相应的指标体系和基准体系，前者是"用于提示某一事物的发展方向的工具，或者作为这种方向的表征或者体现"，分为结果指标和过程指标；后者是指"根据确定的指标体系，所制定的适用于组织或者个人的相对于其责任或者职责的所应当实现的目标"。③ 水资源管理中的考核标准是最严格水资源管理制度得以顺利实施的制度保障和有效措施，通过对水行政主管部门和流域管理机关主要负责人，以及对行政区域的党政领导进行责任考核，对相关负责人员在政治上能够形成压力督促其勤于水资源保护工作；对那些错误理解经济发展与环境保护关系的领导干部能够形成有效的威慑力，使其不敢或至少试图在以牺牲良好水资源为代价换取 GDP 增长时有所顾忌。因此，科学、详细以及从上到下逐级具体化的层级式考核标准是西北内陆河流域水资源管理中责任考核制度的必要条件。水资源管理的责任从上级到下级要有严格的、具体的系统管理体制，每级水资源管理主体有具体的责任范围，以法律制度形式明确水资源的开发和分配、用水效率、再循环使用等方面的具体责任范围，以追究管理主体的责任。清楚划分流域管理机构和各行政区域机构的职责范围，避免权力交叉和责任模糊现象。同时，考察地方政府的业绩不仅以当地经济状况为依据，还要考核该地区水资源保护状

---

① 许林华、杨林芹：《水权交易及其政府管制》，载《水资源研究》2008 年第 6 期。

② 孙宇飞、王建平、王晓娟：《关于"三条红线"指标体系的几点思考》，载《水利发展研究》2010 年第 8 期。

③ 黄锡生、王国萍：《流域管理的善治逻辑与制度安排》，载《学海》2014 年第 4 期。

况，避免强调经济发展而忽视生态保护的不合理现象发生。①

　　首先，由水利部对各省和主要江河湖泊水资源总量指标、用水效率指标和水功能区排污指标作出规定，西北地区各省级政府水行政主管部门、各内陆河流域管理局经过协商之后，依据水利部规定的各项指标以及最严格水资源管理制度中的"三条红线"规定，结合各自流域的实际情况，确定本流域的考核标准以及流域内各行政区域的年度考核标准，并报水利部备案。其次，在考核标准逐级确定的基础上，出台相应的考核责任办法，从程序上规范考核体系。根据《关于实行最严格水资源管理制度的意见》的规定，对考核的主体、内容、目标进行规定。在西北内陆河流域内，可以由各行政区负责各自行政区域内水资源的开发、利用和保护，由流域管理机构对流域内各行政区指标落实情况进行监督检查。如黑河流域管理局是由水利部黄河水利委员会设立的流域管理机构，可由该管理局负责监督流域内各县的指标落实情况，流域内各省级政府水行政主管部门对各市指标落实情况进行考核，由水利部或黄河水利委员会对黑河流域所涉及的甘肃、青海、内蒙古三个省（区）的指标落实情况进行考核。最后，考虑到西北内陆地区水资源时空分布高度不均衡，且内陆河大多为季节性河流，水资源已经成为西北地区经济和社会进一步发展的巨大障碍，对西北内陆地区进行水资源管理制度考核时，应当注意联系当地实际，将平时考核与年度考核相结合，以防考核流于书面和形式。

二　健全考核责任追究机制

　　澳大利亚和以色列在水资源管理方面取得成就的一个重要原因是从中央到地方有一套健全的责任追究机制，在河流管理法律制度中，将责任追究列为重要地位。以色列中央政府将不同的职责赋予不同的管理部门，责任归属极其清晰，在水资源管理过程中各部门要严格按照上级下达的命令执行，各尽其责避免权力的交叉，在出现水事问题时直接追究

---

① 刘志仁、袁笑瑞：《西北内陆河如何强化最严格水资源管理法律制度》，载《环境保护》2013 年第 15 期。

所属部门的职责，也避免了相互推卸责任。在法律制度中不仅严格追究污染水体单位的职责，同时还对管理部门有严格的处罚办法，实行双向惩罚措施，将具体责任落实到个人。① 系统的责任追究措施能够对地方党政领导以及水行政主管部门和流域管理机构的领导形成政治压力，在这种政治压力之下能够使他们增强责任意识，降低为经济发展而牺牲水资源保护出现的概率。2011 年《中共中央国务院关于加快水利改革发展的决定》及 2012 年《关于实行最严格水资源管理制度的意见》规定的"三条红线"是最严格水资源管理制度的核心内容，然而，"三条红线"能否得到充分贯彻、能否做到真正"落地"、能否实现有效落实，还需要健全的水资源管理责任追究机制。② 为了使西北内陆河流域水资源管理责任考核能够得以顺利实施，建议建立如下配套法律制度：

第一，建立严格的水环境监测法律制度，这是进行水治理中政府责任的考核与追究的前提。在西北内陆河管理法律制度中要鼓励推进水文和水资源管理信息系统建设，科学布设水文监测站网和水量分配断面，因地制宜安装符合标准的用水计量和水质监测设施，落实用水总量以及水功能区水质监测目标。建立监测数据汇交、审核和发布制度，强化监测机构能力建设，提高监测质量，保证监测数据的真实性和权威性，为"三条红线"指标的落实提供技术依据。"三条红线"的切实落实需要足够的技术支撑，一旦确立"三条红线"的具体标准，任何单位和个人都需要遵守，各级政府要将"三条红线"落实情况纳入经济社会发展综合评价体系，实行绩效考核和领导责任制。地方政府按照上级考核和自行考核相结合的原则，以"三条红线"为主要参考依据，针对对于超出红线的情况，政府要追究相关人员的责任。用水单位按照监测法律制度合理利用水资源，一旦超标也要承担严厉的法律责任。

第二，建立独立的水事督查制度。由水利部设立司局级西北内陆河流域水事督查机构，独立于西北地区水行政主管部门和黄河水利委员会，

---

① 袁笑瑞：《西北内陆河最严格水资源管理法律制度践行研究》，硕士学位论文，长安大学，2014 年。

② 胡德胜、潘怀平、许胜晴：《创新流域治理机制应以流域管理政务平台为抓手》，载《环境保护》2012 年第 13 期。

对西北内陆河流域内的水资源开发调配、水污染防治、基础设施建设等水资源管理和保护工作进行监督。我国在水资源管理体制设置上缺乏专门的监督机构，在全国大部分地区河流管理还处于一个松散的管理模式，法律制度中有明确的规范条文，但在具体执法中部分河流管理主体出现不尽职责的现象，在每年的工作总结和发布环境公报中会出现发布虚假信息的情形，因为没有专门的机构去监督，也缺少对工作总结和环境公报真实性的核查，导致河流过度利用、水污染加剧、地下水位下降严重，而在河流管理主体汇报的材料中却显示河流水质、地下水位属于正常范围值之内，对河流疏于监督管理导致这种现象的发生。在西北地区应当成立专门的水事督察机构对河流管理状况进行实时监督，该督查机构应完全独立于流域管理机构和行政区域管理机构，不受任何地方政府的干预，直接隶属于我国水利部门，只对水利部负责，督查机构的主要职责是对流域管理机构和区域管理机构的工作进行监督管理，重点考核用水总量控制、用水效率控制、水功能区纳污、水资源管理责任、考核制度和"三条红线"落实情况，对于没有严格执行法律规定和失职情形的发生，应追究相关人员的直接责任。① 监督机构还应当对用于河流综合治理所拨付的经费、对排污单位处罚资金的运用情况进行监督，杜绝任何违规使用现象的发生，保证专款专用，真正用于河流的综合治理和污水治理基础设施建设。

第三，建立考核通报制度。通过对西北内陆河流域水资源管理相关法律进行比较和分析，容易发现在责任承担方面主要归责于排污单位，而管理主体却很少承担责任。所以，要拓宽政府的责任范围，将具体责任落实到管理单位及单位负责人。河流管理主体以签保证书的形式来确保自己的职责，并定期向上级主管单位汇报自己的工作情况和河流水量水质状况，上级主管部门对下级单位工作情况和水流情况的考核不再仅仅是以上报的材料为主要依据，而是要不定时、不定地点地对河流实时情况进行抽查。对河流的水量、水质、污水排放进行重点监测，对抽查

① 刘志仁：《最严格水资源管理制度在西北内陆河流域的践行研究——水资源管理责任和考核制度的视角》，载《西安交通大学学报》（社会科学版）2013 年第 5 期。

的结果要及时作出回应，如果抽查结果不符合规定的具体要求时不但要追查污染物排放单位的责任，而且还要追查河流管理主体是否存在滥用行政权力和不作为现象，对出现的问题不仅要追究管理单位职责还要追究单位负责任人责任，而且不能简单地以批评或经济处罚给出处理，个人有直接严重责任的应撤职或开除其相应职务。对流域内各省、市、县的党政领导以及水行政主管部门和流域管理机构主要领导的考核结果在水利部以及西北内陆河流域各省、市、县级水行政主管部门网站上予以公布，接受社会公众的监督。[①] 此外，为贯彻落实中央提出的领导干部环境保护责任离任审计制度，敦促领导干部在任期内能够对水资源保护工作尽职尽责，在配套措施的建立和实施过程中，应注意和综合考量各项措施之间的衔接和优化，不断完善各项措施的针对性和可操作性，确保考核程序环环相扣，覆盖水资源管理的全流程，避免出现监管空白和重复监管。

第四，健全水资源管理主体职责分工法律制度。河流水资源管理主体职责得以明确、分工细化，是贯彻落实最严格水资源管理制度的基本要求。在西北地区为进一步落实最严格水资源管理法律制度，必须将河流管理主体的管理职责以法律制度形式予以明确。要理清行政区域管理机构和流域管理机构在水域管理、水量分配、河流水污染防治、水循环再利用等方面的职责，将这些职责以具体单位和个人为落实点，不能出现职责交叉的情形。在立法过程中要协调好管理主体之间的权责范围，形成以流域管理机构为主要职责主体，各级水行政主管部门相互配合的管理体制，在解决河流水事问题时形成整体合力，密切配合，而不是去推诿责任，逃避职责。

第七节　小结

本章就西北内陆河流域水资源治理体系的构建进行了分析，认为水

---

① 张云燕：《浅析水权交易的法律问题》，载《安徽农业大学学报》（社会科学版）2007年第 3 期。

资源治理体系主要包括治理层次、治理目标、治理主体、治理方式、治理责任5个方面。结合西北内陆河流域法律制度存在的问题，该地区水资源治理体系的构建需要着重处理好6个方面的关系，即区域管理与流域管理的关系、经济发展与环境保护的关系、政府与市场的关系、政府与公众的关系、规制与激励措施的关系、权利与责任之间的关系。西北内陆河流域水资源管理和保护缺乏有效性以及生态退化的事实迫切要求以水资源善治理念进行体系化的水资源治理，在具体制度构建上需要：确保流域管理的优先性，实施一体化流域管理；实施生态化发展，防治水污染并保证生态流量；实现宏观调控与市场机制的有机结合，完善排污权和水权交易制度；促进水治理中的公众参与；完善生态补偿和行政奖励制度；强化责任追究与考核制度。上述6项重要制度分别有所侧重但又彼此融合、相辅相成，共同构成西北内陆河流域水资源治理制度，而且具有重要的推广价值，有利于促进我国整体水资源的治理水平。由于西北内陆河流域的生态脆弱性和水资源的基础性地位，在该地区实施高标准的、较为完善的水资源治理制度的需求也更为迫切，其在实践中得到重视和有效推行也更具有可行性。

第六章

结论与展望

第一节　主要结论

　　西北内陆河流域的特殊性以及流域内水资源稀缺、水生态破坏的严重性客观上要求水资源管理法律制度及相关的政策法律需要从流域的实际出发，在用水目的的优先顺位上充分注重生态环境用水，在管理体制上突出流域管理的地位。传统水行政管理的科层制和集中式的局限，不能充分调动各参与主体的积极性，需要从治理和善治的角度出发，从管理走向治理，实现水善治。构建西北内陆河流域水资源治理制度，尤其需要处理好不同的管理层次、发展目标、治理主体、治理方式和治理责任之间的关系。本研究主要得出了以下3个方面的结论：

　　（1）我国水资源管理制度及相关政策法律需要充分考虑西北内陆河流域的特殊需求。西北内陆河流域气候干旱，水资源短缺，生态环境脆弱，与我国外流河相比，水资源在经济社会发展中具有更为重要的地位。有效的水资源管理制度需要充分考虑不同地区经济社会以及生态环境状况的特殊性。尽管在水资源分配顺位上，我国《水法》规定干旱、半干旱地区在开发利用水资源时应充分考虑生态环境用水需求，但是这一规定并不具有强制性，而且对究竟何为充分考虑生态环境用水并无明确要求，因而不能确定生态环境用水所具有的特定优先顺位。另外，在水资源管理体制上，我国《水法》规定实施流域管理与区域管理相结合的管理体制。这一规定虽然能够兼顾流域的整体性和现有行政区划管理的现实，但是在执行中容易导致流域管理与区域管理职责不清、政策法律执行效率低等问题。西北内陆河流域因其水资源匮乏而更需要从流域整体上精心规划和节约使用水资源,所以在管理体制上应以流域管理为主导。因此,鉴于西北内陆河流域的特殊状况和需求,我国需要在水资源管理制度中实施差别化的策略,在水资源管理要求和模式方面设置相较外流河流域更为严格的措施和方法,而且这种差别化的策略需有利于我国根据水资源保护需求的情况,从内陆河流域推广到外流河流域,从而提高我国水资源保护的整体水平,促进全国范围内水资源的可持续利用。

(2)西北内陆河流域水资源可持续利用的实现需要由传统的行政管理模式走向水资源善治。西北内陆河流域脆弱的生态环境以及水资源在生态、生产和生活中所具有的关键地位决定了实现水资源的可持续利用是该地区经济社会发展的优先事项。传统的水资源管理模式容易导致因追求近期的经济利益而过度开发利用水资源,而且仅以政府为主导的自上而下的管理模式也具有管理成本高、政策法律执行效率低和监督困难等问题,从而导致水资源管理的政府失灵。尽管水资源是一种可再生资源,但在特定的时空条件下,尤其在水资源紧缺的西北内陆河流域,水资源仍然具有相当程度的稀缺性。如果管理不当,过度使用,那么可再生资源的再生能力将会遭到严重破坏。生态脆弱的西北内陆河流域无法承担水资源枯竭的危害,而当前西北内陆河流域水资源过度开发利用和生态退化的事实表明,传统的水资源管理模式不能为当地水资源的可持续利用提供有效的制度保障。

治理与善治理论本身旨在克服集中式、科层制管理的局限性,充分发挥不同主体和不同方式在治理中的优势,这一理论为西北内陆河流域的水资源可持续利用目标的实现提供了丰富的理论基础和指导,而治理与善治所具有的宏观性决定了对水资源治理还需要结合资源治理的特殊性,融合流域一体化管理理论,形成水资源善治理论。法治条件下水资源善治的实现需要贯彻和实施流域一体化管理、宏观调控与市场机制有机结合、公众参与、强化行政责任追究与考核等四项基本原则及其要求,从而在尊重水资源自然生态规律的基础上,充分发挥政府调控与市场机制的优势,调动全社会参与水资源保护与治理的积极性,同时促使政府有效履行职责,进而形成多元主体互动共治、多种方式并用、权责明确、政策法律得到有效落实的水资源善治局面，促进水资源的可持续利用。

（3）西北内陆河流域水资源可持续利用治理体系的形成需要正确处理不同的管理层次、发展目标、治理主体、治理方式和治理责任之间的关系。在管理层次上，西北内陆河流域应该在立法上规定以流域管理为主导的一体化流域管理模式。水资源规划对水资源的开发利用与保护具有非常重要的作用，基于我国水资源的地理特点和时空分布，有必要制定流域水资源规划专项法并严格予以落实，从而协调上下游、左右岸的利益冲突，促进水资源的可持续利用。西北内陆河水资源可持续利用需要以流域为单位进行整体规划，对流域内的水资源和水环境统一管理，是该流域水资源可持续利用取得成功的关键。它要求对同一流域内所有的水资源进行流域综合规划，包括河流、湖泊和地下水域。面对水资源的利用压力，西北内陆河流域水资源的规划是水资源可持续利用的核心，法定权威且职责明确的流域管理机构是内陆河水资源可持续利用的组织保障。在发展目标上，西北内陆河流域应该通过地方立法优先保障流域生态环境质量，防止生态退化并逐步进行生态恢复，而不能因强调经济发展而放松对个别行业或企业用水和节水行为的要求。为此，西北内陆河流域应该实施生态化发展策略，一方面通过加强环境执法监管措施，强化水污染防治力度，另一方面则需通过立法明确优先保证生态环境用水，维持内陆河的生态健康，促进水源涵养。在治理主体上，西北内陆河流域水资源的可持续利用需要加强实质性的公众参与，调动社会公众保护水资源的积极性，强化对政府水行政行为的社会监督以及用水户之间的相互监督，确保相关政策法律得到社会公众的拥护和有效落实。在治理方式上，政府应该充分发挥市场机制对水资源保护和促进水资源节约方面的作用，完善排污权交易和水权交易法律制度。同时，除了运用严格的制度规范不同主体的涉水行为外，合理运用生态补偿机制以及行政奖励机制有利于促使相关主体主动保护水资源、节约水资源以及实施促进生态环境改善的措施。在治理责任上，完善西北内陆河流域水资源责任考核和追究制度，确保水资源治理相关政策法律的落实。

第二节　研究展望

水资源的可持续利用涉及多方面、多主体之间的利害冲突问题，对于西北内陆河流域的水治理而言，不仅需要从政府与市场、政府与公众、规制与激励、权利与责任的角度构建水治理制度，而且还需要考虑因流域水资源利益冲突导致的纠纷解决机制问题。因此，涉水司法问题是今后进一步研究的重要方向。本书主要研究的是西北内陆河流域水资源可持续利用的治理制度的构建问题。在治理制度的构建中所涉及的主体主要是政府与公众，而涉水司法问题也是值得进一步研究的重要问题，尤其是在法治的背景下实现水资源善治同样需要对涉水司法问题进行研究。实际上，地方行政区法院受地方利益的驱动很难较好地解决相关纠纷。党的十八届四中全会决定建构跨行政区的司法机构并已经陆续建立，这为跨行政区界的水事纠纷解决提供了司法路径。目前西北内陆河流域水资源可持续利用纠纷解决的司法需求和相应的制度供给如何，司法解决跨界水资源利用纠纷困境与出路何在，需要进一步研究。

水是生命之源、生产之要、生活之本。水资源是资源中的资源，在西北内陆河流域凸显了这一点，水资源的可持续利用是西北内陆河流域生态文明的重要要求。从流域水事纠纷上看，跨行政区划的司法堪称绿色司法。流域司法文明是流域生态文明的内在需求，也是流域生态文明的最后保障线，对二者有机融合进行定量和定性分析，也是有待深入研究的问题。

此外，为调动公民主体的有效参与，激发自觉守法的意识，针对西北内陆河流域水资源的治理问题，有必要对守法这一相对薄弱的领域进行进一步深入研究。通过法律的自觉遵守就能实现大部分法的价值是社会文明的重要衡量指标，公民守法状态与一个国家或地域的政治文明、道德风尚、信用体系和传统信仰密切相关。从这些角度对西北内陆河流域水资源利用过程中公民守法状态进行调查，寻找突破法律底线的根因，对公民利用西北内陆河流域水资源过程中守法状态整体提高的传统路径进行反思批判与对现代治理进行理论探析和实践应用还有待进一步研究。

参考文献

一　中文文献

（一）中文著作

《马克思恩格斯全集》，人民出版社 1956 年版。

陈安宁：《资源可持续利用激励机制》，气象出版社 2000 年版。

陈家琦：《水资源学》，科学出版社 2002 年版。

陈志恺：《中国大百科全书》（水利卷），中国大百科全书出版社 1992 年版。

崔延松：《中国水市场管理学》，黄河水利出版社 2003 年版。

邓铭江：《新疆水资源及可持续利用》，中国水利水电出版社 2005 年版。

国际行动援助中国办公室：《善治：以民众为中心的治理》，知识产权出版社 2007 年版。

何建坤：《自然资源可持续利用战略与机制》，中国环境科学出版社 2006 年版。

何增科：《公民社会与民主治理》，中央编译出版社 2007 年版。

侯全亮、李肖强：《论河流健康生命》，黄河水利出版社 2007 年版。

胡德胜：《法学研究方法论》，法律出版社 2017 年版。

胡德胜：《环境与资源保护法学》，郑州大学出版社 2010 年版。

胡德胜：《生态环境用水法理创新和应用研究》，西安交通大学出版社 2010 年版。

胡德胜：《最严格水资源管理的政府管理和法律保障关键措施刍议》，《最严格水资源管理制度理论与实践——中国水利学会水资源专业委员会

2012 年年会暨学术研讨会论文》，黄河水利出版社 2012 年版。

胡德胜、左其亭、高明侠等：《我国生态系统保护机制研究——基于水资源可再生能力的视角》，法律出版社 2015 年版。

环境科学大辞典编委会：《环境科学大辞典》，中国环境科学出版社 1991 年版。

李铌、何德文、李亮：《环境工程概论》，中国建筑工业出版社 2008 年版。

李世明：《河西走廊水资源合理利用与生态环境保护》，黄河水利出版社 2002 年版。

李媛媛：《简析环境行政许可制度》，《中国环境科学学会学术年会优秀论文》，中国环境科学出版社 2008 年版。

刘国诚：《生态平衡浅说》，中国林业出版社 1982 年版。

刘燕：《西部地区生态建设补偿机制及配套政策研究》，科学出版社 2010 年版。

吕忠梅：《超越与保守——可持续发展视野下的环境法创新》，法律出版社 2003 年版。

吕忠梅：《环境法新视野》，中国政法大学出版社 2007 年版。

聂相田：《水资源可持续利用管理不确定性分析方法及应用》，黄河水利出版社 1999 年版。

裴丽萍：《可交易水权研究》，中国社会科学出版社 2008 年版。

齐晔：《中国环境监管体制研究》，上海三联书店 2008 年版。

全球水伙伴技术顾问委员会：《水资源综合管理》，中国水利水电出版社 2016 年版。

阮本清：《流域水资源管理》，科学出版社 2001 年版。

石国亮：《国外政府管理创新要略与前瞻》，中国言实出版社 2012 年版。

孙同鹏：《经济立法问题研究：制度变迁与公共选择的视角》，中国人民大学出版社 2004 年版。

孙笑侠：《法律对行政的控制：现代行政法的法理解释》，山东人民出版社 2000 年版。

唐德善、邓铭江：《塔里木河流域水权管理研究》，中国水利水电出版社

2010 年版。

汪劲：《环境法律的解释：问题与方法》，人民法院出版社 2006 年版。

王金南、庄国泰：《生态补偿机制与政策设计国际研讨会论文》，中国环
    境科学出版社 2006 年版。

夏军、黄国和、庞进武等：《可持续水资源管理：理论·方法·应用》，
    化学工业出版社 2005 年版。

闫伟：《区域生态补偿体系研究》，经济科学出版社 2008 年版。

杨桂山：《流域综合管理导论》，科学出版社 2004 年版。

余元玲：《水资源保护法律制度研究》，光明日报出版社 2010 年版。

俞可平：《治理与善治》，社会科学文献出版社 2000 年版。

俞树毅、柴晓宇：《西部内陆河流域管理法律制度研究》，科学出版社
    2012 年版。

袁曙宏、应松年、袁曙宏：《制度变革中的行政执法，走向法制法治政
    府》，法律出版社 2001 年版。

张锋：《生态补偿法律保障机制研究》，中国环境科学出版社 2010 年版。

张文显：《法理学》，高等教育出版社，北京大学出版社 2007 年版。

张梓太、吴卫星：《环境与资源法学》，科学出版社 2002 年版。

郑少华：《生态主义法哲学》，法律出版社 2002 年版。

钟玉秀：《流域水资源与水环境综合管理制度建设研究：以海河流域为
    例》，中国水利水电出版社 2013 年版。

中国环境报社：《迈向 21 世纪：联合国环境与发展大会文献汇编》，中国
    环境科学出版社 1992 年版。

中华人民共和国国家统计局：《中国统计年鉴》，中国统计出版社 2019
    年版。

中华人民共和国水利部：《2019 年中国水资源公报》，中国水利水电出版
    社 2020 年版。

中华人民共和国水利部：《中国水土保持公报（2019 年）》，《中国水土保
    持公报》编辑部 2020 年版。

（二）中译著作

［法］阿里·卡赞西吉尔：《治理和科学：治理社会与生产知识的市场式

模式》，黄纪苏译，载《国际社会科学杂志》1999 年第 1 期。

［美］埃莉诺·奥斯特罗姆：《公共事务的治理之道》，余逊达、陈旭东译，上海译文出版社 2000 年版。

［美］博登海默：《法理学：法律哲学与法律方法》，邓正来译，中国政法大学出版社 2004 年版。

［美］德内拉·梅多斯、乔根·兰德斯、丹尼斯·梅多斯：《增长的极限》，李涛译，机械工业出版社 2006 年版。

［英］格里·斯托克、华夏风：《作为理论的治理：五个论点》，华夏风译，载《国际社会科学杂志》1999 年第 1 期。

［英］罗杰·科特威尔：《法律社会学导论》，彭小龙译，中国政法大学出版社 2015 年版。

（三）中文论文

艾峰：《我国流域水资源管理法律制度研究》，硕士学位论文，长安大学，2013 年。

陈虎军：《中国水污染防治法律制度研究》，硕士学位论文，黑龙江大学，2009 年。

陈岩：《黄河流域水资源管理体制研究》，硕士学位论文，河南大学，2012 年。

崔伟中：《流域管理若干问题的研究》，中国水利学会 2003 学术年会论文，2003 年。

付颖昕：《中亚的跨境河流与国家关系》，硕士学位论文，兰州大学，2009 年。

宫文昌：《内陆河流域综合生态管理中的公众参与制度》，硕士学位论文，兰州大学，2009 年。

郭普东：《论我国水环境与水资源行政管理体制的改革》，水资源可持续利用与水生态环境保护的法律问题研究——2008 年全国环境资源法学研讨会（年会）论文。

何茂农：《水资源需求管理问题研究》，硕士学位论文，山东农业大学，2010 年。

侯晓梅：《生态环境用水与水资源管理变革》，水资源、水环境与水法制建设问题研究——2003 年中国环境资源法学研讨会论文。

胡德胜：《论环境与资源保护法的基本原则》，生态文明与林业法治——
2010 年全国环境资源法学研讨会论文。

黄莉敏：《环境行政奖励制度研究》，硕士学位论文，福州大学，2006 年。

江秀娟：《生态补偿类型与方式研究》，硕士学位论文，中国海洋大学，
2010 年。

鞠秋立：《我国水资源管理理论与实践研究》，硕士学位论文，吉林大学，
2004 年。

李霞：《西北地区水污染防治法律制度研究》，硕士学位论文，兰州大学，
2007 年。

李志琴：《论健全我国的水权交易制度》，硕士学位论文，江南大学，
2010 年。

刘卫：《现状与出路：约旦河流域阿以水资源合作研究》，硕士学位论文，
华中师范大学，2007 年。

路伟伟：《论我国流域水资源管理法律的完善—以淮河流域为例》，硕士
学位论文，西北农林科技大学，2011 年。

马丽娜：《我国水资源管理体制研究》，硕士学位论文，西北大学，
2009 年。

王菊红：《黑河流域水权交易法律制度研究》，硕士学位论文，兰州大学，
2009 年。

王亚妮、罗纨、李珍珍：《浐灞河流域纳污能力与排污总量控制分析》，
陕西省水力发电工程学会 2013 年第三届青年科技论坛论文。

王耀海：《法律治理的制度逻辑》，博士学位论文，南京师范大学，
2010 年。

吴虹：《西北内陆河水资源生态补偿法律制度研究》，硕士学位论文，长
安大学，2012 年。

吴珊：《流域生态补偿制度立法初探》，生态安全与环境风险防范法治建
设——2011 年全国环境资源法学研讨会（年会）论文。

严乐：《西北内陆河流域水资源管理法立法探析》，硕士学位论文，长安
大学，2013 年。

袁笑瑞：《西北内陆河最严格水资源管理法律制度践行研究》，硕士学位论文，长安大学，2014年。

张丽：《太湖水资源流域管理体制研究》，硕士学位论文，江南大学，2011年。

张晓清：《农民用水者协会在灌区农村发展中的作用分析——以河套灌区农民用水者协会为例》，硕士学位论文，东北财经大学，2010年。

周明玉：《我国水污染防治立法现状与创新研究》，硕士学位论文，中国地质大学，2009年。

朱雅宾：《中亚跨境水资源合作——非正式国际机制的视角》，硕士学位论文，上海师范大学，2014年。

朱艳丽：《西北内陆河流域水权交易法律制度研究》，硕士学位论文，长安大学，2012年。

（四）中文期刊

《七大流域综合规划获批将实行最严水资源管理制度》，载《光明日报》2013年3月15日第11版。

蔡守秋：《论水权体系和水市场》，载《中国法学》2001年增刊。

蔡守秋：《论政府环境责任的缺陷与健全》，载《河北法学》2008年第3期。

曹明德、王凤远：《跨流域调水生态补偿法律问题分析——以南水北调中线库区水源区（河南部分）为例》，载《中国社会科学院研究生院学报》2009年第2期。

曹永潇、方国华：《黄河流域水权分配体系研究》，载《人民黄河》2008年第5期。

柴晓宇、俞树毅：《试论流域资源冲突及其解决路径》，载《兰州大学学报》（社会科学版）2009年第7期。

陈丹青、王清华：《流域水环境监测管理体制存在问题探讨》，载《环境监控与预警》2012年第2期。

陈洁、许长新：《水权定价指标体系研究》，载《辽宁师范大学学报》（自然科学版）2006年第3期。

陈绍金：《水安全概念辨析》，载《中国水利》2004年第17期。

陈天柱：《楼兰古城衰亡与周边环境的哲学思考》，载《丝绸之路》2013
　　年第 2 期。

陈献耘、杨立信：《水资源一体化管理的基本要素与管理特点研究》，载
　　《水资源研究》2012 年第 3 期。

陈姿伶：《人类中心主义的哲学思考》，载《科学导报》2015 年第 18 期。

戴昌军：《汉江流域实行最严格水资源管理制度探索与实践》，载《人民
　　长江》2018 第 18 期。

邓可祝：《我国流域治理立法的演进：从淮河到太湖》，载《西部法学评
　　论》2013 年第 1 期。

邓廷涛：《西北地区生态环境治理中的政府职能》，载《兰州学刊》2008
　　年第 S2 期。

董雪娜、曹秋芬：《西北地区水资源的特点》，载《人民黄河》2002 年第
　　6 期。

樊根耀：《生态环境治理制度研究述评》，载《西北农林科技大学学报》
　　（社会科学版）2003 年第 4 期。

冯国章、李佩成：《西北内陆河区水资源天然分布的缺陷及其持续开发利
　　用的对策》，载《干旱地区农业研究》1997 年第 3 期。

高福德、张华：《中日水法体系与管理机制的立法比较》，载《黑龙江省
　　政法管理干部学院学报》2005 年第 5 期。

高明侠：《我国流域水空间管理的立法完善》，载《江西社会科学》2013
　　第 12 期。

古小东：《基于生态系统的流域立法：我国水资源环境保护困境之制度纾
　　解》，载《青海社会科学》2018 年第 5 期。

广东省林业会计学会：《现行林业基金制度存在的问题及改革思路》，载
　　《绿色财会》2003 年第 11 期。

韩利琳：《中国实施排污权交易制度的若干法律问题思考》，载《中国环
　　境管理》2002 年 S1 期。

韩民青：《从人类中心主义到大自然主义》，载《东岳论丛》2010 年第
　　6 期。

胡德胜：《"公众参与"概念辨析》，载《贵州大学学报》（社会科学版）

2016 年第 5 期。

胡德胜:《论我国的生态环境用水保障制度》,载《河北法学》2010 年第 11 期。

胡德胜:《论我国环境违法行为责任追究机制的完善——基于涉水违法行为"违法成本〉守法成本"的考察》,载《甘肃政法学院学报》2016 年第 2 期。

胡德胜:《生态环境用水:国际法的视角》,载《西安交通大学学报》(社会科学版)2010 年第 2 期。

胡德胜:《水人权:人权法上的水权》,载《河北法学》2006 年第 5 期。

胡德胜:《围绕可持续发展破解重点流域治理难题》,载《环境保护》2013 年第 13 期。

胡德胜:《我国水科学知识教育的法律规制研究》,载《贵州大学学报》(社会科学版)2015 年第 5 期。

胡德胜:《中美澳流域取用水总量控制制度比较研究》,载《重庆大学学报》(社会科学版)2013 年第 5 期。

胡德胜、潘怀平、许胜晴:《创新流域治理机制应以流域管理政务平台为抓手》,载《环境保护》2012 年第 13 期。

胡德胜、王涛:《中美澳水资源管理责任考核制度的比较研究》,载《中国地质大学学报》(社会科学版)2013 年第 3 期。

胡熠:《我国流域治理机制创新的目标模式与政策含义——以闽江流域为例》,载《学术研究》2012 年第 1 期。

虎海燕:《疏勒河灌区农民用水者协会运作模式调查与思考》,载《水利发展研究》2010 年第 7 期。

黄珊,冯起,王耀斌等:《集成水资源管理实施状态定量评价及影响因素分析——以石羊河流域为例》,载《中国沙漠》2021 年第 4 期。

黄珊、冯起、齐敬辉等:《河西走廊疏勒河流域水资源管理问题分析》,载《冰川冻土》2018 年第 4 期。

黄锡生、刘茜:《重点流域污染防治法律体系现状及对策建议》,载《环境保护》2013 年第 13 期。

黄锡生、潘璟:《流域生态补偿的内涵及其体系》,载《水利经济》2008

年第 5 期。

黄锡生、王国萍：《流域管理的善治逻辑与制度安排》，载《学海》2014
　　年第 4 期。

黄馨娴、胡宝清：《五大发展理念视角下的南流江流域综合管理研究》，
　　载《人民长江》2018 年第 15 期。

贾先文、李周：《流域治理研究进展与我国流域治理体系框架构建》，载
　　《水资源保护》2021 年第 4 期。

景向上、刘旭、魏敬熙：《借鉴国外经验优化我国水资源管理模式》，载
　　《中国水运月刊》2008 年第 8 期。

柯坚：《我国〈环境保护法〉修订的法治时空观》，载《华东政法大学学
　　报》2014 年第 3 期。

冷罗生：《防治面源污染的法律措施》，载《国家瞭望》2010 年第 3 期。

黎元生、胡熠：《从科层到网络：流域治理机制创新的路径选择》，载
　　《福州党校学报》2010 年第 2 期。

李海鹏：《西北地区产业间水权交易的诱因与模式分析》，载《资源开发
　　与市场》2009 年第 2 期。

李建民：《城市生态化发展及其对策》，载《兰州石化职业技术学院学报》
　　2003 年第 2 期。

李珂：《对黑河流域水权交易制度建设的思考》，载《重庆科技学院学报》
　　（社会科学版）2010 年第 3 期。

李磊：《我国流域生态补偿机制探讨》，载《软科学》2007 年第 3 期。

李奇伟：《流域综合管理法治的历史逻辑与现实启示》，载《华侨大学学
　　报》（哲学社会科学版）2019 年第 3 期。

李文华、刘某承：《关于中国生态补偿机制建设的几点思考》，载《资源
　　科学》2010 年第 5 期。

刘昌明：《我国西部大开发中有关水资源的若干问题》，载《中国水利》
　　2000 年第 8 期。

刘吉源：《新时期排污许可证制度实际操作中的问题与对策》，载《中国
　　环境管理干部学院学报》2016 年第 2 期。

刘佳奇：《论流域管理法律制度的实施机制》，载《湖南师范大学社会科

学学报》2021 年第 2 期。

刘涛：《试论治理型政府建设中的行政问责制》，载《行政与法》2017 年第 2 期。

刘兴年：《黑河流域综合治理与可持续发展》，载《当代生态农业》2002 年第 22 期。

刘志仁：《西北内陆河流域水资源保护立法研究》，载《兰州大学学报》（社会科学版）2013 年第 5 期。

刘志仁：《最严格水资源管理制度在西北内陆河流域的践行研究——水资源管理责任和考核制度的视角》，载《西安交通大学学报》（社会科学版）2013 年第 5 期。

刘志仁、汪妍村：《生态环境用水法律制度问题与对策探析》，载《环境保护》2014 年第 16 期。

刘志仁、吴虹：《如何完善西北内陆河流域环境行政执法》，载《环境保护》2012 年第 5 期。

刘志仁、严乐：《当前西北内陆河流域农民用水者协会健全法制路径探析》，载《宁夏社会科学》2013 年第 1 期。

刘志仁、严乐：《西北内陆河水资源保护行政奖励法律制度研究》，载《青海社会科学》2012 年第 3 期。

刘志仁、袁笑瑞：《西北内陆河如何强化最严格水资源管理法律制度》，载《环境保护》2013 年第 15 期。

刘志仁、袁笑瑞：《西北内陆河水污染控制法律制度研究》，载《西藏大学学报》（社会科学版）2012 年第 4 期。

刘志仁、朱艳丽：《西北内陆河流域水行政许可法律制度的缺陷及完善》，载《甘肃社会科学》2012 年第 5 期。

吕添贵、刘芳苹、汪立等：《跨界流域水资源管理冲突识别、成因与机理及对策——以鄱阳湖流域为例》，载《人民长江》2021 年第 2 期。

吕忠梅：《寻找长江流域立法的新法理——以方法论为视角》，载《政法论丛》2018 年第 6 期。

马俊苹：《可持续发展的哲学思考——兼析传统人类中心主义》，载《龙岩学院学报》2003 年第 4 期。

马丽:《珠江流域一体化管理畅想》,载《珠江水运》2010 年第 15 期。

马润凡、刘子晨:《黄河流域政府治理面临的主要困境及其破解》,载
《中州学刊》2021 年第 8 期。

孟庆瑜、张思茵:《流域法治的空间审思与完善进路》,载《北方法学》
2021 年第 2 期。

孟子龙:《浅议黑河中游地区水权制度的建立》,载《甘肃科技》2004 年
第 11 期。

穆艳杰、王圣祯:《生态学马克思主义的派别分歧与论战——历史唯物主
义的生态意蕴问题》,载《理论探讨》2015 年第 2 期。

彭本利、李爱年:《流域生态环境协同治理的困境与对策》,载《中州学
刊》2019 年第 9 期。

彭勃、张建军、杨玉霞等:《黄河流域重要水功能区限制排污总量控制研
究》,载《人民黄河》2014 年第 12 期。

彭世彰、高晓丽:《提高灌溉水利用系数的探讨》,载《中国水利》2012
年第 1 期。

彭文启:《水功能区限制纳污红线指标体系》,载《中国水利》2012 年第
7 期。

戚晓明、张可芝、金菊良等:《新常态下落实最严格水资源管理制度考核
研究——以蚌埠市为例》,载《华北水利水电大学学报》(自然科学
版)2016 年第 4 期。

齐晔、董红卫:《守法的困境:企业为什么选择环境违法?》,载《清华法
治论衡》2010 年第 1 期。

秦鹏、唐道鸿、田亦尧:《环境治理公众参与的主体困境与制度回应》,
载《重庆大学学报》(社会科学版)2016 年第 4 期。

秦天宝:《世界水资源保护立法之实践及其启示》,载《中共济南市委党
校学报》2006 年第 3 期。

曲玮、李振涛等:《甘肃河西走廊内陆河流域节水战略选择——地表水与
地下水联合管理》,载《冰川冻土》2018 年第 1 期。

史俊涛:《完善我国水权法律制度的对策研究》,载《北方经贸》2010 年
第 6 期。

史玉成：《论环境保护公众参与价值目标与制度构建》，载《法学家》2005 年第 1 期。

宋国君、韩冬梅、王军霞：《中国水排污许可证制度的定位及改革建议》，载《环境科学研究》2012 年第 9 期。

孙晓莉：《西方国家政府社会治理的理念及其启示》，载《社会科学研究》2005 年第 2 期。

孙雪涛：《贯彻落实中央一号文件实行最严格水资源管理制度》，载《河南水利与南水北调》2011 年第 15 期。

孙宇飞、王建平、王晓娟：《关于"三条红线"指标体系的几点思考》，载《水利发展研究》2010 年第 8 期。

陶希东、石培基、李鸣骥：《西北干旱区水资源利用与生态环境重建研究》，载《干旱区研究》2001 年第 1 期。

滕安国：《西北内陆河流域灌区管理措施》，载《现代商贸工业》2015 年19 期。

田志、胡德胜：《黄河流域防洪法律制度探究》，载《干旱区资源与环境》2021 年第 11 期。

汪劲：《让"谁受益，谁补偿"真正落地》，载《人民日报》2016 年 5 月16 日。

汪劲：《生态补偿研究》，载《南京工业大学学报》（社会科学版）2015 年第 1 期。

汪习根：《论法治中国的科学含义》，载《理论参考》2014 年第 2 期。

王彬、冯相昭：《我国现行流域立法及实施效果评价》，载《环境保护》2019 年第 21 期。

王灿发：《环境违法成本低之原因和改变途径探讨》，载《环境保护》2005 年第 9 期。

王灿发：《论我国环境法中的环境保护奖励制度》，载《环境保护》1994 年第 2 期。

王超：《污水排放标准制度的特定化》，载《西北政法大学学报》2013 年第 2 期。

王浩等：《西北地区水资源合理配置与承载能力研究》（简写本），载

《中国水利》2004 年第 1 期。

王军权：《水权交易市场的法律主体研究》，载《郑州大学学报》（哲学社会科学版）2015 年第 2 期。

王明华：《我国水资源面临四大严峻挑战》，载《水资源研究》2009 年第 1 期。

王明远：《公民参与社会管理存在的问题及改进路径》，载《山东农业工程学院学报》2015 年第 2 期。

王明远、曹炜：《新〈大气污染防治法〉与环境行政的新发展》，载《环境保护》2015 年第 18 期。

王清军：《我国流域生态环境管理体制：变革与发展》，载《华中师范大学学报》（人文社会科学版）2019 年第 6 期。

王绍光：《促进中国民间非营利部门的发展》，载《管理世界》2002 年第 8 期。

王世金、何元庆、赵成章：《西北内陆河流域水资源优化配置与可持续利用——以石羊河流域民勤县为例》，载《水土保持研究》2008 年第 5 期。

王淑新、胡仪元、唐萍萍：《生态文明视角下的旅游产业生态化发展——以秦巴汉水生态旅游圈为例》，载《生态经济》（中文版）2015 年第 8 期。

王野林：《生态整体主义中的整体性意蕴述评》，载《学术探索》2016 年第 10 期。

王云飞、李婉婉：《论环境行政程序》，载《大连海事大学学报》（社会科学版）2008 年第 6 期。

魏圣香、王慧：《长江保护立法中的利益冲突及其协调》，载《南京工业大学学报》（社会科学版）2019 年第 6 期。

魏显栋：《长江流域水政执法监督的实践与思考》，载《人民长江》2014 年第 23 期。

文正邦、曹明德：《生态文明建设的法哲学思考——生态法治构建刍议》，载《东方法学》2013 年第 6 期。

吴昂、黄锡生：《流域生态环境功能区制度的整合与建构——以〈长江保护法〉制定为契机》，载《学习与实践》2019 年第 8 期。

吴国平、翟立：《水资源保护责任研究》，载《水资源保护》2002 年第 4 期。

肖涛：《关于流域一体化管理的初步探讨》，载《水资源保护》2004 年第 2 期。

谢高地、曹淑艳：《发展转型的生态经济化和经济生态化过程》，载《资源科学》2010 年第 4 期。

谢剑、王满船、王学军：《水资源管理体制国际经验概述》，载《世界环境》2009 年第 2 期。

徐海量、叶茂、宋郁东：《塔里木河流域水资源变化的特点与趋势》，载《地理学报》2005 年第 3 期。

徐林：《黄河上中游流域水行政执法存在问题及对策》，载《人民黄河》2013 年第 7 期。

徐以祥：《论环境行政许可制度的改革》，载《生态环境》2009 年第 11 期。

许林华、杨林芹：《水权交易及其政府管制》，载《水资源研究》2008 年第 6 期。

许元辉、李凯：《黄河北干流段河道管理存在问题及立法需求研究》，载《人民黄河》2021 年第 S1 期。

薛勇民、路强：《自然价值论与生态整体主义》，载《科学技术哲学研究》2014 年第 4 期。

杨开华：《长江流域库区环境执法的法律思考》，载《环境保护》2014 年第 23 期。

杨立信：《阿姆河和锡尔河下游水资源一体化管理项目》，载《水利水电快报》2009 年第 4 期。

杨立信、孙金华：《国外水资源一体化管理的最新进展》，载《水利经济》2006 年第 4 期。

杨柳青：《关于完善"公众参与制度"的思考》，载《环境法制与建设》2009 年。

杨书翔：《论行政许可与西部环境保护》，载《可持续发展战略与法律》

2003 年第 3 期。

杨小敏：《论我国流域环境行政执法模式的理念、功能与制度特色》，载《浙江学刊》2018 年第 2 期。

杨永生、张戴军：《抚河流域水量分配原则及方法解析》，载《江西水利科技》2006 年第 3 期。

杨宇：《21 世纪的公共治理：从"善政"走向"善治"》，载《改革与开放》2011 年第 20 期。

杨志云、殷培红：《流域水环境保护执法改革：体制整合、管理变革及若干建议》，载《行政管理改革》2018 年第 2 期。

姚国刚：《塔里木河流域落实最严格水资源管理制度的思考》，载《黑龙江水利科技》2013 年第 5 期。

叶华：《长江流域综合管理法律法规体系建设》，载《人民长江》2014 年第 23 期。

尹立河、张俊、王哲等：《西北内陆河流域地下水循环特征与地下水资源评价》，载《中国地质》2021 年第 4 期。

尹文蕾：《善治语境下中国责任政府构建的路径选择》，载《前沿》2007 年第 8 期。

尤晓娜、刘广明：《建立生态环境补偿法律机制》，载《经济论坛》2004 年第 21 期。

于文轩：《美国水污染损害评估法制及其借鉴》，载《中国政法大学学报》2017 年第 1 期。

俞树毅、柴晓宇：《干旱半干旱流域生态环境变化与人类活动间的相互影响分析》，载《河海大学学报》（哲学社会科学版）2009 年第 2 期。

曾彩琳、黄锡生：《国际河流共享性的法律诠释》，载《中国地质大学学报》（社会科学版）2012 年第 2 期。

曾文革、余元玲、许恩信：《中国水资源保护问题及法律对策》，载《重庆大学学报》（社会科学版）2008 第 6 期。

占学琴：《利奥波德的生态整体观》，载《南京师范大学文学院学报》2008 年第 4 期。

张锐智、白靖白：《国家治理制度化的再思考》，载《辽宁省社会主义学院学报》2011 年第 4 期。

张文显:《法治与国家治理现代化》,载《中国检察官》2014 年第 4 期。

张鑫、蔡焕杰:《区域生态需水量与水资源调控模式研究综述》,载《西北农林科技大学学报》(自然科学版)2001 年第 S1 期。

张学中、何汉霞:《中国化马克思主义生态化发展再审视》,载《甘肃社会科学》2012 年第 6 期。

张云燕:《浅析水权交易的法律问题》,载《安徽农业大学学报》(社会科学版)2007 年第 3 期。

赵基尊:《甘肃省最严格水资源管理制度考核体系研究》,载《中国水利》2013 年第 9 期。

赵建文:《"一带一路"建设与"可持续发展法"》,载《人民法治》2015 年第 11 期。

郑冬燕:《关于东江流域水生态补偿的思考》,载《人民珠江》2016 年第 11 期。

郑晓、黄涛珍、冯云飞:《基于生态文明的流域治理机制研究》,载《河海大学学报》(哲学社会科学版)2014 年第 4 期。

周旺生:《论中国立法原则的法律化、制度化》,载《法学论坛》2003 年第 3 期。

朱文玉:《我国环境行政许可制度的缺陷及其完善》,载《学术交流》2006 年第 1 期。

竺效:《我国生态补偿基金的法律性质研究——兼论〈中华人民共和国生态补偿条例〉相关框架设计》,载《北京林业大学学报》(社会科学版)2011 年第 3 期。

卓泽渊:《论法治国家》,载《现代法学》2002 年第 5 期。

二 外文文献

Abseno M. M. , "Role and Relevance of the 1997 UN Watercourses Convention in Resolving Transboundary Water Disputes in the Nile", *International Journal of River Basin Management*, Vol. 11, No. 2, 2013, pp. 193 – 203.

Afonso D. Ó. , "Water Governance and Scalar Politics across Multiple – boundary

River Basins: States, Catchments andRregional Powers in the Iberian Peninsula", *Water International*, Vol. 39, No. 3, 2014, pp. 333 – 347.

Arabindoo P. , "Mobilising for Water: Hydro – politics of Rainwater Harvesting in Chennai", *International Journal of Urban Sustainable Development*, Vol. 3, No. 1, 2011, pp. 106 – 126.

Armitage D. , de Loë R. C. , Morris M. , et al, "Science – policy Processes for Transboundary Water Governance", *Ambio*, Vol. 44, No. 5, 2015, p. 353.

Benson D. , Fritsch O. , Cook H. , et al, "Evaluating Participation in WFD River Basin Management in England and Wales: Processes, Communities, Outputs and Outcomes", *Land Use Policy*, Vol. 38, No. 2, 2014, pp. 213 –222.

Bill H. , Mary M. , Geoff O. B. , "Sustainable Development: Mapping Different Approaches", *Sustainable Development*, Vol. 13, No. 1, 2005, pp. 38 –52.

Buller H. , "Towards Sustainable Water Management: Catchment Planning in France and Britain", *Land Use Policy*, Vol. 13, No. 4, 1996, pp. 289 – 302.

Burton J. , *The Total Catchment Concept and Its Application in New South Wales*, Hydrology and Water Resources Symposium, Brisbane: Australia Institution of Engineers, 1986, pp. 307 – 311.

Castro J. , Eacute, Esteban, "Water Governance in the Twentieth – First Century", *Ambiente & Sociedade*, Vol. 10, No. 2, 2007, pp. 79 – 86.

Chen A. , Abramson A. , Becker N. , et al, "A Tale of Two Rivers: Pathways for Improving Water Management in the Jordan and Colorado River Basins", *Journal of Arid Environments*, 2014, pp. 109 – 123.

Chereni A. , "The Problem of Institutional Fit in Integrated Water Resources Management: A Case of Zimbabwe's Mazowe Catchment", *Physics & Chemistry of the Earth Parts A/B/C*, Vol. 32, No. 15 – 18, 2007, pp. 1246 – 1256.

Chess C. , Purcell K. , "Public Participation and the Environment: Do We Know What Works?", *Environmental Science & Technology*, Vol. 33, No. 16, 1999, pp. 2685 – 2692.

Church J. , Ekechi C. O. , Hoss A. , et al, "Tribal Water Rights: Exploring Dam Construction in Indian Country", *The Journal of Law, Medicine & Eth-*

ics, Vol. 43, No. s1, 2015, pp. 60 – 63.

Comair G. F., Gupta P., Ingenloff C., et al, "Water Resources Management in the Jordan River Basin", *Water & Environment Journal*, Vol. 27, No. 4, 2013, pp. 495 – 504.

Condappa D. D., Chaponnière A., Lemoalle J., "A Decision – support Tool for Water Allocation in the Volta Basin", *Water International*, Vol. 34, No. 1, 2009, pp. 71 – 87.

Desheng Hu, "Water Rights: An International and Comparative Study", *IWA*, 2006, p. 9.

Egunjobi L., "Issues in Environmental Management for Sustainable Development in Nigeria", *Environment Systems and Decisions*, Vol. 13, No. 1, 1993, pp. 33 – 40.

Gleick P. H., "Water in Crisis: Paths to Sustainable Water Use", *Ecological Applications*, Vol. 8, No. 3, 2008, p. 571 – 579.

Green O. O., Cosens B. A., Garmestani A. S., "Resilience in Transboundary Water Governance: the Okavango River Basin", *Ecology & Society*, Vol. 18, No. 2, 2013, pp. 344 – 365.

Guimarães L. T., Magrini A., "A Proposal of Indicators for Sustainable Development in the Management of River Basins", *Water Resources Management*, Vol. 22, No. 9, 2008, pp. 1191 – 1202.

Hanway D. G., "Our Common Future—from One Earth to One World, "*Journal of Soil and Water Conservation*, Vol. 45, No. 5, 1990, p. 510.

Hoff H., Bonzi C., Joyce B., et al, "A Water Resources Planning Tool for the Jordan River Basin", *Water*, Vol. 3, No. 4, 2011, pp. 718 – 736.

Hooper B. P., "Integrated Water Resources Management and River Basin Governance", *Universities Council on Water Resources*, 2003, pp. 12 – 20.

Jiang T., Fischer T., Lu X., "Larger Asian Rivers: Climate Change, River Flow, and Watershed Management", *Quaternary International*, Vol. 226, No. 1 – 2, 2010, pp. 1 – 3.

Jonker L., "Integrated Water Resources Management: The Theory – Praxis –

Nexus, a South African Perspective", *Physics & Chemistry of the Earth Parts A/B/C*, Vol. 32, No. 15 – 18, 2007, pp. 1257 – 1263.

Kim K. , "Sustainable Development in Transboundary Water Resource Management: A Case Study of the Mekong River Basin", *Advancements in Nuclear Instrumentation Measurement Methods and Their Applications (ANIMMA)*, 2011 2nd International Conference on IEEE, 2011.

Manzungu E. , Kujinga K. , "The Theory and Practice of Governance of Water Resources in Zimbabwe", *Zambezia*, Vol. 29, No. 2, 2004, pp. 191 – 212.

Mathenge J. M. , Luwesi C. N. , Shisanya C. A. , et al, "Community Participation in Water Sector Governance in Kenya: A Performance Based Appraisal of Community Water Management Systems in Ngaciuma – Kinyaritha Catchment, Tana Basin, Mount Kenya Region", *International Journal of Innovative Research & Development*, Vol. 3, No. 5 2014, pp. 783 – 792.

Mathur G. N. , Chawla A. S. , *Water for Sustainable Development, Towards Innovative Solutions*, New Delhi: World Water Congress, 2005.

Mbaiwa J. E. , "Causes and Possible Solutions to Water Resource Conflicts in the Okavango River Basin: the Case of Angola, Namibia and Botswana", *Physics & Chemistry of the Earth Parts A/B/C*, Vol. 29, No. 15 – 18, 2004, pp. 1319 – 1326.

Michael T. , Bennett, Loughney M. , et al, *Developing Future Ecosystem Service Payment in China: Lessons Learned from International Experience*, Washington D. C. : Forest Trends, 2006.

Mostert E. , "Conflict and Cooperation in International Freshwater Management: A Global review", *International Journal of River Basin Management*, Vol. 1, No. 1, 2003, pp. 267 – 278.

Palmer M. A. , Liermann C. A. R, Nilsson C. , et al, "Climate Change and the World's River Basins: Anticipating Management Options", *Frontiers in Ecology & the Environment*, Vol. 6, No. 2, 2008, pp. 81 – 89.

Partnership G. W. , "Integrated Water Resources Management", *Water International*, Vol. 29, No. 2, 2000, pp. 248 – 256.

Perrett D. , *Water Governance and Pollution Control in Peri - Urban Ho Chi Minh City*, *Vietnam*: *The Challenges Facing Farmers and Opportunities for Change*, University of Waterloo, 2008.

Rajabu K. R. M. , "Use and Impacts of the River Basin Game in Implementing Integrated Water Resources Management in Mkoji Sub - catchment in Tanzania", *Agricultural Water Management*, Vol. 94, No. 1, 2007, pp. 63 - 72.

RBA Centre Delft University of Technology, *Recommendations and Guidelines on Sustainable River Basin Management* [R], The Hague: RBA Centre, 1999.

Rogers P. , Hall A. W. , "Effective Water Governance", *Integrated Water Resources Management in the Mediterranean Region*, No. 1, 2003, pp. 17 - 25.

Roumeau S. , Seifelislam A. , Jameson S. , et al, "Water Governance and Climate Change Issues in Chennai" USR 3330 "*Savoirs et Mondes Indiens*", *Working papers series no. 8*, 2015.

Rowe G. , Frewer L. J. , "Public Participation Method: A Framework for Evaluation", *Science, Technology & Human Values*, Vol. 25, No. 1, 2000, pp. 3 - 29.

Rowe G. , Frewer L. J. , "Public Participation Method: A Framework for Evaluation", *Science, Technology & Human Values*, Vol. 25, No. 1, 2000, pp. 3 - 29.

Rydin Y. , Pennington M. , "Public Participation and Local Environmental Planning: The Collective Action Problem and the Potential of Social Capital", *Local Environment*, Vol. 5, No. 2, 2010, pp. 153 - 169.

Sachs I. , "Environment and Styles of Development", *Economic & Political Weekly*, 1974, pp. 828 - 837.

Schulze S. , Schmeier S. , "Governing Environmental Change in International River Basins: the Role of River Basin Organizations", *Social Science Electronic Publishing*, Vol. 10, No. 3, 2012, pp. 229 - 244.

Sehring J. "Irrigation Reform in Kyrgyzstan and Tajikistan", *Irrigation and Drainage Systems*, Vol. 21, No. 3, 2007, pp. 277 - 290.

Solanes, Miguel, Gonzalez Villarreal, *The Dublin Principles for Water as Reflec-*

ted in a Compara – tive Assessment of Institutional and Legal Arrangements for Integrated Water Resources Management. Global Water Partnership, Stockholm, 1999 p. 29.

Stern D. I. , "Common M. S. , Barbier E. B. . Economic Growth and Environmental Degradation: The Environmental Kuznets Curve and Sustainable Development", World Development, Vol. 24, No. 7, 1996, pp. 1151 – 1160.

Teisman G. , Buuren A. V. , Edelenbos J. , et al, "Water governance", International Journal of Water Governance, 2013, pp. 1 – 12.

Unger – Shayesteh K. , Vorogushyn S. , Merz B. , et al, "Introduction to 'Water in Central Asia — Perspectives under Global Change' ", Global & Planetary Change, Vol. 110, No. 110, 2013, pp. 1 – 3.

United Nations Economic and Social Commission for Asia and the Pacific, "What is Good Governance?", Bangkok: UNESCAP, 2009.

Uprety K. , Salman S. M. A. , "Legal Aspects of Sharing and Management of Transboundary Waters in South Asia: Preventing Conflicts and Promoting Cooperation ", Hydrological Sciences Journal/journal Des Sciences Hydrologiques, Vol. 56, No. 4, 2011, pp. 641 – 661.

Wei Y. , Miao H. , Ouyang Z. , "Environmental Water Requirements and Sustainable Water Resource Management in the Haihe River Basin of North China", International Journal of Sustainable Development & World Ecology, Vol. 15, No. 2. 2008.

Weinthal E. , Troell J. , Nakayama M. , Water and Post – Conflict Peacebuilding: Introduction, London: Earthscan, 2011.

Wouters P. , "The Relevance and Role of Water Law in the Sustainable Development of Freshwater", Water International, Vol. 25, No. 2, 2000, pp. 202 – 207.

Yuksel I. , "Water Management for Sustainable and Clean energy in Turkey", Energy Reports, 2015.

后　记

写此后记，目的有二，先是叙事，再是抒情。

叙事重在说理，但不如从一个故事讲起。我出生在陕西北部的一个偏僻幽静、群山环绕的美丽小山村，是一个土生土长、地地道道的西北人。从有记忆以来，无论经历过什么，无论走到哪里，骨子里都有一种对大西北家乡由衷的热爱，即便是每每都能清晰地想起曾经吃过的苦，也更增加了我对家乡的醇厚浓郁之情。西北的大山厚重有光泽，西北的水香甜有温度，西北的一草一木仿佛都是独一无二很特殊的存在。我喜欢西北，不自觉地去感受、去欣赏、去临摹、去研究。时光进入 21 世纪，西部大开发战略迅猛推进，该地区形成了更加开放、多元化发展的局面，但同时也对该地区生态环境造成很大破坏，水资源稀缺和污染的形势变得更加严峻。这正是我开始关注和涉及有关西北内陆河流域生态环境保护，尤其是西北内陆河流域水资源可持续供给研究的直接原因。日子很平淡，生活很充实，一边从事着教学工作，一边进行着有关环境政策法律和流域治理方面的研究，从开始的零零星星地在一些期刊上发表有关这方面的文章，到后来先后两次申请获批有关西北内陆河流域水资源可持续供给和中国流域一体化管理法治体系方面的国家社科基金项目，这无疑是对我较大的支持与肯定，我越来越坚定地认为流域尤其是西北内陆河流域的水资源保护问题是一个非常值得研究也必将受到更高实务层面全面关注的问题，也确实想通过自己的研究为改善西北内陆河流域水资源和生态环境状况做一点力所能及的贡献。

读博士期间，正是我第一个国家社科基金课题结项以及第二个国家社科课题申请获批时期，依托课题我进一步发表了一些有关这方面的论文，并在课堂教学以及指导硕士生学位论文的过程中，不断深入我的研究。于是，在博士论文开题时，我毫不犹疑地将西北内陆河流域水资源可持续管理与法律制度结合构思我的选题和整个论文的架构。当然，此书虽然是在博士论文的基础上进行扩充和提升的，但15万字的博士论文变成今天出版的30万字节的模样，我用了近五年的时间才完成。一方面是由于理解和深化问题不是那么容易，另一方面我想特别说明的是，西北内陆河流域涉及河流多、范围大，相关的人文地理情况考察难度大，以及各级地方政策和法律多样，要将这些情况和内容基本了解掌握并融会贯通在本书中，确实需要很长时间并付诸很多的努力。

抒情重在感恩，今天的呈现皆因有缘人。本书写至于此，内心情感复杂，实难表达。多年来的努力终得与广大读者见面，难免心怀忐忑，一是担心自己能力不及本领域知识的浩瀚博大，进而出现认识或表述不足，纰漏之处在所难免；二是本书终得出版，万般欢喜、欣慰，读书人最大的幸福莫过于和读者的认识交流与思想碰撞。懂感恩之理应是幸福之人，有感恩之心应是通透之人，为感恩之事应是有情之人。我幸自认三者皆具，现持玉壶冰心，衷心感激如下：感谢我的导师胡德胜教授，是他在我博士论文写作过程中给予我严格的要求，最终完成的博士论文成为该书最原始的素材之一和最珍贵的写作初心；感谢我的同学许胜晴老师、朱艳丽老师，他们在该书的初稿形成以及后来的全面修改、继续完善过程中提供了非常多的帮助，也增加了我撰写此书的信心和勇气；感谢毕业多年奔赴祖国各地工作的硕士研究生吴虹、严乐和袁笑瑞等，他们和我曾经共赴陕西、甘肃和新疆等内陆河流域实地考察和实务部门调研，我们的调研资料和形成的相关成果也是本书成稿资料的重要组成部分；感谢我的在读硕士研究生王嘉奇，在资料更新、数据核对、文献查找等方面帮助我做了很多工作，提高了撰写本书的效率；感谢中国社会科学出版社责任编辑孔继萍老师以及其他认真校对和排版的老师，多次反复的沟通中她们耐心、负责、专业和友好，令我钦佩、使我温暖。最后，感谢我的家人，妻子替我分担家庭事务和责任，为了美好的生活而默默无私付出。女儿学习上进自觉，生活越来越自强自立，让我操心渐少。还要提及我的儿子，成稿期间正值他出生前后，给我带来无尽动力和喜悦的同时也增加了生活和工作的忙碌，在只有妻子和我照看的情况下，虽然每当我坐在电脑前，会走的儿子往往前来爬在我的腿上争抢"使用"电脑键盘甚至直接爬上书桌坐在电脑前阻止我打字，但是不足两岁的他似乎很懂事，在我的说教和随后故作不理时，他就悻悻然走出书房，有时还顺路把门带上自娱自乐去了，所以由衷感谢"天赐石麟"和表扬他的"明白事理"。

岁月很长也很短，未来很远也很近，做学问的路上，即使没有劈波斩浪的豪情，要有翻山越岭的勇气。一朝选择握手，永远倾其所有，只为心中早已认定的那份执着！